物联网开发与应用丛书

物联网
短距离无线通信技术
应用与开发

廖建尚 周伟敏 李兵 / 编著

电子工业出版社
Publishing House of Electronics Industry
北京·BEIJING

内 容 简 介

本书由浅入深地分析 ZigBee、BLE 和 Wi-Fi 短距离无线通信技术，并利用这三种短距离无线通信技术进行应用开发。本书先进行理论学习，在学习完理论知识之后再进行案例开发；针对每个案例，本书均给出了贴近社会和生活的开发场景、详细的软/硬件设计和功能实现过程；最后将理论学习和开发实践结合起来。本书配有完整的开发代码，读者可以在代码的基础上快速地进行二次开发。

本书既可作为高等院校相关专业的教材或教学参考书，也可供相关领域的工程技术人员参考。对物联网系统开发的爱好者来说，本书也是一本深入浅出、贴近应用的技术读物。

本书配有完整的开发代码和 PPT 课件，读者可登录华信教育资源网（www.hxedu.com.cn）免费注册后下载。

未经许可，不得以任何方式复制或抄袭本书之部分或全部内容。
版权所有，侵权必究。

图书在版编目（CIP）数据

物联网短距离无线通信技术应用与开发 / 廖建尚，周伟敏，李兵编著. —北京：电子工业出版社，2019.8
（物联网开发与应用丛书）
ISBN 978-7-121-37034-2

Ⅰ. ①物… Ⅱ. ①廖… ②周… ③李… Ⅲ. ①互联网络－应用－无线电通信－通信技术②智能技术－应用－无线电通信－通信技术 Ⅳ. ①TP393.409②TP18③TN92

中国版本图书馆 CIP 数据核字（2019）第 138057 号

责任编辑：田宏峰
印　　刷：北京捷迅佳彩印刷有限公司
装　　订：北京捷迅佳彩印刷有限公司
出版发行：电子工业出版社
　　　　　北京市海淀区万寿路 173 信箱　邮编：100036
开　　本：787×1 092　1/16　印张：21.75　字数：557 千字
版　　次：2019 年 8 月第 1 版
印　　次：2025 年 1 月第 14 次印刷
定　　价：88.00 元

凡所购买电子工业出版社图书有缺损问题，请向购买书店调换。若书店售缺，请与本社发行部联系，联系及邮购电话：（010）88254888，88258888。

质量投诉请发邮件至 zlts@phei.com.cn，盗版侵权举报请发邮件至 dbqq@phei.com.cn。

本书咨询联系方式：tianhf@phei.com.cn。

FOREWORD 前言

近年来，物联网、移动互联网、大数据和云计算的迅猛发展，逐步改变了社会的生产方式，大大提高了生产效率和社会生产力。工业和信息化部发布的《物联网发展规划（2016—2020年）》总结了"十二五"规划中物联网发展所获得的成就，并分析了"十三五"期间面临的形势，明确了物联网的发展思路和目标，提出了物联网发展的6大任务，分别是强化产业生态布局、完善技术创新体系、推动物联网规模应用、构建完善标准体系、完善公共服务体系、提升安全保障能力；提出了4大关键技术，分别是传感器技术、体系架构共性技术、操作系统，以及物联网与移动互联网、大数据融合关键技术；提出了6大重点领域应用示范工程，分别是智能制造、智慧农业、智能家居、智能交通和车联网、智慧医疗和健康养老，以及智慧节能环保；指出要健全多层次多类型的物联网人才培养和服务体系，支持高校、科研院所加强跨学科交叉整合，加强物联网学科建设，培养物联网复合型专业人才。该发展规划为物联网发展指出了一条鲜明的道路，同时也表明了我国在推动物联网应用方面的坚定决心，相信物联网规模会越来越大。本书详细阐述了ZigBee、BLE和Wi-Fi物联网短距离无线通信技术，提出了案例式和任务式驱动的开发方法，旨在大力推动物联网人才的培养。

物联网系统涉及的短距离无线通信技术有很多，包括ZigBee、BLE和Wi-Fi短距离无线通信技术。本书将详细分析这三种短距离无线通信技术，理论知识点清晰，每个知识点都附上一个开发案例，利用贴近社会和生活的案例，由浅入深地介绍各种短距离无线通信技术。每个案例均有完整的理论知识和开发过程实践，分别是深入浅出的原理学习、详细的软/硬件设计和功能实现过程，以及总结拓展。每个案例均附上完整的开发代码，读者可在代码的基础上进行快速二次开发，能方便将其转化为各种比赛和创新创业的案例，不仅为高等院校相关专业师生提供教学案例，也可以为工程项目开发提供较好的参考资料。

第1章引导读者初步认识物联网和短距离无线通信技术，了解物联网的概念和常用技术，分析物联网重点发展领域，概述物联网短距离无线通信技术，并进一步了解ZigBee、BLE和Wi-Fi短距离无线通信技术的应用和基本特征。

第2章学习ZigBee短距离无线通信技术，先学习ZigBee无线通信技术开发基础，分析了ZigBee的特点、应用、架构，并且学习ZigBee开发平台和开发工具，掌握各种协议工具及调试工具的使用，接着学习ZigBee协议栈解析与应用开发，通过分析源代码学习物联网开发框架，最后通过三个开发案例：ZigBee农业光照度采集系统、ZigBee农业遮阳系统和ZigBee农业报警系统，掌握ZigBee采集类程序开发接口、控制类程序开发接口和安防类程序开发接口。

第3章学习BLE短距离无线通信技术，先学习BLE无线通信技术开发基础，分析了

BLE 的特点、应用、架构，并且学习 BLE 开发平台和开发工具，掌握各种协议工具及调试工具的使用，接着学习 BLE 协议栈解析与应用开发，通过分析源代码学习物联网开发框架，最后通过三个开发案例：BLE 智能家居湿度采集系统、BLE 智能家居灯光控制系统和 BLE 智能家居门磁报警系统，掌握 BLE 采集类程序开发接口、控制类程序开发接口和安防类程序开发接口。

第 4 章学习 Wi-Fi 短距离无线通信技术，先学习 Wi-Fi 无线通信技术开发基础，分析了 Wi-Fi 的特点、应用、架构，并且学习 Wi-Fi 开发平台和开发工具，掌握各种协议工具及调试工具的使用，接着学习 Wi-Fi 协议栈解析与应用开发，通过分析源代码学习物联网开发框架，最后通过三个开发案例：Wi-Fi 智能家居环境信息采集系统、Wi-Fi 智能家居饮水机控制系统和 Wi-Fi 智能家居安防系统，掌握 Wi-Fi 采集类程序开发接口、控制类程序开发接口和安防类程序开发接口。

第 5 章进行物联网综合应用开发，先学习物联网综合项目开发平台，介绍物联网开发平台架构、物联网虚拟化技术、物联网平台线上应用项目的发布，接着学习物联网通信协议，掌握基础通信协议的使用与分析，最后学习物联网应用开发接口，分析物联网平台应用程序编程接口，了解传感器的硬件 SensorHAL 层、Android 库、Web JavaScript 库等应用程序接口，并且通过仓库环境管理系统实现物联网的驱动程序开发、Android 应用开发和 Web 应用开发。

本书特色有：

（1）理论知识和案例实践相结合。将常见的短距离无线通信技术和生活中实际案例结合起来，边学习理论知识边开发，快速深刻掌握物联网短距离无线通信技术。

（2）案例开发。抛去传统的理论学习方法，选取生动的案例将理论与实践结合起来，通过理论学习和开发实践，快速入门，提供配套 PPT，由浅入深掌握物联网短距离无线通信技术。

（3）提供综合性项目。综合性项目为读者提供软/硬件系统的开发方法，有需求分析、项目架构、软/硬件设计等方法，在提供案例的基础上可以快速进行二次开发，并可很方便地将其转化为各种比赛和创新创业的案例，也可以为工程项目开发提供较好的参考资料。

本书在编写过程中，借鉴和参考了国内外专家、学者、技术人员的相关研究成果。我们尽可能按学术规范予以说明，但难免有疏漏之处，在此谨向有关作者表示深深的敬意和谢意，如有疏漏，请及时通过出版社与我们联系。

本书的出版得到了广东省自然科学基金项目（2018A030313195）、广东省高校省级重大科研项目（2017GKTSCX021）、广东省科技计划项目（2017ZC0358）和广州市科技计划项目（201804010262）的资助。感谢中智讯（武汉）科技有限公司在本书编写过程中提供的帮助，特别感谢电子工业出版社的编辑在本书出版过程中给予的大力支持。

本书涉及的知识面较广，限于时间仓促，以及作者的水平和经验，疏漏之处在所难免，恳请专家和读者批评指正。

作　者

2019 年 8 月

CONTENTS 目录

第1章

物联网短距离无线通信技术开发基础

本章是物联网短距离无线通信技术的前导内容，引导读者初步认识物联网和短距离无线通信技术，了解物联网的概念和常用技术，分析物联网重点发展领域，概述物联网短距离无线通信技术，了解 ZigBee、BLE 和 Wi-Fi 三种短距离无线通信技术的应用和基本特征，同时结合物联网学习平台介绍学习路线、开发环境、应用场景，最后进行开发实践，构建了一个简单的智能家居系统。

1.1 物联网概述

物联网是多学科高度交叉的、知识高度集成的前沿热点研究领域。无线传感器网络涉及纳米与微电子技术、新型微型传感器技术、微机电系统技术、片上系统技术、移动互联网技术、微功耗嵌入式技术、云计算、大数据、人工智能等多个领域，它融合了无线通信技术、计算机技术和自动控制技术，共同构成物联网的技术基础。通过无线传感器网络的部署和采集，可以扩展人们获取信息的能力，将客观世界的物理信息同传输网络连接在一起，改变了人类自古以来仅仅依靠自身的感觉等来感知信息的现状，极大地提高了人类获取数据和信息的准确性、灵敏度。通过网络技术对获取的信息进行汇总与运用，通过云计算、大数据、人工智能等对数据进行分析，最终为人们提供服务。

物联网在众多领域都有广泛的应用，物联网的技术分散性和特殊性使得物联网无处不在。例如，智能家居物联网系统、自动开关的窗帘、智能报警的家居安防传感器、智能的门禁锁和远程的室内监视等。智能家居（见图 1.1）可以让家居变得更加智能，也更加便利人们对家居的管理。

本节主要讲述物联网和无线通信技术概念，了解物联网无线通信技术主流架构。同时介绍各种主流的无线传感器网络，及相关学习路线、学习平台、综合体验等，并以简单的智能家居为例对物联网进行分析。

图 1.1　智能家居

1.1.1 物联网的基本概念

物联网（Internet of Things，IoT）的概念最早于 1999 年由美国麻省理工学院首次提出，2009 年年初，IBM 提出了"智慧地球"的概念，使得物联网成为时下热门话题。2009 年 8 月，我国启动"感知中国"建设，随后物联网在我国进一步升温，得到了政府、科研院所、高等院校、电信运营商以及设备提供商等的高度重视。

物联网是指利用各种信息传感设备，如射频识别（RFID）装置、无线传感器、红外感应器、全球定位系统、激光扫描器等，对现有物体信息进行感知、采集，通过网络支撑下的可靠传输技术，将各种物体的信息汇入互联网，并基于海量信息资源进行智能决策、安全保障，以及管理与服务的全球公共的信息综合服务平台。物联网如图 1.2 所示。

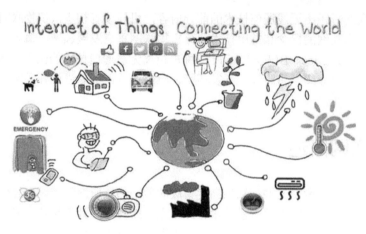

图 1.2　物联网

物联网有两层意思：第一，物联网的核心和基础仍然是互联网，是在互联网基础上延伸和扩展的网络；第二，其用户端延伸和扩展到了任何物品，并在物品之间进行信息交换和通信。因此，物联网是指运用传感器、射频识别（RFID）、智能嵌入式等技术，使信息传感设备可以感知任何需要的信息，按照约定的协议，通过可能的网络（如 Wi-Fi、3G、4G）接入方式，把任何物体与互联网相连接，进行信息交换通信，在进行物与物、物与人泛在连接的基础上，实现对物体的智能识别、定位、跟踪、控制和管理。物联网的应用结构如图 1.3 所示。

以控制和采集设备为主的设备或网络，统称为感知层；以数据汇总和将数据通过网络上传至服务器的这一类设备或网络，统称为网络层；服务器在系统中虽然没有展现，但在系统中承担着重要的工作，服务器主要承担数据管理和服务的功能，这一层统称为平台层；最终接入网络的方式就是使用移动终端，移动终端完成对整个物联网的接入，这一层称为应用层。传统的物联网结构也是由这四层构成的，物联网架构如图 1.4 所示。

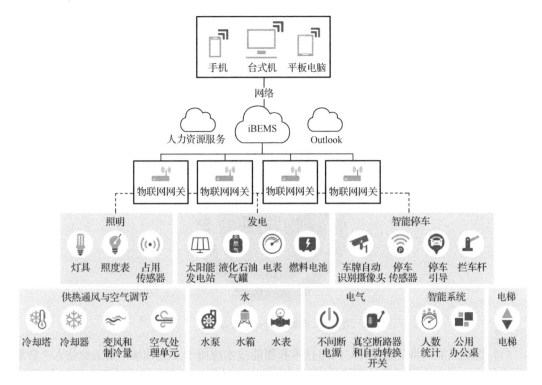

图 1.3　物联网应用结构

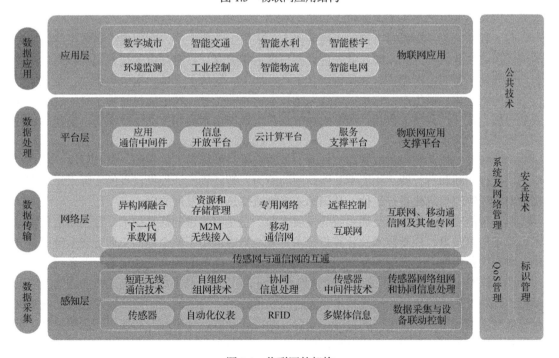

图 1.4　物联网的架构

1.1.2 物联网的重点发展领域

《物联网"十二五"发展规划》明确提出了物联网的九大重点领域,分别为智能工业、智能农业、智能物流、智能交通、智能环保、智能安防、智能医疗、智能电网和智能家居,如图 1.5 所示。物联网已经深入社会生活的方方面面。

图 1.5 物联网的九大重点领域

(1)智能工业:将信息技术、网络技术和智能技术应用于工业领域,给工业注入"智慧"的综合技术。它突出了采用计算机技术模拟人在制造过程中和产品使用过程中的智力活动,以进行分析、推理、判断、构思和决策,从而去扩大延伸和部分替代人类专家的脑力劳动,实现知识密集型生产和决策自动化。

(2)智能农业:在相对可控的环境条件下,采用工业化生产,实现集约高效可持续发展的现代超前农业生产方式,即农业先进设施与露地相配套、具有高度的技术规范和高效益的集约化规模经营的生产方式。它集科研、生产、加工、销售于一体,实现周年性、全天候、反季节的企业化规模生产;它集成现代生物技术、农业工程、农用新材料等学科,以现代化农业设施为依托,科技含量高,产品附加值高,土地产出率高和劳动生产率高,是我国农业新技术革命的跨世纪工程。

(3)智能物流:利用集成智能化技术,使物流系统能模仿人的智能,具有思维、感知、学习、推理判断和自行解决物流中某些问题的能力。智能物流能根据自身的实际水平和客户需求对智能物流信息化进行定位,是国际未来物流信息化的发展方向。

(4)智能交通:是未来交通系统的发展方向,它是将先进的信息技术、数据通信传输技术、电子传感技术、控制技术及计算机技术有效地集成运用于整个地面交通管理系统而建立的一种在大范围内、全方位发挥作用的,实时、准确、高效的综合交通运输管理系统。

(5)智能电网:电网的智能化,也被称为电网 2.0,建立在集成的、高速双向通信网络的基础上,通过先进的传感和测量技术、先进的设备技术、先进的控制方法以及先进的决策支持系统技术的应用,实现电网的可靠、安全、经济、高效、环境友好和使用安全的目标,其主要特征包括自愈、激励和包括用户、抵御攻击、提供满足 21 世纪用户需求的电能质量、允许各种不同发电形式的接入、启动电力市场以及资产的优化高效运行。

(6)智能环保:在原有"数字环保"的基础上,借助物联网技术,把感应器和装备嵌入各种环境监控对象(物体)中,通过超级计算机和云计算将环保领域物联网整合起来,实现人类社会与环境业务系统的整合,以更加精细和动态的方式实现环境管理和决策的"智慧",

是"数字环保"概念的延伸和拓展，是信息技术进步的必然趋势。

（7）智能安防：通过相关内容和服务的信息化、图像的传输和存储、数据的存储和处理等，实现企业或住宅、社会治安、基础设施及重要目标的智能化安全防范。

（8）智能医疗：通过打造健康档案区域医疗信息平台，利用最先进的物联网技术，实现患者与医务人员、医疗机构、医疗设备之间的互动，逐步达到信息化。在不久的将来，医疗行业将融入更多人工智能、传感技术等高科技，使医疗服务走向真正意义的智能化，推动医疗事业的繁荣发展。在我国新医改的大背景下，智能医疗正在走进寻常百姓的生活。

（9）智能家居：以住宅为平台，利用综合布线技术、网络通信技术、安全防范技术、自动控制技术、音/视频技术将与家居生活有关的设施集成，构建高效的住宅设施与家庭日常事务的管理系统，提升家居安全性、便利性、舒适性、艺术性，并实现环保节能的居住环境。

1.1.3 物联网中常用的技术

物联网的应用有众多的关键技术，综合起来包括以下几种。

（1）传感器技术：这也是计算机应用中的关键技术。大家都知道，到目前为止绝大部分计算机处理的都是数字信号。自从有计算机以来，就需要把传感器的模拟信号转换成数字信号后计算机才能处理。传感器的应用示意如图 1.6 所示。

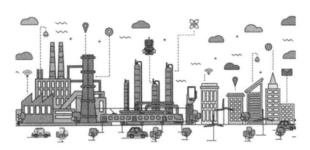

图 1.6 传感器的应用示意

（2）射频识别技术：射频标签是产品电子源代码（EPC）的物理载体，附着于可跟踪的物品上，可全球流通，并对其进行识别和读写。RFID（Radio Frequency Identification）技术作为构建物联网的关键技术近年来受到人们的关注。RFID 应用示意如图 1.7 所示。

（3）无线传感器网络：无线传感器网络是集无线射频技术和嵌入式技术于一体的综合技术，无线传感器网络应用示意如图 1.8 所示。

图 1.7 RFID 应用示意

图 1.8 无线传感器网络应用示意

（4）嵌入式系统技术：是综合了计算机软硬件、传感器技术、集成电路技术、电子应用技术为一体的复杂技术。以嵌入式系统为特征的智能终端产品随处可见，小到人们身边的MP3，大到航天航空的卫星系统。嵌入式系统正在改变着人们的生活，推动着工业生产以及国防工业的发展。嵌入式系统应用示意如图1.9所示。

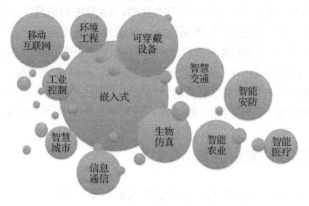

图1.9　嵌入式系统应用示意

（5）物联网云平台：物联网云平台基于云计算、大数据技术，承载物联网项目大数据的存储、检索、管理、实时分析处理等功能，同时为各种不同的物联网应用提供统一的应用服务交付接口。物联网云平台应用示意如图1.10所示。

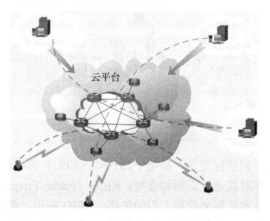

图1.10　物联网云平台应用示意

1.1.4　无线通信技术概述

物联网技术广泛应用了无线通信技术，即无线传感器网络技术。无线传感器网络最初是由美国国防部高级研究计划署于1978年提出的，其雏形是卡内基梅隆大学研究的分布式传感器网络。在以后的三十年间，随着微电机系统、嵌入式系统、处理器、无线电技术以及存储技术的巨大进步，无线传感器网络也获得了长足的发展。当前，无线传感器网络项目在全世界广泛展开，其范围涵盖军用和民用的许多领域。

无线传感器网络主要应用于森林火灾、洪水监测、环境保护、自然栖息地监测等。在这些应用中，传感器节点往往布置在荒芜或不适宜人类进入的环境中，如遥远荒芜的区域、有毒的地区、大型工业建筑或航空器内部，负责收集有关温度、地震波、声音、光线、磁场强度或其他类型的数据。人体检查、药品管理、医疗护理、智能看护、交互式玩具、交互式博物馆等也是无线传感器网络的重要应用领域。另外，无线传感器网络还可能在交通运输、工业品制造以及安全和保密方面有潜在的巨大的应用价值。

无线传感器网络一般包括汇聚节点、管理节点和传感器节点。无线传感器网络中的传感器节点按一定规律或随机部署在被监控的区域内或被监控的区域附近，被部署的传感器节点可以通过网络协议以自组织方式来构建起无线传感器网络。这样，当网络中某一个传感器节点监测到需上报数据时，所采集数据会沿着其他传感器节点构成的无线传输路径以自组织多跳的方式传输。因此，数据在无线传感器网络内部的传输过程中，可能会由许多个节点对所得到的监测数据进行分析处理，最后汇聚到汇聚节点，并通过卫星或互联网传送到管理节点。

在无线传感器网络应用中，有时无线传感器网络节点需要小型化，即需要微型节点。一个无线传感器网络中的微型嵌入式传感器节点，主要由传感器、处理器、无线通信和能量供应四个模块组成。传感器的能量是由能量有限的电池提供的，因此传感器节点的存储、处理、通信等能力就会较弱。在一个无线传感器网络的节点中，传感器模块的作用是对被监测区域内的信息（模拟量或开关量等）进行采集和转换；能量供应模块的作用就是为传感器节点运行提供所需的能量，为了减小传感器节点的体积，能量供应模块一般采用纽扣电池；无线通信模块用来实现无线传感器网络中的数据传输以及通信协议；处理器模块处于核心地位，其主要作用是对传感器、无线通信模块、能量供应模块进行统一、有效的控制，另外，还将传感器节点所采集的数据以及其他节点发来的数据进行前期处理。

与传统网络相比，无线传感器网络中的每个传感器节点均需要具有终端功能和路由功能，网络中的每一个传感器节点不仅能完成本地节点需要的信息采集、数据处理，还能够对网络中其他节点转发来的数据进行存储、融合和管理；有时，需要多个无线网络中的传感器节点在网络协议协调下共同完成某些特定的任务。无线传感器网络特点如下：

（1）具有自组织性。一般情况下，在构成无线传感器网络之前无法预先精确设定，也无法预先确定各传感器节点的地理位置或节点之间的相对位置。因此，传感器节点需要自动地进行配置和自我管理，必须具有自组织能力，采用拓扑控制机制和网络协议，自动形成多跳无线网络系统。

（2）规模大。一般情况下，为了准确获得被监测区域的各种数据，以便精确感知被监测区域的变化，在被监测区域内会部署大量传感器节点，有时能达到上万个，甚至更多。

（3）具有动态性。在实际工作中，网络拓扑结构会随一些因素而改变。具体情形如下：环境条件的变化可能会造成无线通信链路带宽的变化；电能耗尽或环境因素可能会造成单个、多个传感器节点出现故障或失效；传感器节点、感知对象和观察者三要素地理位置产生移动变化等。所以，无线传感器网络要能够根据实际情况的变化，动态地改变网络结构，使网络具有重构特性。

（4）可靠性高。无线传感器网络有时可能部署在无人值守区域，如比较恶劣的环境或人类不宜到达的危险区域。这些外在的恶劣条件，要求无线传感器网络所使用的传感器节点必须能适应各种恶劣环境，特别坚固，不易损坏。

1.2 短距离无线通信技术

1.2.1 常用的短距离无线通信技术及应用场景

一般地，短距离无线通信的主要特点是通信距离短，覆盖范围一般在几十米或上百米之内，发射器的发射功率较低，一般小于 100 mW，短距离无线通信技术的范围很广。低成本、低功耗和对等通信是短距离无线通信技术的三个重要特征和优势。下面介绍三种主流的短距离无线通信技术。

1. ZigBee 网络

如果蜜蜂发现食物，会采用类似 Zig-Zag 形状的舞蹈将具体位置告诉其他蜜蜂，这是一种简单的消息传输方式。蜜蜂则通过这种方式与同伴进行"无线"通信，构成通信网络，ZigBee 由此而来。可以这样理解，ZigBee 是 IEEE 802.15.4 协议的代名词，是根据这个协议实现的一种短距离、低功耗的无线通信技术。

ZigBee 网络是近些年才兴起的近距离无线通信技术，是无线传感器网络的核心技术之一。使用该技术的节点设备能耗特别低，无须人工干预，成本低廉，设备复杂度低且网络容量大。

（1）低功耗。这是 ZigBee 网络最具代表性的特点，低速率和低发射功率，以及休眠功能使其设备的功耗进一步降低。

（2）低成本。ZigBee 协议对相关设备要求不是很高，除此之外，该协议是免费公开的，使用的是免申请执照频段，也减少了其使用成本。

（3）短时延。ZigBee 网络的响应速度非常快，当有事件触发时，只需要 15 ms 的反应时间，而设备加入网络所需要的时间也仅有 30 ms，同时功耗也得到降低，因此在对时延有较高要求的场景中，具有明显的优势。

（4）高容量。ZigBee 网络具有三种拓扑结构，由一个中心节点对整个网络进行管理与维护。一个主节点最多可管理 254 个子节点，再加上灵活的组网方式，一个 ZigBee 网络最多可包含 6.5 万个节点。

（5）高可靠性。ZigBee 网络采用载波侦听多点接入/冲突避免（CSMA/CA）的机制来保证通信的高可靠性，同时通过预留专用时隙的方式避免数据传输过程中的竞争与冲突。

ZigBee 网络是针对低数据量、低成本、低功耗、高可靠性的无线数据包通信的需求而产生的，在很多领域，如国防安全、工业应用、交通物流、节能、生产现代化和智能家居等领域有着广泛的应用。

2. 低功耗蓝牙（BLE）

BLE 网络是一种短距离无线通信技术，最初是由爱立信公司于 1994 年提出的，用于实现串口接口设备之间的无线传输，以及降低移动设备的功耗和成本。

蓝牙工作在免申请执照的 ISM（Industrial Scientific Medical）2.4 GHz 频段，频率范围为 2400~2483.5 MHz，采用高斯频移键控调制方式。为了避免与其他无线通信协议的干扰（如 ZigBee），射频收发机采用跳频技术，在很大程度上降低了噪声的干扰和射频信号的衰减。蓝牙将 2.4 GHz 频段划分为 79 个通信信道，信道带宽为 1 MHz，数据以数据包的形式在其中的一条信道上进行传输，第一条信道起始于 2402 MHz，最后一条信道起始于 2480 MHz。通过自适应跳频技术进行信道的切换，信道切换频率为 1600 次/秒。

与传统蓝牙协议相比，BLE 技术协议在继承传统蓝牙射频技术的基础之上，对传统蓝牙协议栈进行了进一步简化，将蓝牙数据传输速率和功耗作为主要技术指标。在芯片设计方面，采用两种实现方式，即单模形式和双模形式。双模形式的蓝牙芯片将 BLE 协议标准集成到传统蓝牙控制器中，实现了两种协议共用。而单模蓝牙芯片采用独立的蓝牙协议栈，它是对传统蓝牙协议栈的简化，从而降低了功耗，提高了数据传输速率。BLE 应用示意图如图 1.11 所示。

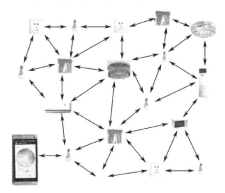

图 1.11　BLE 应用示意图

BLE 从一开始就被设计为超低功耗无线技术，利用许多智能手段最大限度地降低功耗。BLE 技术采用可变连接时间间隔，这个时间间隔可以根据具体应用设置为几毫秒到几秒不等。另外，因为 BLE 技术采用非常快速的连接方式，因此平时可以处于非连接状态（节省能源），此时链路两端相互间只是知晓对方，只有在必要时才开启链路，然后在尽可能短的时间内关闭链路。

BLE 技术的工作模式非常适合微型无线传感器（每半秒交换一次数据）或使用完全异步通信的遥控器等其他外设传输数据，这些设备发送的数据量非常少（通常几字节），而且发送次数也很少（例如每秒几次到每分钟一次，甚至更少）。

BLE 技术的拓扑结构如下：BLE 网络可以采用点对点或者点对多点的方式，一个 BLE 主机可以连接多个 BLE 从机，组成星状网络；另外还有一种由广播设备和多个扫描设备组成的广播组结构，不同的网络拓扑对应不同的应用领域。

3. Wi-Fi 网络

Wi-Fi 是无线以太网 IEEE 802.11b 标准的别名，它是一种本地局域无线网络技术，可使电子设备连接到网络，其工作频率为 2.4～2.48 GHz。许多终端设备，如笔记本电脑、视频游戏机、智能手机、数码相机、平板电脑等都配有 Wi-Fi 模块，通过 Wi-Fi 模块这些终端设备可连接到特定网络资源，如 Internet。Wi-Fi 技术可使用户获得方便快捷的无线上网体验，同时也使用户摆脱了传统的有线上网的束缚。与许多无线传输技术如 ZigBee、BLE 一样，Wi-Fi 也被视为一种短距离无线通信技术，它支持移动设备在近 100 m 范围内接入互联网。随着无线通信技术不断发展，IEEE 802.11b 标准日臻成熟与完善，它们被统称为 Wi-Fi。Wi-Fi 应用示意图如图 1.12 所示。

图 1.12　Wi-Fi 应用示意图

　　Wi-Fi 主要依据 IEEE 802.11b 标准并在 2.4 GHz 开放的免申请执照 ISM（Industrial Scientific and Medical）频段工作。Wi-Fi 网络采用补码键控（CCK）调制方式，其频率范围为 2.4～2.4835 GHz，共 83.5 MHz，被划分为 14 个子信道，每个子信道宽度为 22 MHz，相邻信道的中心频点间隔 5 MHz。

4. 短距离无线通信技术应用场景

　　无线传感器网络应用系统中大量采用具有智能感测和无线传输的微型传感器，通过这些微型传感器监测周遭环境，如温度、湿度、光照、气体浓度、PM2.5、PM10、甲醛、电磁辐射、振动幅度等物理信息，并由无线传感器网络将收集到的信息传送给监测者。监测者解读信息后，便可掌握现场状况，进而维护、调整相关系统。由于监测物理世界的重要性从来没有像今天这么突出，所以无线传感器网络已成为军事侦察、环境保护、建筑监测、安全作业、工业控制、家庭、船舶和运输系统自动化等应用中的重要技术手段，如图 1.13 所示。

图 1.13　无线传感器网络的应用领域

1.2.2　短距离无线通信技术的学习路线、开发平台和开发环境

1. 短距离无线通信技术的学习路线

短距离无线通信技术的学习包括微处理器技术和射频技术的学习。微处理器技术的学习主要是对射频承载的芯片接口技术进行学习，射频技术的学习则是对网络特性和网络协议的学习。通过使用射频芯片实现数据收发，短距离无线通信技术的学习目的也就基本上达到了。

下面以 ZigBee 网络为例分析短距离无线通信技术的学习路线。ZigBee 网络是一种低功耗、高效率、多点自组织、短近距离、可中继的无线传感器网络。承载 ZigBee 网络的芯片有很多，本书以 TI 公司研发的 CC2530 芯片为例。CC2530 芯片是一个拥有增强型 51 内核的单片机，集成了符合 ZigBee 网络特性的射频组件。

先学习 CC2530 芯片的工作原理，然后学习 CC2530 的射频功能。在射频功能方面，很多半导体公司在芯片上开发了 ZigBee 网络协议栈，网络协议栈能够调用芯片的全部资源，并能够通过协议栈使开发者轻松地使用 ZigBee 网络。因此使用 CC2530 的 ZigBee 功能就是使用 CC2530 的 ZigBee 协议栈。

因此学习 ZigBee 网络，一方面学习芯片的使用，另一方面还在理解协议栈原理的基础上使用封装的 ZigBee 协议栈。

结合 ZigBee 网络的学习思路，短距离无线通信技术的学习路线如图 1.14 所示。

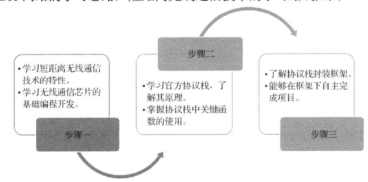

图 1.14　短距离无线通信技术的学习路线

常见短距离无线通信技术的学习内容如表 1.1 所示。

表 1.1　常见短距离无线通信技术的学习内容

技术类型	芯　　片	协　议　栈	项目架构
ZigBee 网络	CC2530	ZStsack 协议栈	智云框架
BLE 网络	CC2540	BLE 协议栈	智云框架
Wi-Fi 网络	CC3200	SimpleLink	智云框架

表 1.1 中 ZigBee 网络、BLE 网络、Wi-Fi 网络均使用带射频功能的芯片，可直接使用官方提供的协议栈。但半导体公司的协议栈开发人员的程序开发水平远高于初学者，导致初学者对协议栈的学习和理解变得十分困难，因此本书的项目开发框架在原有的半导体公司提供的协议栈的基础上进行了封装和优化，可大大方便初学者的学习。

2．短距离无线通信技术的开发平台

本书的开发平台为 xLab 未来开发平台，提供两种类型的智能节点，即经典型节点 ZXBeeLite-B 和增强型节点 ZXBeePlus-B，该开发平台集成了锂电池供电接口、调试接口、外设控制电路、RJ45 工业接口等。

ZXBeeLite-B 经典型节点采用 CC2530 作为主控微处理器，板载电源、电池信号指示灯和网络、数据两路功能按键，集成了锂电池接口、电源管理芯片，支持电池的充电管理和电量测量；集成了 USB 串口、TI 仿真器接口、ARM 仿真器接口；集成了两路 RJ45 工业接口，提供主芯片 P0_0～P0_7 输出，硬件包含 IO、ADC3.3 V、ADC5 V、UART、RS-485、两路继电器接口等，提供两路 3.3 V、5 V、12 V 电源输出。xLab 未来开发平台如图 1.15 所示。

图 1.15　xLab 未来开发平台

本书使用 xLab 未来开发平台来进行学习和应用开发，xLab 未来开发平台支持多种无线传感器网络，包括 ZigBee 网络、BLE 网络、Wi-Fi 网络、LoRa 网络、NB-IoT 网络、LTE 网络，其中本书主要使用的无线模组有 ZigBee 无线模组、BLE 无线模组、Wi-Fi 无线模组。无线模组功能描述如表 1.2 所示。

表 1.2　无线模组功能一览表

无　线　模　组	产　品　图　片	功　能　描　述
ZigBee 无线模组		（1）TI 公司 CC2530 ZigBee 无线芯片，高性能、低功耗的 8051 微处理器内核，适应 2.4 GHz IEEE 802.15.4 的 RF 收发器。 （2）SMA 胶棒天线，数据传输速率达 250 kbps，传输距离可达 200 m
BLE 无线模组		（1）TI 公司 CC2540 BLE 无线芯片，高性能、低功耗的 8051 微处理器内核，适应 2.4 GHz BLE 的 RF 收发器。 （2）SMA 胶棒天线，数据传输速率达 1 Mbps，传输距离可达 100 m

续表

无 线 模 组	产 品 图 片	功 能 描 述
Wi-Fi 无线模组		（1）TI 公司 CC3200 Wi-Fi 无线芯片，内置工业级低功耗 ARM Cortex-M4 微处理器内核，主频为 80 MHz，支持 IEEE 802.11b/g/n 协议，内置强大的加密引擎。 （2）内置 TCP/IP 和 TLS/SSL 协议栈，支持 Http、Server 等多种协议。 （3）板载陶瓷天线，支持主从操作模式，数据传输速率可达 400 kbps
LoRa 无线模组		（1）Semtech 公司 SX1278 LoRa 无线芯片，LoRa 扩频调制技术，工作频率为 410～525 MHz，灵敏度为-148 dBm，输出功率为+20 dBm。 （2）集成 STM32F103 ARM Cortex-M3 处理器，Contiki 操作系统。 （3）SMA 胶棒天线，超远通信距离，可达 3 km
NB-IoT 无线模组		（1）BC95 NB-IOT 无线芯片，采用华为 Hi2110 芯片组，支持电信网络，频段为 850 MHz，支持 3GPP Rel-13 以及增强型 AT 指令，数据传输速率可达 100 kbps，灵敏度为-129 dBm，输出功率为+23 dBm。 （2）集成 STM32F103 ARM Cortex-M3 处理器，Contiki 操作系统。 （3）SMA 胶棒天线，采用标准 SIM 卡槽
LTE 无线模组		（1）EC20 4G&3G&2G 三合一无线模组，支持 LTE、WCDMA、GPRS 数据传输，支持联通网络，频段为 GSM900/DCS1800、HSUPA、HSDPA 3GPP R5、WCDMA 3GPP R99 EDGE EGPRS Class12、TDD-LTE Band38/39/40/41、FDD-LTE Band1/3/7、TDS Band34/39、GSM Band2/3/8，支持提供 UART 和 USB 双通道接口，下行数据传输速率为 150 Mbps，上行数据传输速率为 50 Mbps。 （2）集成 STM32F103 ARM Cortex-M3 处理器，Contiki 操作系统。 （3）SMA 胶棒天线，采用标准 SIM 卡槽

为深化在无线传感器网络中对节点时使用，书中的项目实例均用到传感器和控制设备。xLab 未来开发平台按照传感器类别设计了丰富的传感设备，涉及采集类、控制类、安防类、显示类、识别类、创意类等。本书实例使用采集类开发平台（Sensor-A）、控制类开发平台（Sensor-B）和安防类开发平台（Sensor-C）。

1）采集类开发平台（Sensor-A）

采集类开发平台包括：温湿度传感器、光照度传感器、空气质量传感器、气压海拔传感器、三轴加速度传感器、距离传感器、继电器、语音识别传感器等，如图 1.16 所示。

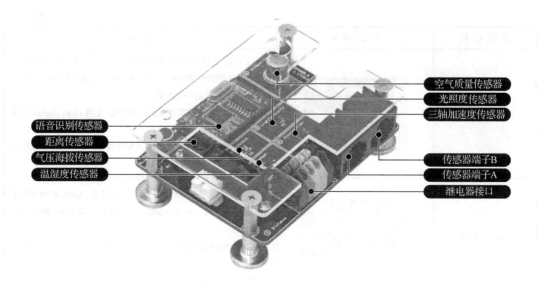

图 1.16　采集类开发平台

- 两路 RJ45 工业接口，包含 I/O、DC 3.3 V、DC 5 V、UART、RS-485、两路继电器输出等功能，提供两路 3.3 V、5 V、12 V 电源输出。
- 采用磁吸附设计，可通过磁力吸附并通过 RJ45 工业接口接入节点进行数据通信。
- 温湿度传感器的型号为 HTU21D，采用数字信号输出和 IIC 总线通信接口，测量范围为-40～125℃，以及 5%～95%RH。
- 光照度传感器的型号为 BH1750，采用数字信号输出和 IIC 总线通信接口，对应广泛的输入光范围，相当于 1～65535 lx。
- 空气质量传感器的型号为 MP503，采用模拟信号输出，可以检测气体酒精、烟雾、异丁烷、甲醛，检测浓度为 10～1000 ppm（酒精）。
- 气压海拔传感器的型号为 FBM320，采用数字信号输出和 IIC 总线通信接口，测量范围为 300～1100 hPa。
- 三轴加速度传感器的型号为 LIS3DH，采用数字信号输出和 IIC 总线通信接口，量程可设置为±2g、±4g、±8g、±16g（g 为重力加速度），16 位数据输出。
- 距离传感器的型号为 GP2D12，采用模拟信号输出，测量范围为 10～80 cm，更新频率为 40 ms。
- 采用继电器控制，输出节点有两路继电器接口，支持 5 V 电源开关控制。
- 语音识别传感器的型号为 LD3320，支持非特定人识别，具有 50 条识别容量，返回形式丰富，采用串口通信。

2）控制类开发平台（Sensor-B）

控制类开发平台包括：排风扇、步进电机、蜂鸣器、LED、RGB 灯、继电器接口，如图 1.17 所示。

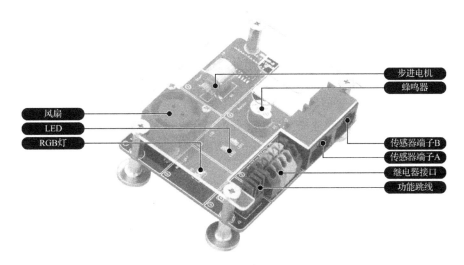

图 1.17 控制类开发平台

- 两路 RJ45 工业接口，包含 I/O、DC 3.3 V、DC 5 V、UART、RS-485、两路继电器输出等功能，提供两路 3.3 V、5 V、12 V 电源输出。
- 采用磁吸附设计，可通过磁力吸附并通过 RJ45 工业接口接入节点进行数据通信。
- 排风扇为小型风扇，采用低电平驱动。
- 步进电机为小型 42 步进电机，驱动芯片为 A3967SLB，逻辑电源电压范围为 3.0～5.5 V。
- 使用小型蜂鸣器，采用低电平驱动。
- 两路高亮 LED，采用低电平驱动。
- RGB 灯采用低电平驱动，可组合出任何颜色。
- 采用继电器控制，输出节点有两路继电器接口，支持 5 V 电源开关控制。

3）安防类开发平台（Sensor-C）

安防类开发平台包括：火焰传感器、光栅传感器、人体红外传感器、燃气传感器、触摸传感器、振动传感器、霍尔传感器、继电器接口、语音合成传感器等，如图 1.18 所示。

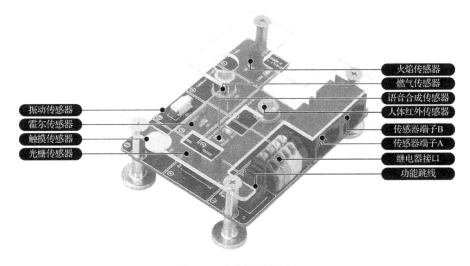

图 1.18 安防类开发平台

- 两路 RJ45 工业接口，包含 I/O、DC 3.3 V、DC 5 V、UART、RS-485、两路继电器输出等功能，提供两路 3.3 V、5 V、12 V 电源输出。
- 采用磁吸附设计，可通过磁力吸附并通过 RJ45 工业接口接入节点进行数据通信。
- 火焰传感器采用 5 mm 的探头，可检测火焰或波长为 760～1100 nm 的光源，探测温度为 60℃左右，采用数字开关量输出。
- 光栅传感器的槽式光耦槽宽为 10 mm，工作电压为 5 V，采用数字开关量信号输出。
- 人体红外传感器的型号为 AS312，电源电压为 3 V，感应距离为 12 m，采用数字开关量信号输出。
- 燃气传感器的型号为 MP-4，采用模拟信号输出，传感器加热电压为 5 V，供电电压为 5 V，可测量天然气、甲烷、瓦斯气、沼气等。
- 触摸传感器的型号为 SOT23-6，采用数字开关量信号输出，当检测到触摸时，输出电平翻转。
- 振动传感器在低电平时有效，采用数字开关量信号输出。
- 霍尔传感器的型号为 AH3144，电源电压为 5 V，采用数字开关量输出，工作频率宽（0～100 kHz）。
- 采用继电器控制，输出节点有两路继电器接口，支持 5 V 电源开关控制。
- 语音合成传感器的型号为 SYN6288，采用串口通信，支持 GB2312、GBK、UNICODE 等编码，可设置音量、背景音乐等。

3. 短距离无线通信技术的开发环境

学习短距离无线通信技术就是学习无线传感器网络承载的芯片和网络协议栈。对无线传感器网络的学习与开发就是对芯片的程序开发。既然要开发程序，就需要开发环境和相关的开发工具。

为了避免多个开发和编译环境的使用造成初学者对学习无线传感器网络的困扰，本书选用 TI 开发平台，ZigBee、BLE 和 Wi-Fi 的芯片都使用 TI 公司研发的芯片。这三种芯片的协议栈开发环境均为 IAR 集成开发环境。另外三种网络选用的是射频模块加控制芯片的组合，在程序开发上只需要对控制芯片进行操作即可。芯片选用的是意法半导体公司生产的基于 ARM 内核的 STM32 芯片，IAR 集成开发环境对此款芯片也有很好的支持。因此在无线传感器网络的学习中程序的开发均使用 IAR 集成开发环境。

除了开发环境，意法半导体公司还为芯片的开发提供了许多可用的工具，如网络调试工具、抓包工具等，为了方便初学者对无线传感器网络的学习，也开发了功能强大的综合调试工具。

无线传感器网络开发环境与调试工具汇总如表 1.3 所示。

表 1.3　无线传感器网络开发环境与调试工具汇总

网络类型	开发环境	工 具 一	工 具 二	工 具 三
ZigBee	IAR for 8051	ZTools（数据调试）	SensorMonitor（网络）	PackageSniffer（抓包）
BLE	IAR for 8051	BTools（数据调试）	BLEDeviceMonitor（网络）	PackageSniffer（抓包）
Wi-Fi	IAR for ARM	TCP&UDP 工具（调试）	—	—
LoRa	IAR for ARM	串口助手（调试）	—	—

续表

网络类型	开发环境	工 具 一	工 具 二	工 具 三
NB-IoT	IAR for ARM	串口助手（调试）	—	—
LTE	IAR for ARM	串口助手（调试）	—	—
开发的调试工具		xLabTools、ZCloudTools、ZCloudWebTools（以上网络均可调试）		

由于所有网络均使用 IAR 集成开发环境，此处将对 IAR 集成开发环境的使用进行分析，其中 CC2530 和 CC2540 采用的是 IAR for 8051，CC3200 使用的是 IAR for ARM，两者界面和调试方法相同。IAR 集成开发环境是一个专门用于开发嵌入式设备程序的开发环境，使用方便简单。

1）IAR 集成开发环境的主窗口界面

IAR 集成开发环境的主窗口界面如图 1.19 所示。

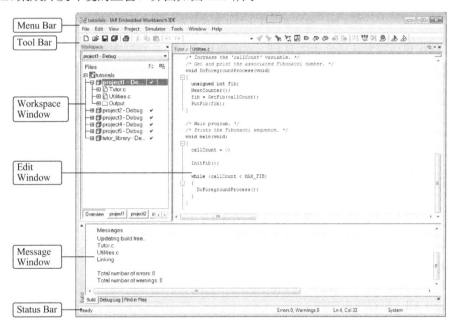

图 1.19　IAR 集成开发环境的主窗口界面

（1）Menu Bar（菜单栏）：包含 IAR 的所有操作及内容，在编辑模式和调试模式下存在一些不同。

（2）Tool Bar（工具栏）：包含一些常见的快捷按钮。

（3）Workspace Window（工作空间窗口）：一个工作空间可以包含多个工程，该窗口主要显示工作空间中工程项目的内容。

（4）Edit Window（编辑窗口）：代码编辑区域。

（5）Message Window（信息窗口）：包括编译信息、调试信息、查找信息等内容。

（6）Status Bar（状态栏）：包含错误警告、光标行列等一些状态信息。

2）IAR 集成开发环境的工具栏

工具栏上是主菜单部分功能的快捷按钮，这些快捷按钮之所以放置在工具栏上，是因为它们的使用频率较高。例如，编译按钮，这个按钮在编程时使用的频率相当高，这些按钮大部分也有对应的快捷键。

IAR 的工具栏共有两个：主工具栏和调试工具栏。编辑（默认）模式下只显示主工具栏，进入调试模式后会显示调试工具栏。

主工具栏可以通过菜单打开，即"View→Toolbars→Main"，如图 1.20 所示。

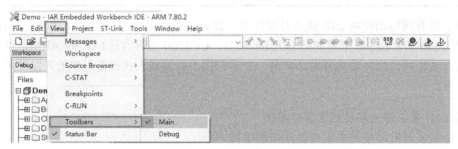

图 1.20　通过菜单打开 IAR 集成开发环境的主工具栏

（1）IAR 集成开发环境的主工具栏。在编辑模式下，只显示主工具栏，其中的内容也是编辑模式下常用的快捷按钮，如图 1.21 所示。

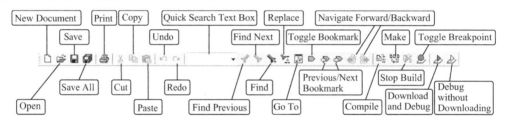

图 1.21　IAR 集成开发环境的主工具栏

● New Document：新建文件，快捷键为 Ctrl+N。
● Open：打开文件，快捷键为 Ctrl+O。
● Save：保存文件，快捷键为 Ctrl+S。
● Save All：保存所有文件。
● Print：打印文件，快捷键为 Ctrl+P。
● Cut：剪切，快捷键为 Ctrl+X。
● Copy：复制，快捷键为 Ctrl+C。
● Paste：粘贴，快捷键为 Ctrl+V。
● Undo：撤销编辑，快捷键为 Ctrl+Z。
● Redo：恢复编辑，快捷键为 Ctrl+Y。
● Quick Search Text Box：快速搜索文本框。
● Find Previous：向前查找，快捷键为 Shift+F3。
● Find Next：向后查找，快捷键为 F3。
● Find：查找（增强），快捷键为 Ctrl+F。
● Replace：替换，快捷键为 Ctrl+H。
● Go To：前往行列，快捷键为 Ctrl+G。

- Toggle Bookmark：标记/取消书签，快捷键为 Ctrl+F2。
- Previous Bookmark：跳转到上一个书签，快捷键为 Shift+F2。
- Next Bookmark：跳转到下一个书签，快捷键为 F2。
- Navigate Forward：跳转到下一步，快捷键为 Alt+右箭头。
- Navigate Backward：跳转到上一步，快捷键为 Alt+左箭头。
- Compile：编译，快捷键为 Ctrl+F7。
- Make：编译工程（构建），快捷键为 F7。
- Stop Build：停止编译，快捷键为 Ctrl+Break。
- Toggle Breakpoint：编辑/取消断点，快捷键为 Ctrl+F9。
- Download and Debug：下载并调试，快捷键为 Ctrl+D。
- Debug without Downloading：调试（不下载）。

（2）IAR 集成开发环境的调试工具栏。调试工具栏是在程序调试模式下才显示的快捷按钮，在编辑模式下，这些按钮是不显示的，如图 1.22 所示，各个图标说明如下。

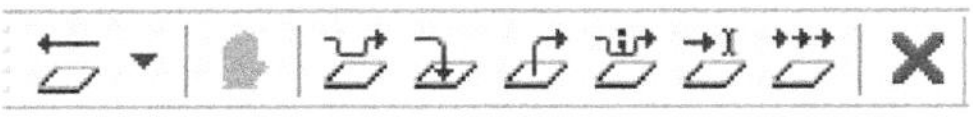

图 1.22　IAR 集成开发环境的调试工具栏

- Reset：复位。
- Break：停止运行。
- Step Over：逐行运行，快捷键为 F10。
- Step Into：跳入运行，快捷键为 F11。
- Step Out：跳出运行，快捷键为 F11。
- Next Statement：运行到下一语句。
- Run to Cursor：运行到光标行。
- Go：全速运行，快捷键为 F5。
- Stop Debugging：停止调试，快捷键为 Ctrl+Shift+D。

逐行运行也称为逐步运行，跳入运行也称为单步运行，运行到下一语句和逐行运行类似。

1.2.3　小结

本节介绍了物联网的概念、网络架构，以及 ZigBee、低功耗蓝牙（BLE）、Wi-Fi 无线传感器网络技术及相关开发平台和芯片，并学习了安装部署 ZigBee、BLE、Wi-Fi 三种开发平台的开发环境和工具。

1.2.4　思考与拓展

（1）分析无线传感器网络的体系架构。
（2）讨论无线传感器网络在实际生活中有哪些潜在的应用。
（3）结合开发实践的项目，画出智能家居应用场景的架构示意图。

第2章

ZigBee 无线通信技术应用开发

ZigBee 是基于 IEEE 802.15.4 标准的低功耗局域网协议，是一种短距离、低功耗的无线通信技术。其特点是近距离、低复杂度、自组织、低功耗、低数据传输速率。ZigBee 网络已广泛应用于物联网产业链中的 M2M 行业，如智慧农业、智能交通、智能家居、金融、供应链自动化、工业自动化、智能建筑、消防、环境保护、气象、农业、水务等领域。

本章通过对 ZigBee 网络在智慧农业中的应用进行分析，掌握 ZigBee 网络开发工具的使用和程序开发，并能够设计智慧农业的一些基本应用场景。基于 ZigBee 技术的智慧农业就是将物联网技术运用到传统农业中去，运用传感器和软件通过移动终端或者电脑终端对农业生产进行控制。

本章内容共分 6 个模块：

（1）ZigBee 无线通信技术开发基础：分析 ZigBee 网络的特点、应用、架构，并掌握 ZigBee 智慧农业应用的设备选型、组网、配置及应用展示。

（2）ZigBee 开发平台和开发工具：分析 ZigBee 网络的常用芯片 CC2530，学习 CC2530 开发环境的安装使用，以及工程创建、各种协议工具及调试工具的使用。

（3）ZigBee 协议栈解析与应用开发：分析 CC2530 协议源代码流程，学习 CC2530 协议栈与智云物联网开发框架。

（4）ZigBee 农业光照度采集系统开发与实现：分析基于 ZigBee 的采集类程序逻辑和采集类程序开发接口，并进行农业光照采集系统的开发。

（5）ZigBee 农业遮阳系统开发与实现：分析基于 ZigBee 的控制类程序逻辑和控制类程序开发接口，并进行遮阳系统的开发。

（6）ZigBee 农业报警系统开发与实现：分析基于 ZigBee 的安防类程序逻辑和安防类程序开发接口，并进行农业报警系统的开发。

2.1 ZigBee 无线通信技术开发基础

智慧农业充分应用现代信息技术成果，集成计算机技术、网络技术、物联网技术、音/视频技术、无线通信技术及专家智慧与知识，实现农业可视化远程诊断、远程控制、灾变报警等智能管理。通过各种无线传感器实时地对农业生产现场的温湿度、光照度、CO_2 浓度等参数进行采集，利用视频监控设备获取农作物的生长状况等信息，远程监控农业生产环境，实现智能化的农业生产，有效减少成本，提高农作物产量。

ZigBee 网络的通信距离短、功耗低，适合对大面积的土地进行数据采集和传输，可时刻监测土壤的温湿度变化，并随时调节，已经在智慧农业中有着广泛的应用和发展。

本节主要讲述 ZigBee 网络的概念、架构、组网过程及应用场景，最后通过构建智慧农业系统，实现对 ZigBee 短距离无线通信技术的学习与开发实践。

2.1.1　学习与开发目标

（1）知识目标：ZigBee 网络特征；ZigBee 网络架构。

（2）技能目标：了解 ZigBee 网络特征；了解 ZigBee 网络的应用场景。

（3）开发目标：通过学习和了解 ZigBee 网络的参数、架构、节点类型以及应用场景，构建智慧农业系统。

2.1.2　原理学习：ZigBee 网络

1. ZigBee 网络特征

ZigBee 的设计目标是保证在低电耗的前提下，开发一种易部署、低复杂度、低成本、短距离、低速率的自组织无线网络，在工业控制、家庭智能化、无线传感器网络等领域有广泛的应用前景。简而言之，ZigBee 网络是一种便宜的低功耗的近距离无线通信技术，具有以下特点：

- 低功耗：在低耗电待机模式下，2 节 5 号干电池可支持 1 个节点工作 6～24 个月，甚至更长。
- 低成本：通过大幅简化协议，降低了对通信控制器的要求，另外，ZigBee 协议是免费的。
- 低数据传输速率：ZigBee 网络的数据传输速率为 250 kbps，满足低速率传输数据的应用需求。
- 近距离：传输范围一般为 10～100 m，在增加 RF 发射功率后，亦可增加到 1～3 km，这指的是相邻节点间的距离。如果通过路由和节点间通信的中继，传输距离将更大。
- 短时延：ZigBee 网络的响应速度较快，从睡眠转入工作状态一般只需 15 ms，节点连接网络只需 30 ms，进一步节省了电能。
- 高容量：ZigBee 网络可采用星状、片状和网状网络结构，由一个主节点管理若干子节点，一个主节点最多可管理 254 个子节点；同时主节点还可由上一层网络节点来管理，最多可管理 65000 个节点。

2. ZigBee 网络架构

1）ZigBee 网络参数

ZigBee 网络作为一种可中继、覆盖范围广泛、接入节点多的无线通信技术，其所构建的网络势必会有众多的节点，这些节点的识别与定位都是 ZigBee 网络关注的重点。

ZigBee 网络采用的区分与识别方法是设置 ZigBee 的网络 CHANNEL（网络信道号），在相同CHANNEL下通过PANID(网络ID)来区别网络。当一个ZigBee网络的节点将CHANNEL和 PANID 信息与已有的 ZigBee 网络信息设置相同时，这个 ZigBee 网络的节点可以接入已有的 ZigBee 网络。在 ZigBee 网络内部，Coordinator（协调器）和 Router（路由）节点通过分配的 ShortAddr（短地址）实现对节点的定位与识别。在 ZigBee 网络外部，开发者可以通过每个 ZigBee 芯片所携带的全球唯一的 MAC 地址对 ZigBee 网络节点进行识别。下面对这四个参数进行说明：

（1）CHANNEL。CHANNEL 是 ZigBee 网络的网络信道号，2.4 GHz 的 ZigBee 协议栈含有 16 个通信信道，中国地区分配的信道为信道 11（0x0b）～信道 26（0x1a）。信道的设置是通过 32 位的数据来进行的，如果需要使能某个信道，将信道对应的数据位置为 1 即可。比如某个设备使用信道 11，则设置为 0x00000800，使用信道 26 则设置为 0x04000000。ZigBee 网络允许设备使能多个信道，如果需要使能所有信道，则设置 CHANNEL 为 0x7fff800 即可。ZigBee 网络只有在相同的信道下才能考虑通信的可能性，如果信道不同则无法组网。ZigBee 网络信道分配如图 2.1 所示。

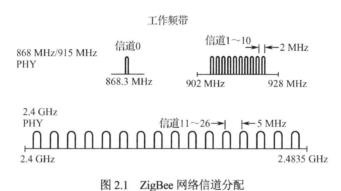

图 2.1　ZigBee 网络信道分配

（2）PANID。PANID 是 ZigBee 网络的 ID，用于区分同一信道下的其他网络，节点通过 PANID 判断自身所属的 ZigBee 网络。PANID 的参数可配置，其配置参数范围为 0x0000～0xFFFF。可互相通信的节点之间 PANID 必须相同，且必须保证同一工作区域内的相邻网络的 PANID 不同。

（3）MAC 地址。MAC 地址是 64 位的 IEEE 地址，是一个全球唯一的地址，一经分配就将跟随设备一生。MAC 地址通常由制造商或者被安装时设置，它是由 IEEE 组织来维护和分配的。

（4）ShortAddr。ShortAddr 是 16 位的 ZigBee 网络内部的网络地址，这个 16 位的网络地址是在设备加入网络后分配的，它在 ZigBee 网络中是唯一的，用来在网络中鉴别设备和发送数据。ZigBee 节点在 RFD 模式下时可直接使用其内部的网络地址。

2）ZigBee 节点类型

ZigBee 网络的基础知识主要包括设备类型、拓扑结构和路由方式三个方面的内容。所有的 ZigBee 节点都可分为 Coordinator（协调器）、Router（路由）节点、EndDevice（终端）节点三种类型，节点类型只是网络层的概念，反映了网络的拓扑结构，而 ZigBee 网络采用任何一种拓扑结构都只是为了实现网络中信息高效稳定的传输，在实际的应用中不必关心 ZigBee 网络的组织形式，节点类型的定义和节点在应用中的功能并不相关。三种网络节点类型如下。

（1）Coordinator（协调器）。不论 ZigBee 网络采用何种拓扑结构，网络中有一个并且只能有一个协调器，它在网络层的任务是选择网络所使用的通道频率，建立网络并将其他节点加入网络，提供信息路由、安全管理和其他的服务。协调器在系统初始化时起着重要作用，某些应用中网络初始化完成后，即使关闭了协调器，网络仍然可正常工作，但若协调器在应用层提供一些服务，就必须持续的处于工作状态。

（2）Router（路由）节点。如果 ZigBee 网络采用了树状和星状拓扑结构，就需要用到路由节点，它负责数据的路由，路由的建立由 ZigBee 协议的算法决定，入网后可以加入其他路由节点，也可以加入协调器，是网络远距离延伸的必要部件。此类节点的主要功能是发送和接收节点自身信息；在节点之间转发信息；容许子节点通过它加入网络。

（3）EndDevice（终端）节点。终端节点的主要任务就是发送和接收信息，不能够转发信息也不能够让其他节点加入网络。通常一个终端节点不处在数据收发状态时可进入休眠状态，以节省耗电。

3）ZigBee 网络架构

ZigBee 网络作为一种短距离、低功耗、低数据传输速率的无线网络技术，它是介于无线射频识别（RFID）技术和 BLE 之间的技术方案，在无线传感器网络领域应用非常广泛，这得益于其强大的组网能力，可以形成星状、树状和网状网三种拓扑结构，在实践中可以根据实际项目需要来选择合适的拓扑结构，三种拓扑结构各有优势。

（1）星状拓扑。星状拓扑是最简单的拓扑结构，如图 2.2 所示，包含一个协调器和一系列的终端节点。每一个终端节点只能和协调器进行通信，在两个终端节点之间进行通信必须通过协调器进行转发。

这种拓扑结构的缺点是节点之间的数据路由只有唯一的一个路径。协调器有可能成为整个网络的瓶颈。实现星状拓扑不需要使用 ZigBee 网络层协议，因为 IEEE 802.15.4 的协议层已经实现了星状拓扑结构，但是需要开发者在应用层做更多的工作，包括处理信息的转发。

（2）树状拓扑。树状拓扑结构如图 2.3 所示，协调器可以连接路由节点和终端节点，其子节点中的路由节点也可以连接路由节点和终端节点。在多个层级的树状拓扑中，信息具有唯一路由通道，只可以在父节点与子节点之间进行直接通信，非父子关系的节点需间接通信。

树状拓扑有如下特点：

- 协调器和路由节点可以包含自己的子节点；
- 终端节点不能有自己的子节点；
- 有同一个父节点的节点之间称为兄弟节点；
- 有同一个祖父节点的节点之间称为堂兄弟节点。

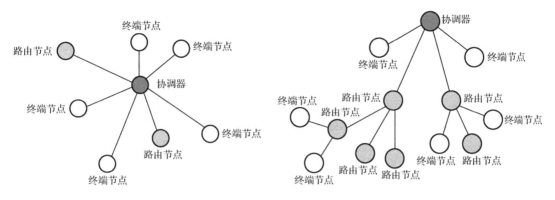

图 2.2 星状拓扑结构　　　　图 2.3 树状拓扑结构

树状拓扑中的通信规则如下：

● 每一个节点都只能和其父节点和子节点之间通信；

● 如果需要从一个节点向另一个节点传输数据，信息将沿着树的路径向上传输到最近的祖先节点，然后向下传输到目标节点；

● 这种拓扑结构的缺点就是信息只有唯一的路由通道，另外信息的路由是由协议栈层处理的，整个的路由过程对于应用层而言是完全透明的。

（3）网状拓扑。网状拓扑结构如图 2.4 所示，具有灵活路由选择方式，当某个路由出现问题时，信息可自动沿其他路由进行传输。任意两个节点都可相互传输数据，数据可直接传输或在传输过程中经多级路由转发，网络层提供路由探测功能，使得网络层可以找到信息传输的最优化路由，不需要应用层参与，网络会自动按照 ZigBee 协议算法选择最优化路由作为数据传输通道，使得网络更稳定，通信更有效率。

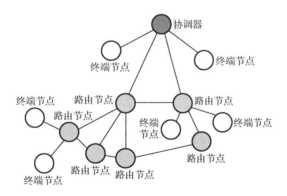

图 2.4 网状拓扑结构

采用网状拓扑结构的网络具有强大的功能，该拓扑结构还可以组成极为复杂的网络，具备自组织、自愈功能；星状和树状网络适合多点、短距离的应用。

2.1.3 开发实践：构建智慧农业系统

1. 开发设计

ZigBee 网络是物联网的一个重要的短距离无线通信技术，用于获取传感器数据和控制电气设备。完整的物联网体系还包含传输层、服务层和应用层。为了对 ZigBee 网络有一个完整的概念，需要在一个完整的物联网体系下，通过远程应用 App 对 ZigBee 网络的组网方法、数据收发与网络监控等功能有一个初步的了解；然后通过使用 PC 端的控制工具对 ZigBee 网络参数（如 PANID、CHANNEL 和节点类型）进行修改，通过查看节点在网络中的变化，从而加深对 ZigBee 网络的理解。

本项目实现的功能是使用 ZigBee 网络构建简单的智慧农业系统，在智慧农业系统中将各 ZigBee 节点采集的传感器数据通过 ZigBee 网关发送至远程服务器，通过终端 App 实现对智慧农业系统数据的实时获取。

本项目使用 xLab 未来开发平台中安装了 ZigBee 无线模组的 Sensor-A、Sensor-B 和 Sensor-C。

智慧农业系统的流程为：使用温湿度、光照度等传感器监测农作物生长的环境信息，当环境偏离作物生长所需范围时，可通过蜂鸣器报警提示，也可通过继电器去控制灯光来进行光照度的补充、通过控制风机或空调等来进行温度调节、通过控制电机灌溉来进行湿度调节等，如图 2.5 所示。

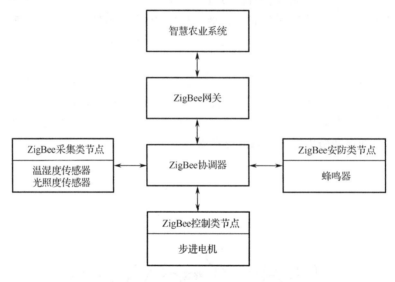

图 2.5　智慧农业系统

2．功能实现

（1）设备选型。选择一个 Mini4418 Android 智能网关，三个 Lite-B 节点，选择智慧农业相关的传感器：采集类传感器 Sensor-A（如温湿度传感器、光照度传感器），控制类传感器 Sensor-B（如步进电机、排风扇、继电器），安防类传感器 Sensor-C（如燃气传感器、振动传感器、火焰传感器）。

（2）设备配置。正确连接硬件，通过软件工具给网关固化默认程序；通过 Flash Programmer 软件固化节点程序。正确配置 ZigBee 节点的网络参数和智能网关服务，通过软件工具修改网关协调器和 ZigBee 节点的网络参数，正确设置智能网关的智云服务配置，将 ZigBee 网络接入物联网云平台。

（3）设备组网。创建 ZigBee 网络，并让节点正确接入 ZigBee 网络，启动智能网关和节点系统，观察节点是否正确入网。可通过综合测试软件查看网络拓扑结构，通过软件工具观察节点入网状况。

（4）设备演示。通过综合测试软件与传感器进行互动，通过软件工具对传感器进行数据采集和远程控制。

3．开发验证

基于 ZigBee 网络的智慧农业场景中的应用，掌握 ZigBee 网络设备的认知和选型，结合 ZigBee 网络的特性，进行网络配置和组网，最终汇集到云端进行应用交互，部分验证截图如图 2.6 所示。

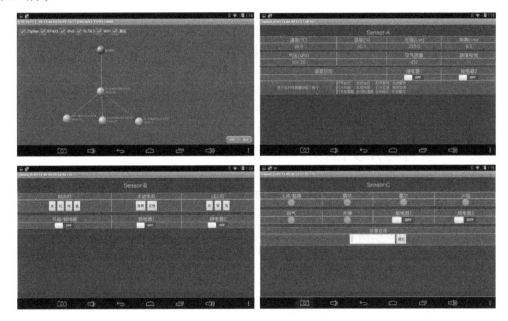

图 2.6　部分验证截图

2.1.4　小结

本节先介绍了 ZigBee 网络的特性、网络参数、节点类型，通过开发实践，使用 ZigBee 网络构建简单的智慧农业系统，在智慧农业系统中将 ZigBee 节点采集的传感器数据通过智能网关发送至远程服务器，通过终端 App 实现对智慧农业系统数据的实时获取。理解并掌握 ZigBee 网络特性，能够熟练掌握设备的选型、ZigBee 节点类型设置、网络设置及组网过程。

2.1.5　思考与拓展

（1）ZigBee 网络组网过程。
（2）ZigBee 组网异常分析。

（3）使用 xLabTools 工具，设置协调器与路由/终端节点的 PANID=0xFFFF，观察组网情况。

（4）采用汇聚节点作为协调器，接入计算机后运行智云网关，进行组网测试。

2.2　ZigBee 开发平台和开发工具

CC2530 是 TI 公司用于 2.4 GHz IEEE 802.15.4、ZigBee 和 RF4CE 的片上系统（SoC）解决方案，是学习 ZigBee 网络的依托平台。CC2530 采用集成 MCU+射频收发模块的 SoC 设计方式，而且这种设计方式能实现节点的微小化和极低的功耗。开发者可以采用 TI 公司的 CC2530 来设计传感器节点。

TI 公司为 ZigBee 网络开发提供了多种开发环境、网络调试工具等，方便进行产品设计开发及工程运维中的故障调试。在实际物联网应用场景中，智慧农业系统的现场环境、布局、设施改造等都会给无线传感器网络调试带来了很大的影响。通过对各种软件工具的使用，能够优化设备性能和排除故障，让系统稳定地运行。

本节主要介绍 ZigBee 网络依托的 CC2530 芯片和常用开发工具的使用方法。

2.2.1　学习与开发目标

（1）知识目标：CC2530 基础知识、ZigBee 协议栈和 ZigBee 网络参数。

（2）技能目标：理解 CC2530 功能属性、熟悉 ZStack 协议栈功能、理解 ZigBee 网络的基本参数、掌握 ZigBee 网络开发工具的使用。

（3）开发目标：使用调试工具对 ZigBee 网络进行调试，学习和掌握 ZigBee 网络的组网参数的含义和网络调试过程。

2.2.2　原理学习：CC2530 和 ZigBee 协议栈

1．CC2530 开发平台

1）CC2530 芯片

CC2530 是 TI 公司生产的一种系统级芯片，适用于 2.4 GHz 的 IEEE 802.15.4 系统、ZigBee 和 RF4CE。CC2530 具有性能极好的 RF 收发器、增强型 8051 微处理器内核、系统中可编程的 Flash、8KB RAM 以及许多其他强大的功能，可选择不同的运行模式，使得 CC2530 适合超低功耗要求的系统。结合 TI 的业界领先的"黄金单元"ZigBee 协议栈（ZStack），提供了一个强大和完整的 ZigBee 解决方案。CC2530 实物如图 2.7 所示。

CC2530 可广泛应用在 2.4 GHz 的 IEEE 802.15.4 系统、楼宇自动化、照明系统、工业控制和监测、农

图 2.7　CC2530 实物

业养殖、城市管理远程控制、消费型电子、家庭控制、计量和智能能源、医疗等领域，在物联网领域有着极为广泛的应用。CC2530 具有以下特性。

（1）高性能的无线前端。CC2530 具有 2.4 GHz 的 IEEE 802.15.4 标准射频收发器，出色的接收器灵敏度和抗干扰能力，可编程输出功率为+4.5 dBm，总体无线连接功率为 102 dBm，极少量的外部元件，支持网状拓扑结构，系统配置符合世界范围的无线电频率法规，如欧洲电信标准协会 ETSI EN300 328 和 EN 300 440（欧洲），以及 FCC 的 CFR47 第 15 部分（美国）和 ARIB STD-T-66（日本）。

（2）低功耗。接收模式为 24 mA，发送模式（1 dBm）为 29 mA，供电模式 1（4 μs 唤醒）为 0.2 mA，供电模式 2（睡眠计时器运行）为 1 μA，供电模式 3（外部中断）为 0.4 μA，电压范围为 2~3.6 V。

（3）微处理器。高性能和低功耗的 8051 微处理器内核，具有 32 KB、64 KB、128 KB、256 KB 的可编程 Flash，8 KB 的内存，支持硬件调试。

（4）具有丰富的外设接口。具有强大的 5 通道 DMA，符合 IEEE 802.15.4 标准的 MAC 定时器，通用定时器（1 个 16 位、2 个 8 位），红外发生电路，32 kHz 的睡眠计时器和定时捕获，硬件支持 CSMA/CA，精确的数字接收信号强度指示和 LQI，电池监视器和温度传感器，8 通道 12 位 ADC，可配置分辨率，AES 加密安全协处理器，2 个强大的通用同步串口，21 个通用 I/O 引脚，看门狗定时器。

（5）应用领域广泛。2.4 GHz 的 IEEE 802.15.4 标准系统、RF4CE 遥控控制系统、ZigBee 系统、楼宇自动化、照明系统、工业控制和监测、低功率无线传感器网络、消费电子、健康照顾和医疗保健。

2）CC2530 资源

CC2530 有着丰富的片上资源，除了使用增强型 8051 微处理器内核，还有众多的总线结构上的优化。CC2530 结构框图如图 2.8 所示。

由图 2.8 可知，CC2530 硬件结构大致可以分为四个部分：CPU 和内存相关的模块；片上外设相关的模块；时钟和电源管理相关的模块；无线射频收发相关的模块。下面对 CC2530 的硬件结构进行介绍。

（1）CPU 与内存。CC2530 使用的内核是一个单时钟周期的、与 8051 兼容的内核，具有 3 个不同的存储器访问总线（SFR、DATA 和 CODE/XDATA），能够以单时钟周期的形式访问 SFR、DATA 和主 SRAM，还包括 1 个调试接口和 1 个 18 位输入的扩展中断单元。

中断控制器提供了 18 个中断源，分为 6 个中断组，每组都与 4 个中断优先级相关。当设备从空闲模式回到活动模式时，也会发出一个中断服务请求；一些中断还可以从睡眠模式唤醒设备（供电模式 1、2、3）。

内存仲裁器（MEMORY ARBITER）位于系统中心，它通过 SFR 总线把 CPU 和 DMA 控制器、物理存储器、所有的外设连接在一起；内存仲裁器有 4 个存取访问点，可以映射到 3 个物理存储器之一，即 1 个 8 KB 的 SRAM、1 个 Flash 和 1 个 XREG/SFR 寄存器；还负责执行仲裁，并确定同时到达同一个物理存储器的内存访问顺序。

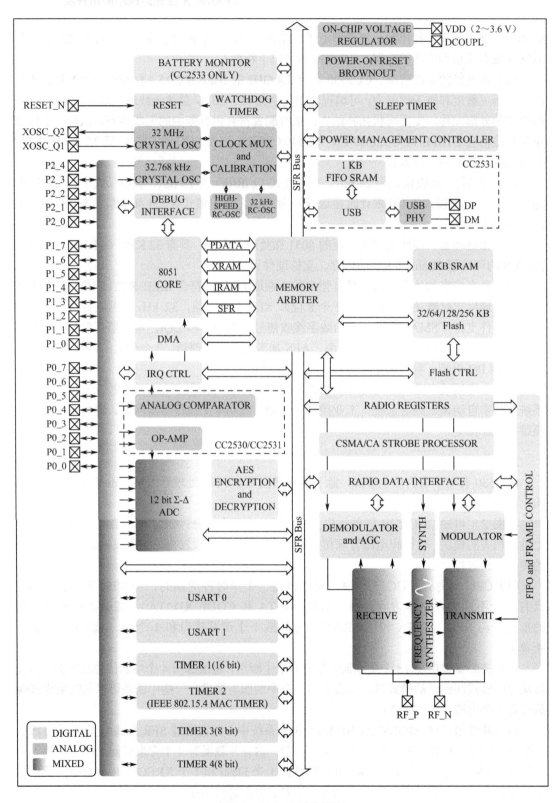

图 2.8　CC2530 结构框图

　　8 KB 的 SRAM 映射到 DATA 存储空间和 XDATA 存储空间的一部分。8 KB 的 SRAM 是一个超低功耗的 SRAM，当数字电路部分掉电时（供电模式 2 和 3）能够保留自己的内容，这对于低功耗应用而言是一个很重要的功能。

　　32/64/128/256 KB 的 Flash 为设备提供了可编程的非易失性程序存储器，可以映射到 CODE 和 XDATA 存储空间。除了可以保存程序代码和常量，非易失性程序存储器还允许应用程序保存必需的数据，这样在设备重新启动之后就可以使用这些数据。

　　（2）时钟与电源管理。数字内核和外设由一个 1.8 V 的低压差稳压器供电，另外 CC2530 具有电源管理功能，可以使用不同供电模式实现低功耗应用；CC2530 共有 5 种不同的复位源可以用来复位设备。

　　（3）片上外设。CC2530 包括许多不同的外设，可以开发先进的应用。

　　① I/O 控制器。I/O 控制器负责所有的通用 I/O 引脚，CPU 可以配置外设模块是否由某个引脚控制，如果是，则每个引脚均可配置为输入或输出，并连接衬垫里的上拉电阻或下拉电阻。

　　② DMA 控制器。系统可以使用一个多功能的五通道 DMA 控制器，使用 XDATA 存储空间访问存储器，因此能够访问所有物理存储器。每个通道（触发器、优先级、传输模式、寻址模式、源和目标指针及传输计数）可通过 DMA 描述符在存储器任何地方进行配置，许多硬件外设（如 AES 内核、Flash 控制器、USART、定时器、ADC 接口）均可通过 DMA 控制器在 SFR、XREG 地址及 Flash/SRAM 之间进行数据传输，以获得高效率操作。

　　③ 定时器。定时器 1 是一个 16 位定时器，具有定时器、计数器、PWM 功能，它有 1 个可编程的分频器，1 个 16 位周期值和 5 个各自可编程的计数器/捕获通道，每个通道都有 1 个 16 位比较值，可用于 PWM 输出或捕获输入信号边沿的时序。

　　定时器 2（MAC 定时器）是专门为支持 IEEE 802.15.4 MAC 或软件中其他时钟的协议设计的，有 1 个可配置的定时器周期和 1 个 8 位溢出计数器，用于保持跟踪周期数；1 个 16 位捕获寄存器，用于记录收到/发送一个帧开始界定符或传输结束的精确时间；还有 1 个 16 位输出比较寄存器，可以在具体时间产生不同的选通指令（接收或发送等）。

　　定时器 3 和定时器 4 是 8 位定时器，具有定时器、计数器、PWM 功能，它们有 1 个可编程的分频器、1 个 8 位的周期值、1 个可编程的计数器通道、1 个 8 位的比较值，计数器通道均可以当成一个 PWM 输出。

　　睡眠定时器是一个超低功耗的定时器，用于计算 32 kHz 晶体振荡器或 32 kHz 的 RC 振荡器的周期。睡眠定时器可以在除供电模式 3 外的所有供电模式下不间断运行，该定时器的典型应用是作为实时计数器，或作为一个唤醒定时器跳出供电模式 1 或 2。

　　④ ADC 外设。ADC 支持 7～12 位的分辨率，分别为 30 kHz 或 4 kHz 的带宽，DC 和音频转换可以使用高达 8 个输入通道（端口 0），输入可以是单端输入或差分输入，参考电压可以是内部电压、AVDD 或者 1 个单端或差分的外部信号；ADC 还有 1 个温度传感器输入通道，可以自动执行定期抽样或转换通道序列的程序。

　　⑤ 随机数发生器。随机数发生器使用一个 16 位 LFSR 来产生伪随机数，它可以被 CPU 读取或由选通指令处理器直接使用。随机数发生器可以用于产生随机密钥。

　　⑥ AES 协处理器。AES 协处理器允许用户使用带有 128 位密钥的 AES 算法来加密

和解密数据，能够支持 IEEE 802.15.4 MAC 安全、ZigBee 网络层和应用层要求的 AES 操作。

⑦ 看门狗。CC2530 具有 1 个内置的看门狗定时器，允许设备在固件挂起的情况下复位。当看门狗定时器由软件使能时，则必须定期清除，当它超时时就会复位设备；也可以配置成 1 个通用的 32 kHz 定时器。

⑧ 串口（USART）。USART0 和 USART1 可被配置为主/从 SPI 或 USART，它们为接收和发送提供了双缓冲以及硬件流控制，非常适合高吞吐量的全双工应用。每个 USART 都有自己的高精度波特率发生器，因此可以使普通定时器空闲出来用于其他用途。

（4）无线射频收发器。CC2530 提供了一个兼容 IEEE 802.15.4 的无线射频收发器，还提供了 MCU 和无线设备之间的一个接口，可以用于发送指令、读取状态、自动操作，并确定无线设备事件的顺序；无线设备还包括一个数据包过滤和地址识别模块。

3）CC2530 硬件系统

CC2530 芯片中使用的 CPU 内核是一个单周期的 8051 兼容内核，有 4 种不同的 Flash 版本：CC2530F32/64/128/256（32/64/128/256 KB 的 Flash），CC2530 硬件最小系统电路如图 2.9 所示。

4）CC2530 优点

● CC2530 集微处理器、ADC、无线通信模块于一体，大大提高了单片机与无线通信模块组合时的可靠性，同时也减小了节点的体积与质量；
● CC2530 支持最新的 ZigBee 协议——ZigBee 2007/PRO，相对于以前的协议栈，ZigBee 2007/PRO 在互操作性、节点密度管理、数据负荷管理、频率捷变等方面有重大改进，且具有支持网状拓扑结构和低功耗特点，这就使得采用 CC2530 设计出来的节点通信距离更远，网络性能更稳定可靠；
● CC2530 性能更优、价格更低。

2. ZigBee 协议栈

1）ZigBee 协议栈架构

ZigBee 协议是在 IEEE 802.15.4 标准基础上设计的，ZigBee 设备包括了 IEEE 802.15.4（该标准定义了 RF 射频以及与相邻设备之间的通信）的 PHY 和 MAC 层，以及 ZigBee 协议栈，即网络层、应用层和安全服务提供层。

ZigBee 协议分为两部分，IEEE 802.15.4 定义的 PHY 和 MAC 层的技术规范，以及 ZigBee 联盟定义的网络层、安全服务提供层、应用层的技术规范。ZigBee 协议栈就是将各个层定义的技术规范都集合在一起，以函数的形式实现，并为用户提供 API（应用层），用户可以直接调用。ZigBee 协议栈中各层次具有一定的关系，其体系结构如图 2.10 所示。

下面分别介绍各层：

（1）物理层（PHY）。物理层定义了物理无线信道和 MAC 层之间的接口，提供物理层数据服务和物理层管理服务。物理层包括 ZigBee 的激活、当前信道的能量检测、接收链路服务质量信息、ZigBee 信道接入方式、信道频率选择、数据传输和接收。

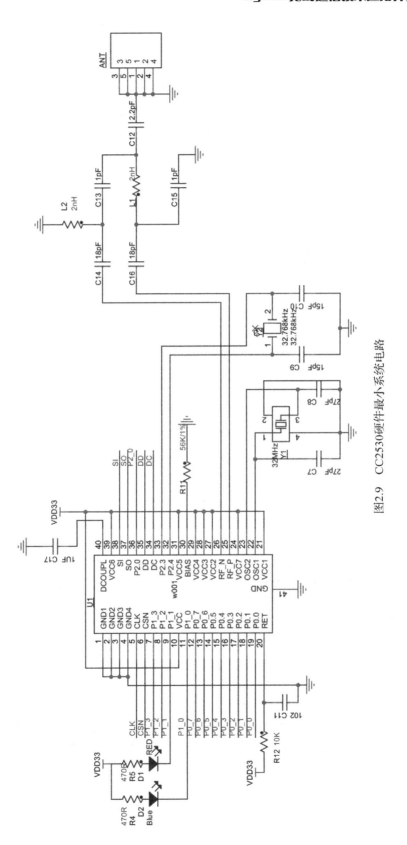

图2.9　CC2530硬件最小系统电路

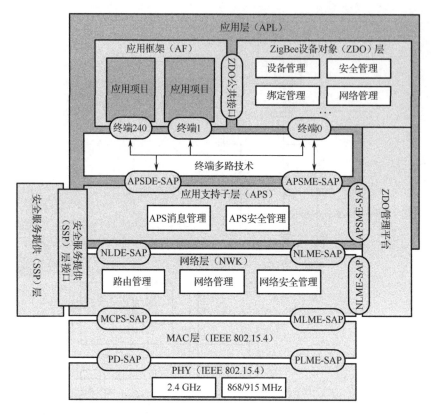

图 2.10　ZigBee 协议栈的体系结构

（2）媒体接入控制（MAC）层。MAC 层负责处理所有的物理无线信道访问，并产生网络信号、同步信号；支持 PAN 连接和分离，提供两个对等 MAC 实体之间可靠的链路。MAC 层的功能是网络协调器产生信标、与信标同步、支持 PAN（个域网）链路的建立和断开、为设备的安全性提供支持、信道接入方式采用 CSMA/CA 机制、处理和维护保护时隙机制。

（3）网络（NWK）层。ZigBee 协议栈的核心部分在网络层。网络层主要实现节点加入或离开网络、接收或抛弃其他节点、路由查找及传输数据、网络发现、网络形成、允许设备连接、路由器初始化、设备同网络连接、直接将设备同网络连接、断开网络连接、重新复位设备、接收机同步、信息库维护。

（4）应用层（APL）。ZigBee 协议栈的应用层包括应用支持（APS）层、ZigBee 设备对象（ZDO）和厂商所定义的应用对象。应用支持层的功能包括维护绑定表、在绑定的设备之间传输消息。ZigBee 协议栈的应用层除了提供一些必要函数以及为网络层提供合适的服务接口，一个重要的功能就是用户可在这层定义自己的应用对象。

远程设备可通过 ZDO 请求描述符信息，接收到这些请求时，ZDO 会调用配置对象获取相应描述符值。ZDO 的功能包括：定义设备在网络中的角色（如 ZigBee 网络的协调器和终端节点），发起和响应绑定请求，在网络设备之间建立安全机制。ZDO 还负责发现网络中的设备，并且决定向它们提供何种应用服务。另外，ZDO 还提供绑定服务。

2）ZStack 协议栈组成

ZStack 协议栈是由 TI 公司开发的，符合最新的 ZigBee 2007 规范，它支持多平台，其中就包括 CC2530。ZStack 协议栈体系分层架构与协议栈源代码文件夹如表 2.1 所示。

表 2.1　ZStack 协议栈体系分层架构与协议栈源代码文件夹

ZStack 协议栈体系分层架构	ZStack 协议栈源代码文件夹
物理（PHY）层	硬件层目录（HAL）
媒体接入控制（MAC）层	链路层目录（MAC 和 ZMac）
网络（NWK）层	网络层目录（NWK）
应用支持（APS）层	网络层目录（NWK）
应用框架（AF）层	配置文件目录（Profile）和应用程序
ZigBee 设备对象（ZDO）	设备对象目录（ZDO）

　　ZStack 协议栈源代码目录结构如图 2.11 所示。

　　在实际应用中，使用较多的是 HAL 和 App 目录，前者要针对具体的硬件进行修改，后者要添加具体的应用程序。而 OSAL 是 ZStack 协议栈特有的系统层，相当于一个简单的操作系统，用于对各层次任务进行管理，理解它的工作原理对开发是很重要的。

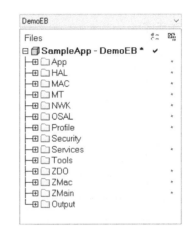

图 2.11　ZStack 协议栈源代码目录结构

- App：应用层目录，该目录包含了应用层和项目的主要内容。
- HAL：硬件层目录，该目录包含了与硬件相关的配置和驱动及操作函数。
- MAC：MAC 层目录，该目录包含了 MAC 层的参数配置文件及其 MAC 层的 LIB 库的函数接口文件。
- MT：实现通过串口可控各层，与各层进行直接交互，同时可以将各层的数据通过串口连接到上位机，以便开发人员调试。
- NWK：网络层目录，该目录包含了网络层配置参数文件及网络层的库函数接口文件。
- OSAL：协议栈的操作系统。
- Profile：AF（应用构架）层目录，该目录包含 AF 层处理函数文件。ZStack 协议栈的 AF 层为开发人员提供了建立一个设备描述所需的数据结构和辅助功能，是传入信息的终端多路复用器。
- Security：安全层目录，该目录包含了安全层处理函数，如加密函数等。
- Services：地址处理函数目录，该目录包含了地址模式的定义及地址处理函数。
- Tools：工程配置目录，该目录包含了空间划分及 ZStack 相关配置信息。
- ZDO：ZigBee 设备对象（ZDO）提供了管理一个 ZigBee 设备的功能。ZDO 的 API 为应用程序的终端提供了管理 ZigBee 网络协调器、路由节点或终端节点的接口，例如，创建、查找和加入一个 ZigBee 网络，绑定应用程序终端以及安全管理。
- ZMac：MAC 层目录，该目录包含了 MAC 层参数配置及 MAC 层 LIB 库函数的回调处理函数。
- ZMain：主函数目录，该目录包含了入口函数及硬件配置文件。

● Output：输出文件目录。

3）ZStack 网络参数

根据 ZigBee 网络的性质，如果节点需要连接到 ZigBee 网络，则需要配置节点的网络参数，而网络参数是在 ZStack 协议栈中进行修改的。需要配置的网络信息有 ZigBee 信道、ZigBee 的 PANID（网络识别 ID）和 ZigBee 网络拓扑结构。下面将对 ZStack 协议栈网络参数的配置进行分析。

（1）ZigBee 信道。根据 IEEE 802.15.4 定义的两个物理层标准，ZigBee 网络有两种物理层，即 2.4 GHz 的物理层和 868/915 MHz 的物理层，两者均采用直接序列扩频（Direct Sequence Spread Spectrum，DSSS）技术。ZigBee 网络使用了 3 个频段，定义了 27 个物理信道，其中 868 MHz 频段定义了一个信道；915 MHz 频段附近定义了 10 个信道，信道间隔为 2 MHz；2.4 GHz 频段定义了 16 个信道，信道间隔为 5 MHz。ZigBee 网络信道分配如表 2.2 所示。

表 2.2　ZigBee 网络信道分配

信 道 编 号	中心频率/MHz	信道间隔/MHz	频率上限/MHz	频率下限/MHz
$k=0$	868.3	—	868.6	868.0
$k=1,2,3,\cdots,10$	$906+2(k-1)$	2	928.0	902.0
$k=11,12,13,\cdots,26$	$2401+5(k-11)$	5	2483.5	2400.0

在 2.4 GHz 的物理层，数据传输速率为 250 kbps；在 915 MHz 的物理层，数据传输速率为 40 kbps；在 868 MHz 的物理层，数据传输速率为 20 kbps。在设置网络信道时，可以通过协议栈文件目录中 Tools 文件夹下面的 f8wConfig.cfg 文件进行修改。在 f8wConfig.cfg 文件中有 16 个物理信道可选，亚洲地区分配的信道编号为 11～27。在 f8wConfig.cfg 文件中修改信道编号的相关源代码如图 2.12 所示。

修改信道编号的方法是将通道前文的"//"去掉即可，在无效的信道编号前添加"//"。这里默认使用的是编号为 11 的信道。

（2）PANID。PANID 的全称是 Personal Area Network ID，网络 ID 是针对一个或多个应用的网络，用于区分不同的 ZigBee 网络，所有节点的 PANID 都是唯一的，一个网络只有一个 PANID，它是由协调器生成的，PANID 是可选配置项，用来控制 ZigBee 网络的路由节点和终端节点要加入哪个网络。PANID 是一个 32 bit 的数据，范围为 0x0000～0xFFFF。ZigBee 网络的 PANID 同样是在 f8wConfig.cfg 文件中修改的。在 f8wConfig.cfg 文件中修改网络 ID 的相关源代码如下：

```
/* Define the default PAN ID.
* Routers and end devices to join PAN with this ID */
-DZDAPP_CONFIG_PAN_ID = 0x2100
```

修改网络 ID 的方式是修改"-DZDAPP_CONFIG_PAN_ID="之后的参数，可以使用十六进制数和十进制数表示。此处设置网络编号为 0x2100，转换为十进制数为 8448。

（3）ZigBee 网络拓扑结构。ZigBee 网络有三种拓扑结构，即星状、树状和网状，这三种网络拓扑结构均可在 ZStack 协议栈中实现。在星状网络中，所有节点只能与协调器通信，节点之间是无法通信的；在树状网络中，终端节点只能与它的父节点通信，路由节点可与它的父节点和子节点通信；在网状网络中，全功能节点之间是可以相互通信的。

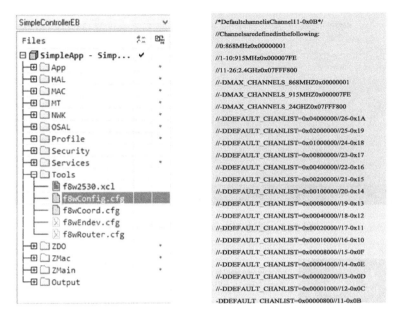

图 2.12　f8wConfig.cfg 文件中修改信道编号的相关源代码

在 ZStack 协议栈中，ZigBeePRO 协议采用网状网络，通过工程"Tools → f8wConfig.cfg"文件可以开启/关闭宏定义开关。

/* 网状网络开启 ZigBeePRO 协议，星状网络和树状网络需要将该宏定义注释掉 */

-DZIGBEEPRO

在工程"NWK→nwk_globals.c/nwk_globals.h"中跟踪源代码，可以了解 ZIGBEEPRO 宏定义对 ZigBee 网络类型 NWK_MODE 的设置。此外，可以设定数组 CskipRtrs 和 CskipChldrn 的值进一步控制网络的形式，CskipChldrn 数组的值代表每一级可以加入的子节点最大数目，CskipRtrs 数组的值代表每一级可以加入的路由节点最大数目。例如，在星状网络中，定义 CskipRtrs[MAX_NODE_DEPTH+1]={5, 0, 0, 0, 0, 0}，CskipChldrn[MAX_NODE_DEPTH+1]= {10, 0, 0, 0, 0, 0}，代表只有协调器允许节点加入，且协调器最多允许加入 10 个子节点，其中最多有 5 个路由节点，剩余的为终端节点。通过 ZCloudTools 工具可以查看到 ZigBee 网络的组网关系。通过 ZCloudTools 工具查看组网关系如图 2.13 所示。

4）ZigBee 网络地址

ZigBee 设备有两种类型的地址：物理地址和网络地址。物理地址是一个 64 bit 的 IEEE 地址，即 MAC 地址，通常也称为长地址。64 bit 的地址是全球唯一的地址，通常由制造商或者安装时设置。通过 TI 公司提供的 Flash Programmer 工具可以获取 ZigBee 设备的 IEEE 地址。通过 Flash Programmer 工具获取 IEEE 地址如图 2.14 所示。

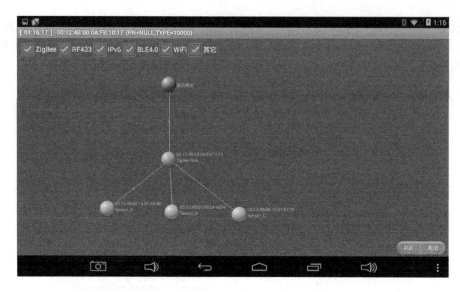

图 2.13　通过 ZCloudTools 工具查看组网关系

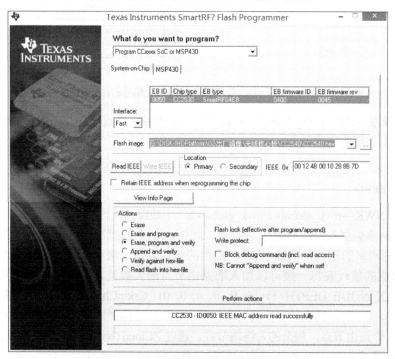

图 2.14　通过 Flash Programmer 工具获取 IEEE 地址

16 bit 的网络地址是在设备加入网络后分配的，通常也称为短地址，它在网络中是唯一的，用来在网络中鉴别设备和发送数据，不同网络的 16 bit 短地址可以是相同的。每个 ZigBee 设备的 16 bit 的短地址都是在加入 ZigBee 网络后被协调器随机分配的。同一个节点接入网络时间不同，被分配的短地址不一定相同。协调器默认的 16 bit 短地址为 0000。通过程序读取 ZigBee 芯片中相关函数可以获取短地址。通过 xLabTools 工具将短地址信息和父节点短地址信息显示出来。xLabTools 工具同样可以获取设备的 MAC 地址，如图 2.15 所示。

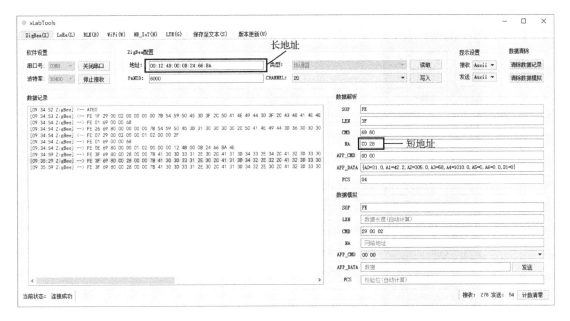

图 2.15　通过 xLabTools 工具获取设备的长地址和短地址

3．ZigBee 开发工具

1）IAR 集成开发环境

CC2530 内置增强型 8051 微处理器内核，TI 公司推荐采用 IAR 集成开发环境进行软件开发，本书针对 CC2530 的 ZigBee 协议栈 ZStack 示例工程均采用 IAR 集成开发环境进行开发。IAR 是一个专门用于开发嵌入式程序的集成开发环境，使用方便简单。

IAR 集成开发环境贯穿系统的设计、开发和测试过程，包括带有 C/C++编译器和调试器的集成开发环境（IDE）、ZStack 协议栈、开发套件、硬件仿真器等。

2）Flash Programmer 工具

Flash Programmer 工具是 TI 公司提供的为 CC2530 烧录源代码的工具，通过该工具可以实现芯片的擦除和源代码的固化，还可以实现 CC2530 设备源代码的批量烧录。另外，该工具还提供了读取 CC2530 的 MAC 地址的功能，当需要获取某个 CC2530 的 MAC 地址时可以使用此工具读取。Flash Programmer 工具如图 2.16 所示。

3）TI 公司的 ZigBee 网络工具

TI 公司为 ZigBee 开发提供配套的分析工具，包括 Z-Tool、Sensor Monitor、Packet Sniffer。

（1）Z-Tool 工具。Z-Tool 工具是 TI 公司提供的专门用于为用户调试 ZigBee 节点收发数据监测的软件，通过软件配合协议栈的相关信息采集函数，可以实现对 ZigBee 网络节点收发数据进行监测的目的。Z-Tool 工具默认集成在 ZStack 协议栈内（ZStack-CC2530-2.4.0-1.4.0\Tools\Z-Tool），其界面如图 2.17 所示。

窗口可以用来监测协调器收发的数据，数据将以两种形式表示，分别是字符串形式和十六进制形式，字符串形式的数据是协调器上报的数据内容，十六进制形式的数据则是由工具自动转换的。

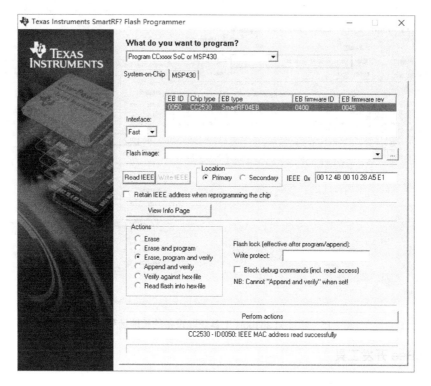

图 2.16　Flash Programmer 工具

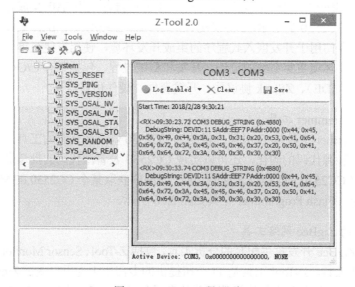

图 2.17　Z-Tool 工具界面

（2）Sensor Monitor 工具。Sensor Monitor 是 TI 公司的一款用于查看网络拓扑结构的软件，支持星状网、树状网的动态显示，通过软件和协议栈的相关信息采集函数，可以实现对 ZigBee 网络拓扑结构的展示，如图 2.18 所示。

（3）Packet Sniffer 工具。Packet Sniffer 是帮助维护、故障检测，以及微调局域网和广域网的工具。该工具可观察网络的通信量，进行网络配置，对协议进行译码，提交统计数字，自动识别许多常见的网络问题，并能够生成管理报告。Packet Sniffer 工具界面如图 2.19 所示。

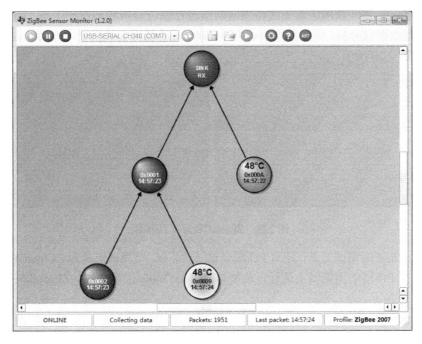

图 2.18　通过 Sensor Monitor 工具查看网络拓扑结构

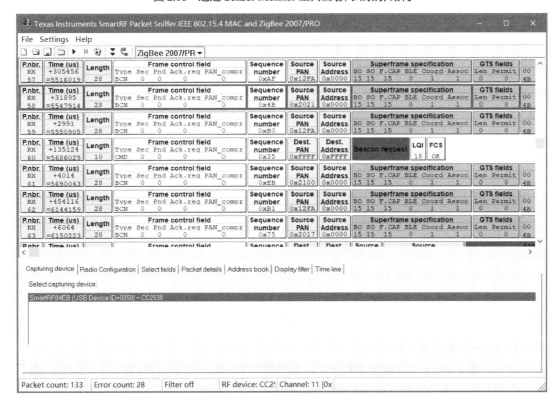

图 2.19　Packet Sniffer 工具界面

4）ZCloudTools 工具

ZCloudTools 是一款用于对无线传感器网络进行综合分析和测试的工具，可查看网络拓扑结构，进行数据包分析、传感器数据采集和控制、传感器历史数据查询等功能。ZCloudTools 工具界面如图 2.20 所示。

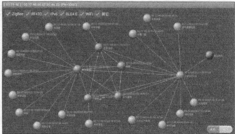

图 2.20　ZCloudTools 工具界面

除了 Android 端调试工具，还有 PC 端调试工具，PC 端调试工具为 ZCloudWebTools，该工具可直接在 PC 端的浏览器上运行，功能与 ZCloudTools 工具类似。ZCloudWebTools 工具界面如图 2.21 所示。

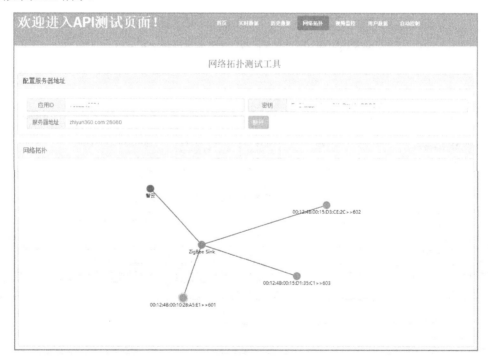

图 2.21　ZCloudWebTools 工具界面

5）xLabTools 工具

为了方便 ZigBee 项目的学习和开发，本书根据 ZigBee 网络的特性开发了一款专门用于数据收发调试的辅助开发和调试工具，该工具可以通过 ZigBee 节点的调试串口获取节点当前配置的网络信息。当协调器连接到 xLabTools 工具时，可以查看网络信息和该协调器所组建的网络下的节点反馈的信息，并且能够通过调试窗口向网络内各节点发送数据；将终端节点或路由节点连接到 xLabTools 工具时，可以实现对终端节点数据的监测，并且能够通过该工具向协调器发送指令。xLabTools 工具界面如图 2.22 所示。

图 2.22　xLabTools 工具界面

2.2.3　开发实践：构建 ZigBee 网络

1. 开发设计

本项目实现的功能是基于 ZigBee 网络构建智慧农业系统，通过各种开发工具进行程序开发、网络调试和系统运维。通过 ZigBee 的开发平台，可掌握 ZigBee 调试工具的使用。TI 公司提供了许多可供开发者使用的 ZigBee 网络工具，包括开发环境、网络调试、协议分析等。

本项目使用 xLab 未来开发平台中的安装了 ZigBee 无线模组的 LiteB 节点，以及 Sensor-A、Sensor-B 和 Sensor-C 传感器板对项目进行模拟。ZigBee 网络工具如下：

- IAR 集成开发环境：主要用于程序开发和调试。
- Flash Programmer：主要用于程序的烧写和固化。
- ZCloudTools：主要用于网络拓扑结构分析、应用层数据包分析。
- xLabTools：主要用于网络参数的修改，以及节点数据包的分析和模拟。

2. 功能实现

1）IAR 集成开发环境

安装 ZStack 协议栈，将节点的示例工程存放在协议栈目录内。通过 IAR 集成开发环境（见图 2.23）打开节点的示例工程，可完成工程源代码的分析、调试、运行和下载。了解 ZStack 源代码结构之后，可通过 f8wConfig.cfg 文件修改 ZigBee 网络参数。

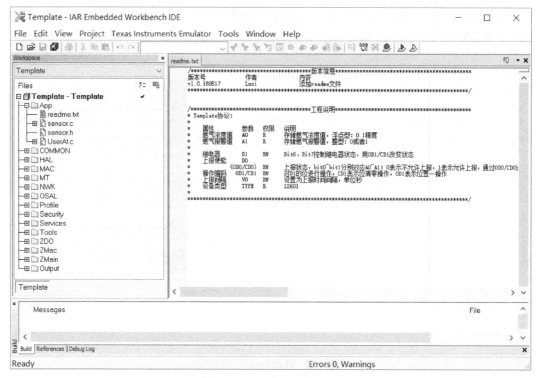

图 2.23　IAR 集成开发环境

2）Flash Programmer 工具

通过 Flash Programmer 工具（见图 2.24）可以对节点程序进行烧写和固化，也可以读取节点的 IEEE 地址（MAC 地址）。

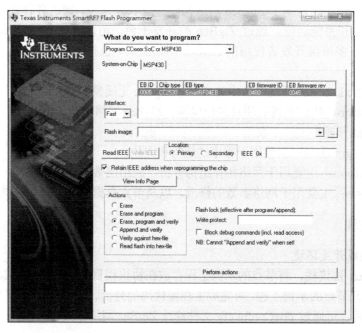

图 2.24　Flash Programmer 工具

3）ZCloudTools 工具

ZCloudTools 工具（见图 2.25）可以对 ZigBee 网络拓扑结构进行监测，通过修改 ZStack 协议栈和源代码可完成星状网、树状网、网状网的组网。

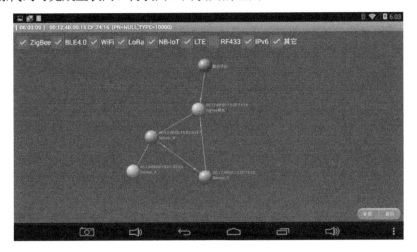

图 2.25　ZCloudTools 工具

利用 ZCloudTools 工具还可进行节点收发数据的监测，如图 2.26 所示。

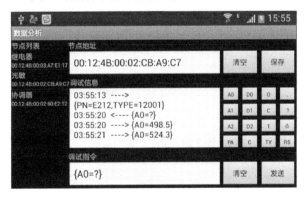

图 2.26　利用 ZCloudTools 工具进行节点收发数据的监测

4）xLabTools 工具

xLabTools 工具（见图 2.27）可以读取和修改 ZigBee 网络参数和节点类型，读取并解析节点接收到的数据，通过连接的节点发送自定义的数据到应用层，通过连接 ZigBee 网络协调器来分析协调器接收的数据，对下行发送数据进行调试。

3．开发验证

（1）通过 IAR 集成开发环境和 Flash Programmer 工具完成节点程序的开发、调试、运行和下载。

（2）通过 xLabTools 工具和 ZCloudTools 工具完成节点数据的分析和调试，节点数据的调试如图 2.28 所示，调试后的效果如图 2.29 所示。

图 2.27　xLabTools 工具

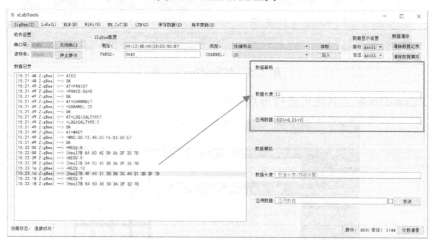

图 2.28　节点数据的调试

图 2.29　调试后的效果

2.2.4　小结

本节先介绍了 CC2530 的特点、功能和工作原理，然后介绍了 ZStack 协议栈的架构与相关参数，以及 ZigBee 的开发与调试工具的使用，最后通过开发实践，基于 ZigBee 网络构建了智慧农业系统，通过各种开发工具进行程序开发、网络调试和系统运维。

2.2.5　思考与拓展

（1）ZigBee 主流的开发平台及芯片有哪些？
（2）ZigBee 常用的开发环境和开发工具有哪些？怎么使用？
（3）如何利用 ZigBee 开发工具进行智慧农业实际项目开发？

2.3　ZigBee 协议栈解析与应用开发

智慧农业通过在农田、温室、园林等目标区域中布置大量无线传感器节点，可实时采集温度、湿度、光照度、气体浓度、土壤水分、电导率等数据并汇总到监测中心。通过对监测数据进行分析，可以有针对性地投放农业生产资料，并根据需要通过各种执行设备进行调温、调光、换气等动作，实现对农作物生长环境的智能控制。基于 ZigBee 网络的智慧农业系统如图 2.30 所示。

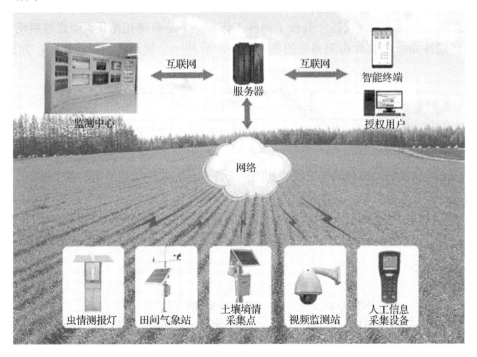

图 2.30　基于 ZigBee 网络的智慧农业系统

本节主要介绍 ZStack 协议栈和传感器应用程序的开发，重点学习 SAPI 框架下 ZigBee 组网、无线数据收发和处理等 API 的应用，并通过智慧农业应用场景掌握节点程序的开发，最后通过构建智慧农业系统，实现对 ZStack 协议栈和传感器应用程序接口的学习与开发实践。

2.3.1　学习与开发目标

（1）知识目标：ZStack 协议栈的工作原理、执行流程、关键接口。

（2）技能目标：了解 ZStack 协议栈工作原理，掌握 ZStack 协议栈执行流程和关键接口的使用。

（3）开发目标：基于 ZigBee 网络构建智慧农业系统。

2.3.2　原理学习：ZStack 协议栈

1．ZStack 协议栈分析

1）ZStack 基本原理

ZigBee 的 ZStack 协议栈是一个用于实现 ZigBee 网络功能的系统。ZStack 协议栈是一个轮询式的操作系统，整个 ZigBee 的任务调度都是在这个轮询式操作系统上完成的。

ZStack 协议栈是一个轮询式的操作系统，它的 main 函数在 ZMain 目录下的 ZMain.c 中，从总体上来说，该协议栈一共做了两件工作，一个是系统初始化，即通过启动源代码来初始化硬件系统和软件构架需要的各个模块，另外一个就是启动操作系统，如图 2.31 所示。

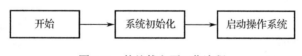

图 2.31　协议栈主要工作流程

ZStack 协议栈启动源代码需要完成初始化硬件平台和软件架构所需的各个模块，为操作系统的运行做好准备工作，具体流程图和对应的函数如图 2.32 所示。

其中，初始化操作系统和执行操作系统是最为关键的两步，这两步都是在位于 ZMain 目录下的 ZMain.c 文件中的 main 函数里进行的，对应的具体函数源代码如下：

```
int main ( void )
{
    osal_int_disable( INTS_ALL );        //关闭所有中断
    HAL_BOARD_INIT();                    //初始化硬件（系统时钟、LED 等）
    zmain_vdd_check();                   //系统电源检测
    InitBoard( OB_COLD );                //板载 I/O 初始化（关中断、系统弱电压复位处理）
    HalDriverInit();                     //板载传感器初始化（ADC、DMA、LED、UART 等驱动）
    osal_nv_init( NULL );                //非易失性随机存储系统初始化
```

```
ZMacInit();                        //MAC 层初始化
zmain_ext_addr();                  //写入节点拓展地址

#if defined ZCL_KEY_ESTABLISH
zmain_cert_init();                 //初始化验证信息
#endif
zgInit();
#ifndef NONWK
afInit();                          //初始化应用层
#endif
osal_init_system();                //初始化操作系统
osal_int_enable( INTS_ALL );       //开启中断
InitBoard( OB_READY );             //最后一次板载设备初始化
zmain_dev_info();                  //显示设备信息
#ifdef WDT_IN_PM1
WatchDogEnable( WDTIMX );          //使能看门狗
#endif
osal_start_system();               //启动操作系统
return 0;
} //main()
```

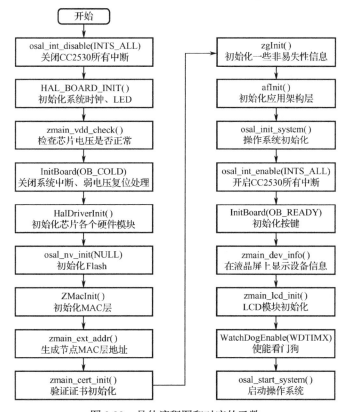

图 2.32   具体流程图和对应的函数

osal_init_system()函数作为 ZStack 协议栈中的操作系统初始化函数，用于启动操作系统所需的相关配置。osal_start_system()函数用于启动操作系统。osal_init_system()函数源代码如下：

```
uint8 osal_init_system( void )
{
    osal_mem_init();              //初始化系统内存分配
    osal_qHead = NULL;           //初始化消息队列
    osalTimerInit();              //初始化系统定时器
    osal_pwrmgr_init();          //初始化电源管理系统
    osalInitTasks();             //初始化系统任务
    osal_mem_kick();             //设置高效搜索堆栈的第一个空闲块
    return ( SUCCESS );
}
```

osal_init_system()函数主要是对操作系统的相关模块进行初始化，如系统时钟、系统内存分配、系统任务等。

2）启动操作系统

通过一系列的系统初始化为操作系统的运行做好准备以后，就可以开始执行操作系统入口程序，并由此彻底将控制权交给操作系统。其实，启动操作系统只有一行源代码：

```
osal_start_system();
```

启动操作系统函数源代码如下：

```
void osal_start_system( void )
{
    #if !defined ( ZBIT ) && !defined ( UBIT )
    for(;;)   //Forever Loop
    #endif
    {
        osal_run_system();              //系统运行
    }
}
```

osal_start_system()函数是轮询式操作系统的主体部分，它所做的就是不断地查询每个任务是否有事件发生，如果发生，则执行相应的函数；如果没有发生，就查询下一个任务。

osal_run_system()函数的源代码如下：

```
void osal_run_system( void )
{
    uint8 idx = 0;
    osalTimeUpdate();                       //更新系统时钟
    Hal_ProcessPoll();                      //串口检测和定时器查询
    do {
        if (tasksEvents[idx])               //当前最高优先级的任务准备
```

```
        {
            break;
        }
    } while (++idx < tasksCnt);                          //轮询任务标号

    if (idx < tasksCnt)                                   //任务标号小于总任务数
    {
        uint16 events;
        halIntState_t intState;

        HAL_ENTER_CRITICAL_SECTION(intState);            //进入系统临界区
        events = tasksEvents[idx];                       //获取事件编号
        tasksEvents[idx] = 0;                            //清空当前事件
        HAL_EXIT_CRITICAL_SECTION(intState);             //退出系统临界区
        events = (tasksArr[idx])( idx, events );         //调用任务处理事件
        HAL_ENTER_CRITICAL_SECTION(intState);            //进入系统临界区
        tasksEvents[idx] |= events;                      //将未处理事件添加到当前任务
        HAL_EXIT_CRITICAL_SECTION(intState);             //退出系统临界区
    }
#if defined( POWER_SAVING )
    else                                                  //完成任务事件后停止活动
    {
        osal_pwrmgr_powerconserve();                     //使系统进入休眠状态
    }
#endif
/* Yield in case cooperative scheduling is being used. */
#if defined (configUSE_PREEMPTION) && (configUSE_PREEMPTION == 0)
    {
        osal_task_yield();
    }
#endif
}
```

在轮询任务的过程中，程序首先在 do-while 循环语句中轮询 tasksEvents，如果有最高优先级的需要执行的任务，则程序跳出循环。获得要执行的任务编号 idx 后，在系统的临界区从 tasksEvents 获得 idx 任务中要执行的事件编号 events，然后使用(tasksArr[idx])(idx，events)函数指针处理相关的任务事件，并返回还未完成的事件编号，最后将任务事件编号重新加载到任务事件列表中。通过上述过程就完成了一次系统任务循环。

3）系统任务调度

为了方便任务管理，ZStack 协议栈定义了 OSAL（Operation System Abstraction Layer，操作系统抽象层）。OSAL 完全构建在应用层上，采用了轮询方式，并引入了优先级，其主要作用是隔离 ZStack 协议栈和特定硬件系统，用户无须过多了解具体平台的底层，就可以利用

OSAL 提供的丰富工具实现各种功能，包括任务的注册、初始化和启动，同步任务，多任务间的消息传递，中断处理，定时器控制，内存定位等。

前文讲到 ZStack 协议栈使用(tasksArr[idx])(idx，events)函数指针处理相关的任务事件，这是通过任务事件数组 tasksEvents[idx] 来判断事件是否发生的。在初始化 OSAL 时，tasksEvents 这数组被初始化为 0，而协议栈任务会根据先后顺序依次给出优先级，一旦系统中有事件发生，就会调用 osal_set_event 函数把 tasksEvents[taskID]赋值为对应的事件。系统任务初始化源代码如下：

```
void osalInitTasks( void )
{
    uint8 taskID = 0;
    tasksEvents = (uint16 *)osal_mem_alloc( sizeof( uint16 ) * tasksCnt);
    osal_memset( tasksEvents, 0, (sizeof( uint16 ) * tasksCnt));    //任务栈清空
    macTaskInit( taskID++ );                                         //MAC 初始化并编号为 0
    nwk_init( taskID++ );                                            //网络任务初始化并编号为 1
    Hal_Init( taskID++ );                                           //硬件层初始化并编号为 2
    #if defined( MT_TASK )
    MT_TaskInit( taskID++ );                                       //调试任务初始化并编号为 3
    #endif
    APS_Init( taskID++ );                                          //软件事件循环并编号为 4
    ZDApp_Init( taskID++ );                                        //ZigBee 设备处理循环为 5
    SAPI_Init( taskID );                                           //用户事件处理任务为 6
}
```

由于任务的初始化，ZStack 协议栈的不同任务就被赋予了不同的 taskID，这样任务事件数组 tasksEvents 中就表示了系统中哪些任务存在没有处理的事件，然后调用各任务处理对应的事件。任务通过函数指针来调用，参数有两个：任务标识符 taskID 和对应的事件 event。ZStack 协议栈中的 7 种默认的任务存储在 tasksArr 函数指针数组中，与初始化列表顺序一致。定义如下：

```
const pTaskEventHandlerFn tasksArr[] = {
    macEventLoop,                                                  //MAC 任务循环
    nwk_event_loop,                                                //网络任务循环
    Hal_ProcessEvent,                                             //硬件层处理循环
    #if defined( MT_TASK )
    MT_ProcessEvent,                                              //调试信息处理循环
    #endif
    APS_event_loop,                                               //软件事件循环
    ZDApp_event_loop,                                            //ZigBee 设备处理循环
    SAPI_ProcessEvent                                            //用户事件处理任务
};
```

从 7 个事件的名字可以看出，每个默认的任务对应着的是 ZStack 协议栈的层次。根据 ZStack 协议栈的特点，这些任务从上到下的顺序反映出了任务的优先级，如 macEventLoop

的优先级要高于 nwk_event_loop。

要深入理解 ZStack 协议栈中 OSAL 的调度管理，关键是要理解任务的初始化 osalInitTasks()、任务标识符 taskID、任务事件数组 tasksEvents、任务事件处理函数之间的关系。

系统任务、任务标识符和任务事件处理函数之间的关系如图 2.33 所示。其中 tasksArr 数组中存储了任务事件处理函数，tasksEvents 数组中则存储了各任务对应的事件，由此便可得知任务与事件之间是多对多的关系，即多个任务对应着多个事件。在系统调用 osalInitTasks() 函数进行任务初始化时，首先将 tasksEvents 数组的各任务对应的事件清 0，也就是各任务没有事件。当调用了各层的任务初始化函数之后，系统就会调用 osal_set_event(taskID，event) 函数将各层任务的事件存储到 tasksEvents 中。系统任务初始化结束之后就会轮询调用 osal_run_system()函数开始运行系统中所有的任务，运行过程中任务标识符值越小的任务优先运行。执行任务的过程中，系统就会判断各任务对应的事件是否发生，若发生了则执行相应的事件处理函数。

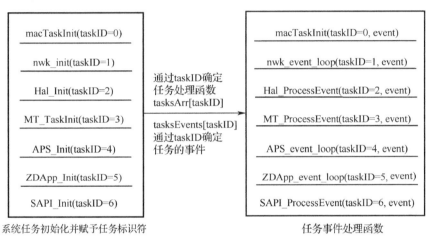

图 2.33　系统任务、任务标识符和任务事件处理函数之间的关系

根据前文的分析过程可知，系统是按照死循环形式工作的，模拟了多任务操作系统，把 CPU 分成 N 个时间片，在高频率时感觉就是同时在运行多个任务。

2. SAPI 框架接口分析

1）SAPI 任务事件处理

TI 公司在提供 ZStack 协议栈的同时还提供了多个 ZigBee 网络协议栈的案例，通过这些案例可以初步了解 ZStack 协议栈的使用，可以快速实现 ZigBee 项目的开发。

在 ZStack 协议栈中提供了通用软件模版实例（GenericApp）、样品软件模版实例（SampleApp）、简易软件模版实例（SimpleApp）和协议栈工程样板（Template）。其中最为常用的是 SimpleApp，该实例基于 SAPI 框架开发，提供了控制节点（SimpleControllerED）、汇聚节点（SimpleCollectorED）、传感器采集节点（SimpleSensorED）和开关节点（SimpleSwitchED）的通用实例。Template 是基于 SimpleApp 开发的工程示例，实现了传感器驱动层和 SAPI 框架应用层的分离，让程序结构变得更加清晰易懂。

在 Template 项目案例（见图 2.34）中，SAPI 框架下的主要为 sapi.c 和 sapi.h，应用层的 API 对应文件 AppCommon.c。对用户而言，了解 sapi.c 和 sapi.h 中的关键函数，以及 AppCommon.c 中 API 的使用方法是学习 ZStack 协议栈和 SAPI 框架的重点。

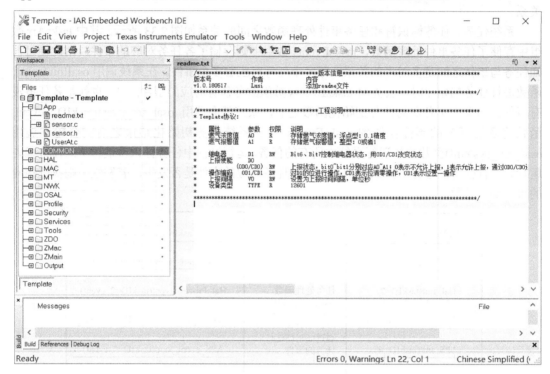

图 2.34　Template 项目案例

下面分析 SAPI 框架下程序执行流程的关键源代码和函数。

在 SAPI 框架下，任务处理事件是在 SAPI_ProcessEvent()函数中完成的，在该函数中完成了消息队列处理事件、绑定处理事件、组网处理事件、重启处理事件等，这些都是用于配置和处理系统信息的事件，均由系统自主完成，在开发和使用中不需要过于关注，该函数中需要关注的是用户任务初始化的进入事件和系统循环处理用户任务的用户任务处理事件，SAPI_ProcessEvent()函数的源代码如下，此处只展示关键的源代码。

```
UINT16 SAPI_ProcessEvent( byte task_id, UINT16 events )
{
    osal_event_hdr_t *pMsg;                     //定义消息队列指针
    afIncomingMSGPacket_t *pMSGpkt;             //定义一个指向接收消息结构体的指针
    afDataConfirm_t *pDataConfirm;              //定义一个指向外部数据发送的消息包的指针

    if ( events & SYS_EVENT_MSG )               //处理系统事件消息
    {
        pMsg = (osal_event_hdr_t *) osal_msg_receive( task_id );   //获取消息队列
        ......                                  //此处处理系统消息
        return (events ^ SYS_EVENT_MSG);        //返回未完成的任务事件
```

```
        }
        if ( events & ZB_ALLOW_BIND_TIMER )                //处理系统允许定时绑定事件
        {
            ......                                          //处理允许绑定内容
            return (events ^ ZB_ALLOW_BIND_TIMER);          //返回未完成的任务事件
        }
        if ( events & ZB_BIND_TIMER )                      //处理系统定时绑定
        {
            ......                                          //此处处理绑定内容
            return (events ^ ZB_BIND_TIMER);
        }
        if ( events & ZB_ENTRY_EVENT )                     //处理 ZigBee 进入事件
        {
            uint8 startOptions;

            //指示设备启动的应用
            #if ( SAPI_CB_FUNC )
            zb_HandleOsalEvent( ZB_ENTRY_EVENT );          //ZigBee 初始化处理事件
            #endif
            HalLedSet (HAL_LED_4, HAL_LED_MODE_OFF);        //熄灭指示灯

            ......                                          //此处处理系统配置更新
            return (events ^ ZB_ENTRY_EVENT );
        }

        if ( events & ( ZB_USER_EVENTS ) )                 //循环处理 ZigBee 用户事件（通常优先级最低）
        {
            //用户事件被传送给系统应用程序
            #if ( SAPI_CB_FUNC )
            zb_HandleOsalEvent( events );                  //ZigBee 初始化处理事件
            #endif
        }
        return 0;                                          //丢弃未知事件
    }
```

　　虽然上述源代码中的事件较多，但用户只需要重点了解 ZigBee 的进入事件（ZB_ENTRY_EVENT）和用户事件（ZB_USER_EVENTS）即可。ZB_ENTRY_EVENT 事件通常只有当系统配置参数发生改变时才会触发，当系统配置信息完成后不再触发该事件，因此用户的传感器设备的初始化以及用户设定事件的初始化均在该事件下处理。ZB_USER_EVENTS 事件则用来处理用户设定的事件，如果在 ZB_USER_EVENTS 事件中重新定义了事件的系统触发时间，只要系统时间到达，就会触发 ZB_USER_EVENTS 事件，从而处理用户设定的事件。

在 ZB_ENTRY_EVENT 事件和 ZB_USER_EVENTS 事件处理过程中最终都调用了 zb_HandleOsalEvent()函数，该函数是在 SAPI 框架应用程序接口的基础上实现的。

2）SAPI 框架关键接口解析

SAPI 框架提供了多个函数，涵盖系统重启、入网、设备查询、绑定、事件处理和数据收发等。在众多的函数中只要关注关键的几个函数即可。

（1）SAPI 事件处理函数。

> 名　　称：void zb_HandleOsalEvent(uint16 event)
> 参　　数：event—需要被执行事件的编号
> 返回值：无
> 说　　明：当有一个任务事件被设置时，系统调用此函数处理

在 ZStack 协议栈初始化并启动事件循环后，最终都会调用 zb_HandleOsalEvent()函数来处理事件，主要是 ZB_ENTRY_EVENT 和 ZB_USER_EVENTS 事件（0x0001~0x000F）。ZB_ENTRY_EVENT 事件主要完成节点类型初始化及传感器初始化（通过 sensor.c 文件中的 sensorInit()函数实现）。ZB_USER_EVENTS 事件会调用 sensor.c 文件中的 MyEventProcess() 函数来处理用户事件，如触发传感器进行数据的循环上报。

```
/**************************************************************************
* 名　　称：zb_HandleOsalEvent()
* 功　　能：SAPI 事件处理函数，当任务事件发生之后就调用这个函数
* 参　　数：event—产生的任务事件
**************************************************************************/
void zb_HandleOsalEvent( uint16 event )
{
    if (event & ZB_ENTRY_EVENT) {
        ……
        //节点类型初始化
        //传感器初始化
        sensorInit();
    }
    //触发用户自定义事件
    if (event & 0x000F) {
        //处理用户事件
        MyEventProcess( event );
    }
}
```

（2）ZigBee 入网函数处理。

> 名　　称：void zb_StartConfirm(uint8 status)
> 参　　数：status—启动完成后的状态
> 返回值：无返回值
> 说　　明：当 ZStack 协议栈启动完成后，执行这个函数

ZStack 协议栈在节点入网成功后会调用 zb_StartConfirm()函数进行入网状态的确认，当入网成功后，程序会调用 sensor.c 文件中的 sensorLinkOn()函数发送入网成功通知。

```
/**************************************************************************
* 名    称：zb_StartConfirm()
* 功    能：当 ZStack 协议栈启动完成后，执行这个函数
* 参    数：status_启动完成后的状态
**************************************************************************/
void zb_StartConfirm( uint8 status )
{
    if ( status == ZB_SUCCESS )                               //入网成功
    {
        printf("AppCommon->zb_StartConfirm(): Join ZigBee Net Success!\r\n");
        HalLedSet( HAL_LED_2, HAL_LED_MODE_ON );
        mLinkStatus = 1;
        //入网成功后调用
        sensorLinkOn();
    }else{
    }
}
```

（3）ZigBee 数据发送请求。

名   称：void zb_SendDataRequest (uint16 destination, uint16 commandId, int8 len, uint8 *pData, uint8
handle, uint8 ack, uint8 radius)
参   数：destination—数据发送的目的地址，可用的目的地址包括设备的 16 位短地址、广播地址、绑定的设备地址；

commandId—与消息一起发送的指令 ID，如果使用绑定设备作为目标，则此参数还指示要使用的绑定类型；

len—要发送的数据长度；

*pData—要发送的数据内容；

handle—用于识别发送数据请求的句柄；

ack—如果要对发送的数据进行应答确认，则设置为 TRUE；

radius—在数据丢失之前可以通过的最大路由器数量

返回值：无
说   明：向目的地址发送数据

ZStack 协议栈的 SAPI 框架通过 zb_SendDataRequest()函数实现无线数据包的上报，在 sensor.c 文件中的 sensorUpdate()函数程序会把传感器采集的数据打包后发送给协调器。

```
/**************************************************************************
* 名    称：sensorUpdate()
* 功    能：处理主动上报的数据
**************************************************************************/
void sensorUpdate(void)
{
```

```
        char pData[32];
        char *p = pData;
        //光照度采集（0～1000 之间的随机数）
        lightIntensity = (uint16)(osal_rand()%1000);
        sprintf(p, "lightIntensity=%.1f", lightIntensity);
        zb_SendDataRequest( 0, 0, strlen(p), (uint8*)p, 0, 0, AF_DEFAULT_RADIUS );
        HalLedSet( HAL_LED_1, HAL_LED_MODE_OFF );
        HalLedSet( HAL_LED_1, HAL_LED_MODE_BLINK );

        printf("sensor->sensorUpdate(): lightIntensity=%.1f\r\n", lightIntensity);
}
```

其中，zb_SendDataRequest()函数的源代码如下：

```
void zb_SendDataRequest ( uint16 destination, uint16 commandId, uint8 len,
                          uint8 *pData, uint8 handle, uint8 txOptions, uint8 radius )
{
    afStatus_t status;
    afAddrType_t dstAddr;

    txOptions |= AF_DISCV_ROUTE;

    //设置目的地址
    if (destination == ZB_BINDING_ADDR)
    {
        //绑定
        dstAddr.addrMode = afAddrNotPresent;
    } else {
        //使用短地址
        dstAddr.addr.shortAddr = destination;
        dstAddr.addrMode = afAddr16Bit;

        if ( ADDR_NOT_BCAST != NLME_IsAddressBroadcast( destination ) )
        {
            txOptions &= ~AF_ACK_REQUEST;
        }
    }
    dstAddr.panId = 0;
    dstAddr.endPoint = sapi_epDesc.simpleDesc->EndPoint;
    //调用应用层 API 发送消息
    status = AF_DataRequest(&dstAddr, &sapi_epDesc, commandId, len, pData, &handle, txOptions, radius);
    if (status != afStatus_SUCCESS)
    {
        SAPI_SendCback( SAPICB_DATA_CNF, status, handle );
```

```
    }
}
```

（4）数据接收处理函数。

名　　称：void zb_ReceiveDataIndication(uint16 source, uint16 command, uint16 len, uint8 *pData)

参　　数：source—数据发送源的短地址；

　　　　　command—与数据相关联的指令 ID；

　　　　　len—数据长度；

　　　　　*pData—存放接收数据的指针

返回值：无

说　　明：当接收到网络中其他节点发送的数据时，系统调用这个函数对数据进行处理

SAPI 框架的事件处理过程包括对接收到的消息数据进行处理，如下所示。

```
UINT16 SAPI_ProcessEvent( byte task_id, UINT16 events )
{
    osal_event_hdr_t *pMsg;
    afIncomingMSGPacket_t *pMSGpkt;
    afDataConfirm_t *pDataConfirm;
    if ( events & SYS_EVENT_MSG )        //系统消息事件，当节点接收到消息之后自动触发该事件
    {
        pMsg = (osal_event_hdr_t *) osal_msg_receive( task_id );
        while ( pMsg )                    //判断消息是否为空
        {
            switch ( pMsg->event )        //消息过滤
            {
                ……
                case AF_INCOMING_MSG_CMD:  //接收的数据在此处理
                pMSGpkt = (afIncomingMSGPacket_t *) pMsg;
                SAPI_ReceiveDataIndication( pMSGpkt->srcAddr.addr.shortAddr, pMSGpkt->clusterId,
                                pMSGpkt->cmd.DataLength, pMSGpkt->cmd.Data);
                ……
            }
        }
    }
}
```

在上述源代码中，pMSGpkt 结构体存储了节点接收到的无线数据包，在事件处理过程中将数据包的内容直接赋值给了 SAPI_ReceiveDataIndication 函数的各个参数，一步步跟踪这个函数的调用过程，可发现该函数最终调用了 zb_ReceiveDataIndication()函数。

当 ZigBee 节点接收到下行的无线数据包后，ZStack 协议栈会调用 zb_Receive
DataIndication()函数进行数据处理。

```
/**********************************************************************
* 名   称：zb_ReceiveDataIndication()
* 功   能：当 ZigBee 接收到节点发送的数据后，调用该函数进行数据处理
* 参   数：source—源地址；
          command—指令 ID；
          len—收到数据的长度；
          *pData—收到的数据
**********************************************************************/
void zb_ReceiveDataIndication( uint16 source, uint16 command, uint16 len, uint8 *pData )
{
    uint16 pAddr = NLME_GetCoordShortAddr();

    /* 接收到数据处理 */
    HalLedSet( HAL_LED_1, HAL_LED_MODE_OFF );
    HalLedSet( HAL_LED_1, HAL_LED_MODE_BLINK );
    printf("AppCommon->zb_ReceiveDataIndication(): Receive ZigBee Data!\r\n");

    //处理接收到的无线数据包 APP_DATA
    if (command == 0) {                    //如果 command 为 0，则说明是 ZigBee 数据
        ZXBeeInfRecv((char*)pData, len);   //处理接收数据
    }
}
```

3. 传感器应用程序接口分析

1）智云框架

智云框架是在传感器应用程序接口和 SAPI 框架的基础上搭建起来的，通过合理地调用这些接口，可以使 ZigBee 的项目开发形成一套系统的开发逻辑。具体的传感器应用程序接口是在 sensor.c 文件中实现的，如表 2.3 所示。

表 2.3 传感器应用程序接口

函 数 名 称	函 数 说 明
sensorInit()	传感器初始化
sensorLinkOn()	节点入网成功操作函数
sensorUpdate()	传感器数据定时上报
sensorControl()	传感器控制函数
sensorCheck()	传感器报警监测及处理函数
ZXBeeInfRecv()	解析接收到的传感器控制指令函数
MyEventProcess()	自定义事件处理函数，启动定时器触发事件 MY_REPORT_EVT

2）智云框架传感器应用程序解析

智云框架下 ZigBee 节点工程是基于 SAPI 框架开发的，传感器应用程序的执行流程如

图 2.35 所示。

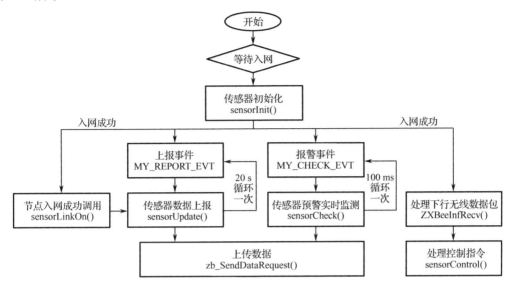

图 2.35　传感器应用程序的执行流程

智云框架为 ZStack 协议栈的上层应用提供了分层的软件设计结构, 将传感器的私有操作部分封装到 sensor.c 文件中, 用户任务中的处理事件和节点类型则在 sensor.h 文件中设置。sensor.h 文件中事件宏定义如下:

```
/*******************************************************************
* 文  件: sensor.h
* 说  明: sensor 头文件
*******************************************************************/
#ifndef SENSOR_H
#define SENSOR_H
/*******************************************************************
* 宏定义
*******************************************************************/
#define MY_REPORT_EVT    0x0001
#define MY_CHECK_EVT     0x0002
#define NODE_NAME        "601"                       //节点名称
#define NODE_CATEGORY 1                              //节点类型
#define NODE_TYPE NODE_ENDDEVICE //路由节点为 NODE_ROUTER; 终端节点为 NODE_ENDDEVICE
/*******************************************************************
* 函数原型
*******************************************************************/
extern void sensorInit(void);                        //传感器初始化
extern void sensorLinkOn(void);                      //节点入网成功后调用处理
extern void sensorUpdate(void);                      //传感器数据上报
extern void sensorControl(uint8 cmd);               //对传感器进行控制
extern void MyEventProcess( uint16 event );         //处理用户事件
```

```
extern void ZXBeeInfRecv(char *pkg, int len);                    //处理接收到的无线数据包
#endif //SENSOR_H
```

在 sensor.h 文件中定义了用户事件，用户事件分别是上报事件（MY_REPORT_EVT）和报警事件（MY_CHECK_EVT），上报事件用于对传感器采集的数据进行上报，报警事件用于对安防类传感器检测到的危险信息进行响应。另外，还定义了节点类型，可以选择将节点设置为路由节点（NODE_ROUTER）或者终端节点（NODE_ENDDEVICE），同时还声明了智云框架下的传感器应用程序接口。

sensorInit()函数用于初始化传感器和触发 MY_REPORT_EVT 事件，相关源代码如下：

```
/*******************************************************************************
* 名    称：sensorInit()
* 功    能：传感器初始化
*******************************************************************************/
void sensorInit(void)
{
    printf("sensor->sensorInit(): Sensor init!\r\n");
    //传感器初始化
    ……
    //启动定时器，触发 MY_REPORT_EVT 事件和 MY_CHECK_EVT 事件
    osal_start_timerEx(sapi_TaskID, MY_REPORT_EVT, (uint16)((osal_rand()%10) * 1000));
    osal_start_timerEx(sapi_TaskID, MY_CHECK_EVT, 100));
}
```

节点入网成功后调用 sensorLinkOn()函数进行相关的操作，相关源代码如下：

```
/*******************************************************************************
* 名    称：sensorLinkOn()
* 功    能：节点入网成功后调用该函数
*******************************************************************************/
void sensorLinkOn(void)
{
    printf("sensor->sensorLinkOn(): Sensor Link on!\r\n");
    sensorUpdate();       //入网成功后上报一次传感器数据
}
```

sensorUpdate()函数用于对传感器数据进行更新和打包上报，相关源代码如下：

```
/*******************************************************************************
* 名    称：sensorUpdate()
* 功    能：处理主动上报的数据
*******************************************************************************/
void sensorUpdate(void)
{
    char pData[32];
    char *p = pData;
```

```
//光照度采集（0～1000 之间的随机数）
lightIntensity = (uint16)(osal_rand()%1000);


//更新采集数值
sprintf(p, "lightIntensity=%.1f", lightIntensity);
zb_SendDataRequest( 0, 0, strlen(p), (uint8*)p, 0, 0, AF_DEFAULT_RADIUS );
HalLedSet( HAL_LED_1, HAL_LED_MODE_OFF );
HalLedSet( HAL_LED_1, HAL_LED_MODE_BLINK );

printf("sensor->sensorUpdate(): lightIntensity=%.1f\r\n", lightIntensity);
}
```

MyEventProcess()函数用于实现对用户定义事件的启动和处理，相关源代码如下：

```
/************************************************************************
* 名   称：MyEventProcess()
* 功   能：自定义事件处理
* 参   数：event—事件的编号
************************************************************************/
void MyEventProcess( uint16 event )
{
    if (event & MY_REPORT_EVT) {
        sensorUpdate();                                      //传感器数据定时上报
        //启动定时器，触发 MY_REPORT_EVT 事件
        osal_start_timerEx(sapi_TaskID, MY_REPORT_EVT, 20*1000);
    }
    if (event & MY_CHECK_EVT) {
        sensorCheck();                                       //传感器状态实时监测
        //启动定时器，触发 MY_CHECK_EVT 事件
        osal_start_timerEx(sapi_TaskID, MY_CHECK_EVT, 100);
    }
}
```

ZXBeeInfRecv()函数用于对节点接收到有效数据进行处理，相关源代码如下：

```
/************************************************************************
* 名   称：ZXBeeInfRecv()
* 功   能：节点收到无线数据包
* 参   数：*pkg—收到的无线数据包；len—无线数据包的长度
************************************************************************/
void ZXBeeInfRecv(char *pkg, int len)
{
    uint8 val;
    char pData[16];
    char *p = pData;
```

```
        char *ptag = NULL;
        char *pval = NULL;

        printf("sensor->ZXBeeInfRecv(): Receive ZigBee Data!\r\n");

        ptag = pkg;
        p = strchr(pkg, '=');
        if (p != NULL) {
            *p++ = 0;
            pval = p;
        }
        val = atoi(pval);

        //控制指令解析
        if (0 == strcmp("cmd", ptag)){              //对 D0 位进行操作，CD0 表示位清 0 操作
            sensorControl(val);
        }
    }
```

sensorControl()函数用于实现对控制设备的操作，相关源代码如下：

```
/*******************************************************************************
* 名   称：sensorControl()
* 功   能：传感器控制
* 参   数：cmd—控制指令
*******************************************************************************/
void sensorControl(uint8 cmd)
{
    //根据 cmd 参数处理对应的控制程序
    if(cmd == 1){
        RELAY = ON;                                 //开启继电器 1，模拟电机开
        printf("sensor->sensorControl(): Motor ON\r\n");
    }
    else if(cmd == 0){
        RELAY = OFF;                                //关闭继电器 1，模拟电机关
        printf("sensor->sensorControl(): Motor OFF\r\n");
    }
}
```

通过实现 sensor.c 文件中具体接口，可快速地完成 ZigBee 项目的开发。

2.3.3 开发实践：构建智慧农业系统

1. 开发设计

本项目的学习与开发目标是：了解 ZigBee 协议栈的工作原理和的关键接口，学习和掌握

SAPI 框架接口的使用方法，掌握传感器应用程序接口的使用方法，能够快速地进行 ZigBee 项目的开发。

为了满足对 ZigBee 应用程序接口的充分使用，基于 ZigBee 网络的智慧农业系统中的节点携带了两种传感器，一种为光照度传感器，另一种为继电器。其中光照度传感器可以采集大棚内的光照度，继电器可作为受控设备调节农业中的环境参数。

智慧农业系统的实现可分为两个部分，分别为硬件功能设计和软件逻辑设计。

1）硬件功能设计

根据前文的分析，智慧农业系统拥有两种传感器，分别为光照度传感器和继电器。光照度传感器用于采集光照度数据，由于本节重点分析 SPAI 框架接口以及 ZStack 协议栈应用程序接口的使用，因此光照度数据是通 CC2530 的随机数发生器产生的。继电器作为受控设备可以对农业环境状态进行调节。硬件框图如图 2.36 所示。

继电器是通过 I/O 进行控制的，继电器控制电路如图 2.37 所示。

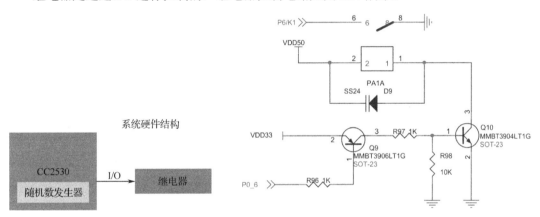

图 2.36　硬件框图　　　　　　　　　图 2.37　继电器控制电路

继电器由 CC2530 的 P0_6 引脚控制，根据电路可知，P0_6 引脚为低电平时继电器闭合，P0_6 引脚为高电平时继电器断开。

2）软件逻辑设计

软件逻辑设计应符合 ZStack 协议栈的执行流程。ZigBee 节点首先进行入网操作，入网完成后，再进行传感器的初始化和用户任务的初始化。当执行用户任务时，更新传感器的数据并上报。当节点接收到传感器的数据时，如果接收数据为继电器控制指令，则执行继电器控制操作。

基于 SAPI 框架开发的流程图如图 2.38 所示。

为了使传感器采集的数据能够实现远程与本地的识别，需要设计一套约定的通信协议，如表 2.4 所示。

表 2.4　通信协议

数 据 方 向	协 议 格 式	说　明
上行（节点往应用层发送数据）	lightIntensity=X	X 表示采集到的光照度数据
下行（应用层往节点发送指令）	cmd=X	X 为 0 表示关闭继电器，X 为 1 表示开启继电器

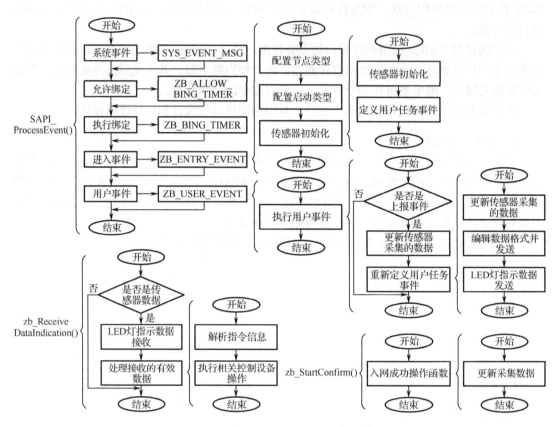

图 2.38 基于 SAPI 框架开发的流程

2. 功能实现

1）SAPI 框架关键接口

ZigBeeApiTest 工程的源代码文件 AppCommon.c 可以帮助读者理解 SAPI 框架。

（1）SAPI 事件处理函数。

```
/*******************************************************************************
* 名    称：zb_HandleOsalEvent()
* 功    能：SAPI 事件处理函数，在一个任务事件触发之后调用这个函数
* 参    数：event—产生的任务事件
*******************************************************************************/
void zb_HandleOsalEvent( uint16 event )
{
    if (event & ZB_ENTRY_EVENT) {
        uint8 startOptions;
        uint8 selType = NODE_TYPE;

        at_init();
        printf("AppCommon->zb_HandleOsalEvent(): ZB_ENTRY_EVENT trigger!\r\n");
```

```
    zb_ReadConfiguration( ZCD_NV_LOGICAL_TYPE, sizeof(uint8), &logicalType );
    if( logicalType !=ZG_DEVICETYPE_ENDDEVICE && logicalType !=ZG_DEVICETYPE_ROUTER){
        zb_WriteConfiguration(ZCD_NV_LOGICAL_TYPE, sizeof(uint8), &selType);
        zb_SystemReset();
    }
    zb_ReadConfiguration( ZCD_NV_STARTUP_OPTION, sizeof(uint8), &startOptions );
    if (startOptions != ZCD_STARTOPT_AUTO_START) {
        startOptions = ZCD_STARTOPT_AUTO_START;
        zb_WriteConfiguration( ZCD_NV_STARTUP_OPTION, sizeof(uint8), &startOptions );
        zb_SystemReset();
    }
    osal_nv_read( ZCD_NV_PANID, 0, sizeof( panid ), &panid );
    HalLedSet( HAL_LED_2, HAL_LED_MODE_FLASH );              //网络灯开始闪烁

    //传感器初始化
    sensorInit();
}

if (event & __AT_EVT) {                                     //触发 AT 指令事件
    at_proc();
}
if (event & 0x000F) {                                       //触发用户自定义事件
    printf("AppCommon->zb_HandleOsalEvent(): MyEvent trigger!\r\n");
    MyEventProcess( event );
}
}
```

（2）ZStack 协议栈启动及入网函数。

```
/*********************************************************************************
* 名    称：zb_StartConfirm()
* 功    能：当 ZStack 协议栈启动完成后调用该函数
* 参    数：status—启动完成后的状态
*********************************************************************************/
void zb_StartConfirm( uint8 status )
{
    //If the device sucessfully started, change state to running
    if ( status == ZB_SUCCESS )                             //入网成功
    {
        printf("AppCommon->zb_StartConfirm(): Join ZigBee Net Success!\r\n");
        HalLedSet( HAL_LED_2, HAL_LED_MODE_ON );
        mLinkStatus = 1;
        //入网成功后调用
```

```
            sensorLinkOn();
        } else {
        }
    }
```

（3）节点处理收到的无线数据包的函数。

```
/***************************************************************************************
* 名    称：zb_ReceiveDataIndication()
* 功    能：当节点收到无线数据包后，调用这个函数
* 参    数：source—源地址；
*          command—指令 ID；
*          len—收到数据的长度；
*          *pData—收到的数据
***************************************************************************************/
void zb_ReceiveDataIndication( uint16 source, uint16 command, uint16 len, uint8 *pData )
{
    uint16 pAddr = NLME_GetCoordShortAddr();

    HalLedSet( HAL_LED_1, HAL_LED_MODE_OFF );
    HalLedSet( HAL_LED_1, HAL_LED_MODE_BLINK );
    printf("AppCommon->zb_ReceiveDataIndication(): Receive ZigBee Data!\r\n");

    //处理接收到的无线数据包
    if (command == 0) {
        if (logicalType != ZG_DEVICETYPE_COORDINATOR) { //通过 AT 指令发送到串口
            at_notify_data((char *)pData, len);
        }
        ZXBeeInfRecv((char*)pData, len);          //交给 ZXBee 接口处理接收到的无线数据包
    }
}
```

（4）节点发送无线数据包的函数。

```
/***************************************************************************************
* 名    称：sensorUpdate()
* 功    能：处理主动上报的数据
***************************************************************************************/
void sensorUpdate(void)
{
    char pData[32];
    char *p = pData;

    //光照度采集（0~1000 之间的随机数）
    lightIntensity = (uint16)(osal_rand()%1000);
```

```
//更新光照度数据
sprintf(p, "lightIntensity=%.1f", lightIntensity);
zb_SendDataRequest( 0, 0, strlen(p), (uint8*)p, 0, 0, AF_DEFAULT_RADIUS );
HalLedSet( HAL_LED_1, HAL_LED_MODE_OFF );
HalLedSet( HAL_LED_1, HAL_LED_MODE_BLINK );

printf("sensor->sensorUpdate(): lightIntensity=%.1f\r\n", lightIntensity);
}
```

（5）ZStack 协议栈定时器函数。

```
/********************************************************************
* 名  称：MyEventProcess()
* 功  能：自定义事件处理
* 参  数：event—事件编号
********************************************************************/
void MyEventProcess( uint16 event )
{
    if (event & MY_REPORT_EVT) {
        printf("sensor->MyEventProcess(): MY_REPORT_EVT trigger!\r\n");
        sensorUpdate();                                    //传感器数据定时上报
        //启动定时器，触发 MY_REPORT_EVT 事件
        osal_start_timerEx(sapi_TaskID, MY_REPORT_EVT, 20*1000);
    }
}
```

2）传感器应用程序关键函数

通过 ZigBeeApiTest 工程的源代码文件 sensor.c 可帮助读者理解传感器应用程序的设计。

（1）传感器初始化函数。

```
/********************************************************************
* 名  称：sensorInit()
* 功  能：传感器初始化
********************************************************************/
void sensorInit(void)
{
    printf("sensor->sensorInit(): Sensor init!\r\n");
    //初始化光照度传感器
    //初始化遮阳电机
    //初始化继电器
    P0SEL &= ~0xC0;                                    //配置引脚为通用 I/O 模式
    P0DIR |= 0xC0;                                     //配置引脚为输入模式
```

```
        //启动定时器，触发 MY_REPORT_EVT 事件
        osal_start_timerEx(sapi_TaskID, MY_REPORT_EVT, (uint16)((osal_rand()%10) * 1000));
}
```

（2）节点入网成功后调用的函数。

```
/********************************************************************************
* 名   称：sensorLinkOn()
* 功   能：节点入网成功后调用的函数
********************************************************************************/
void sensorLinkOn(void)
{
        printf("sensor->sensorLinkOn(): Sensor Link on!\r\n");
        sensorUpdate();
}
```

（3）传感器主动上报数据的函数。

```
/********************************************************************************
* 名   称：sensorUpdate()
* 功   能：主动上报传感器的数据
********************************************************************************/
void sensorUpdate(void)
{
        char pData[32];
        char *p = pData;

        //光照度采集（0～1000 之间的随机数）
        lightIntensity = (uint16)(osal_rand()%1000);

        //更新光照度数据
        sprintf(p, "lightIntensity=%.1f", lightIntensity);
        zb_SendDataRequest( 0, 0, strlen(p), (uint8*)p, 0, 0, AF_DEFAULT_RADIUS );
        HalLedSet( HAL_LED_1, HAL_LED_MODE_OFF );
        HalLedSet( HAL_LED_1, HAL_LED_MODE_BLINK );

        printf("sensor->sensorUpdate(): lightIntensity=%.1f\r\n", lightIntensity);
}
```

（4）处理接收到的无线数据包的函数。

```
/********************************************************************************
* 名   称：ZXBeeInfRecv()
* 功   能：处理节点接收到无线数据包
* 参   数：*pkg—接收到的无线数据包；len—无线数据包的长度
********************************************************************************/
void ZXBeeInfRecv(char *pkg, int len)
```

```
{
    uint8 val;
    char pData[16];
    char *p = pData;
    char *ptag = NULL;
    char *pval = NULL;

    printf("sensor->ZXBeeInfRecv(): Receive ZigBee Data!\r\n");

    ptag = pkg;
    p = strchr(pkg, '=');
    if (p != NULL) {
        *p++ = 0;
        pval = p;
    }
    val = atoi(pval);

    //控制指令解析
    if (0 == strcmp("cmd", ptag)){          //对 D0 位进行操作，CD0 表示位清 0 操作
        sensorControl(val);
    }
}
```

（5）处理收到的控制指令的函数。

```
/*********************************************************************
* 名    称：sensorControl()
* 功    能：控制传感器
* 参    数：cmd—控制指令
*********************************************************************/
void sensorControl(uint8 cmd)
{
    //根据 cmd 参数处理对应的控制程序
    if(cmd == 1){
        RELAY = ON;                         //开启继电器 1，模拟遮阳电机开
        printf("sensor->sensorControl(): Motor ON\r\n");
    } else if(cmd == 0){
        RELAY = OFF;                        //关闭继电器 1，模拟关遮阳电机
        printf("sensor->sensorControl(): Motor OFF\r\n");
    }
}
```

（6）用户定时器函数的调用。

```
/*********************************************************************
* 名    称：MyEventProcess()
* 功    能：自定义事件处理
```

```
* 参  数：event—事件的编号
*******************************************************************************/
void MyEventProcess( uint16 event )
{
    if (event & MY_REPORT_EVT) {
        printf("sensor->MyEventProcess(): MY_REPORT_EVT trigger!\r\n");
        sensorUpdate();                                              //传感器数据定时上报
        //启动定时器，触发 MY_REPORT_EVT 事件
        osal_start_timerEx(sapi_TaskID, MY_REPORT_EVT, 20*1000);
    }
}
```

3）协调器工程数据处理过程

通过协调器工程 Coordinator 的源代码文件 Coordinator.c 可以帮助读者理解协调器程序的设计。

（1）协调器接收到上位机发送过来的串口数据后，调用 zb_HanderMsg()函数来处理收到的串口数据。协调器收到上位机发送的数据有两种，一种是上位机发给路由节点或终端节点的消息，另一种是上位机发给协调器的消息。地址非 0 表示上位机通过协调器发给路由节点或终端节点的消息，协调器直接转发给路由节点或终端节点；地址 0 或 0xFFFF 表示上位机发给协调器的消息，则由 Stack 协议栈的指令处理函数进行处理。具体处理过程如下程序。

```
void zb_HanderMsg(osal_event_hdr_t *msg)
{
    mtSysAppMsg_t *pMsg = (mtSysAppMsg_t*)msg;
    uint16 dAddr;
    uint16 cmd;
    uint16 addr = NLME_GetShortAddr();
    HalLedSet( HAL_LED_1, HAL_LED_MODE_OFF );
    HalLedSet( HAL_LED_1, HAL_LED_MODE_BLINK );
    if (pMsg->hdr.event == MT_SYS_APP_MSG) {
        //if (pMsg->appDataLen < 4) return;
        dAddr = pMsg->appData[0]<<8 | pMsg->appData[1];        //提取地址
        cmd = pMsg->appData[2]<<8 | pMsg->appData[3];          //提取指令
        if (dAddr != 0) {
            zb_SendDataRequest(dAddr,cmd,pMsg->appDataLen-4,pMsg->appData+4,0,
                            AF_ACK_REQUEST,AF_DEFAULT_RADIUS );
            //地址非 0 表示上位机通过协调器发给路由节点或终端节点的消息，协调器直接转发给路
由节点或终端节点
        }
        if (dAddr == 0 || dAddr == 0xffff) {
            //地址 0 或 0xFFFF 表示上位机发给协调器的消息，则由 Zstack 协议栈指令处理函数
processCommand()进行处理
            processCommand(cmd, pMsg->appData+4, pMsg->appDataLen-4);
        }
```

```
    }
}
```

（2）协调器接收到节点发送的无线数据后，调用 zb_ReceiveDataIndication()函数来处理收
到的无线数据，然后将数据打包后通过串口发送给上位机。

```
void zb_ReceiveDataIndication( uint16 source, uint16 command, uint16 len, uint8 *pData    )
{
    HalLedSet( HAL_LED_1, HAL_LED_MODE_OFF );
    HalLedSet( HAL_LED_1, HAL_LED_MODE_BLINK );
    mtOSALSerialData_t* msg = (mtOSALSerialData_t*)osal_msg_allocate(sizeof(mtOSALSerialData_t)+len+4);
    if (msg) {
        msg->hdr.event = MT_SYS_APP_RSP_MSG;
        msg->hdr.status = len+4;
        msg->msg = (byte*)(msg+1);
        msg->msg[0] = (source>>8)&0xff;
        msg->msg[1] = source&0xff;
        msg->msg[2] = (command>>8)&0xff;
        msg->msg[3] = command&0xff;
        osal_memcpy(msg->msg+4, pData, len);
        osal_msg_send( MT_TaskID, (uint8 *)msg );
    }
}
```

（3）协调器处理节点发送指令的函数。

```
/*****************************************************************************
* 名   称：processCommand()
* 功   能：ZigBee 指令处理函数
*****************************************************************************/
static void processCommand(uint16 cmd, byte *pData, uint8 len)
{
    int i;
    uint16 pid;
    byte dat[64];
    byte rlen = 1;
    int ret;

    switch (cmd) {
        case 0x0000:                             //ZXBee 数据
        process_package((char*)pData, len);
        break;
        case 0x0101:                             //通过 MAC 地址寻找对应的节点
        {
            uint8 *pExtAddr = pData;
            MT_ReverseBytes( pExtAddr, Z_EXTADDR_LEN );
```

```
            ZMacGetReq( ZMacExtAddr, dat );                    //获取当前节点的 MAC 地址
            #if USE_SYS_FIND_DEVICE
            zb_FindDeviceRequest(ZB_IEEE_SEARCH, pExtAddr);
            #else
            if (TRUE == osal_memcmp(pExtAddr, dat, Z_EXTADDR_LEN) ||     //如果 MAC 地址匹配
                TRUE == osal_memcmp(pData, "\x00\x00\x00\x00\x00\x00\x00\x00", Z_EXTADDR_LEN))
            {
                ret = 0;
                zb_FindDeviceConfirm(ZB_IEEE_SEARCH, pExtAddr, (unsigned char *)&ret);
            } else {
                my_FindDevice(ZB_IEEE_SEARCH, pExtAddr);
            }
            #endif
        }
        break;
        case 0x0102:                                           //通过网络地址寻找对应的节点
        {
            uint16 shortAddr = (pData[0]<<8) | pData[1];
            uint16 sa = NLME_GetShortAddr();                   //获取当前节点的网络地址
            if (shortAddr == sa) {                             //如果网络地址匹配
                ZMacGetReq( ZMacExtAddr, dat );                //获取当前节点的 MAC 地址
                zb_FindDeviceConfirm(ZB_NWKA_SEARCH, (unsigned char *)&sa, dat);
            } else {
                #if USE_SYS_FIND_DEVICE
                ZDP_IEEEAddrReq( shortAddr, ZDP_ADDR_REQTYPE_SINGLE, 0, 0 );
                #else
                my_FindDevice(ZB_NWKA_SEARCH, (uint8*)pData);
                #endif
            }
        }
        break;

        case ID_CMD_WRITE_REQ:                                 //写入指令
        for (i=0; i<len; i+=2) {
            pid = pData[i]<<8 | pData[i+1];
            ret = paramWrite(pid, &pData[i+2]);
            if (ret <= 0) {
                dat[0] = 1;
                zb_ReceiveDataIndication( 0, ID_CMD_WRITE_RES, 1, dat );
                return;
            }
            i += ret;
        }
```

```
                dat[0] = 0;
                zb_ReceiveDataIndication( 0, ID_CMD_WRITE_RES, 1, dat);
                break;
            case ID_CMD_READ_REQ:                        //读取指令
                for (i=0; i<len; i+=2) {
                    pid = pData[i]<<8 | pData[i+1];
                    dat[rlen++] = pData[i];
                    dat[rlen++] = pData[i+1];
                    ret = paramRead(pid, dat+rlen);
                    if (ret <= 0) {
                        dat[0] = 1;
                        zb_ReceiveDataIndication( 0, ID_CMD_READ_RES, 1, dat );
                        return;
                    }
                    rlen += ret;
                }
                dat[0] = 0;
                zb_ReceiveDataIndication( 0, ID_CMD_READ_RES, rlen, dat );
                break;
        }
    }
```

（4）协调器处理接收到的数据的函数。

```
/*******************************************************************************
* 名    称：process_package()
* 功    能：处理接收到的数据
*******************************************************************************/
static void process_package(char *pkg, int len)
{
    char *p;
    char *ptag = NULL;
    char *pval = NULL;

    char *pwbuf = wbuf+1;

    if (pkg[0] != '{' || pkg[len-1] != '}') return;
    pkg[len-1] = 0;
    p = pkg+1;
    do {
        ptag = p;
        p = strchr(p, '=');
        if (p != NULL) {
            *p++ = 0;
```

```
                    pval = p;
                    p = strchr(p, ',');
                    if (p != NULL) *p++ = 0;
                    if (process_command_call != NULL) {
                        int ret;
                        ret = process_command_call(ptag, pval, pwbuf);
                        if (ret > 0) {
                            pwbuf += ret;
                            *pwbuf++ = ',';
                        }
                    }
                }
            } while (p != NULL);
            if (pwbuf - wbuf > 1) {
                wbuf[0] = '{';
                pwbuf[0] = 0;
                pwbuf[-1] = '}';
                uint16 cmd = 0;
                zb_ReceiveDataIndication( 0, cmd, pwbuf-wbuf, (uint8 *)wbuf );
            }
        }
```

（5）协调器处理节点上报的数据的函数。

```
/********************************************************************************
* 名   称：my_report_proc()
* 功   能：处理节点上报的数据
********************************************************************************/
static void my_report_proc(void)
{
    sprintf(wbuf, "{PN=");
    //read_al(wbuf+strlen(wbuf), -1);
    read_nb(wbuf+strlen(wbuf), -1);
    if (strlen(wbuf) == 4) {
        sprintf(wbuf+4, "NULL");
    }
    sprintf(wbuf+strlen(wbuf), ",TYPE=%d%d%s}", NODE_CATEGORY, logicalType, NODE_NAME);
    zb_ReceiveDataIndication(0/*source*/, 0/*cmd*/, strlen(wbuf), (uint8*)wbuf);
}
```

（6）协调器在节点查找完设备后调用的确定函数。

```
/********************************************************************************
* 名   称：zb_FindDeviceConfirm()
* 功   能：查找完设备后调用的确定函数
********************************************************************************/
```

```
void zb_FindDeviceConfirm( uint8 searchType, uint8 *searchKey, uint8 *result )
{
    byte res[Z_EXTADDR_LEN+2];

    if (ZB_IEEE_SEARCH == searchType) {              //通过 MAC 地址寻找对应的节点
        osal_memcpy(res, searchKey, Z_EXTADDR_LEN);
        res[Z_EXTADDR_LEN] = result[1];
        res[Z_EXTADDR_LEN+1] = result[0];
        MT_ReverseBytes( res, Z_EXTADDR_LEN );
        zb_ReceiveDataIndication(0, 0x0101, 8+2,  res);
    }
    if (ZB_NWKA_SEARCH == searchType) {              //通过网络地址寻找对应的节点
        res[0] = searchKey[1];
        res[1] = searchKey[0];
        osal_memcpy(res+2, result, Z_EXTADDR_LEN);
        MT_ReverseBytes( res+2, Z_EXTADDR_LEN );      //MAC 地址反转
        zb_ReceiveDataIndication(0, 0x0102, 8+2,  res);   //网络地址在前 MAC 地址在后, 发送给网关
    }
}
```

3. 开发验证

（1）运行 ZigBeeApiTest 工程，通过 IAR 集成开发环境进行程序的开发和调试，通过设置断点来理解 SAPI 框架接口的调用关系。ZigBeeApiTest 工程调试如图 2.39 所示。

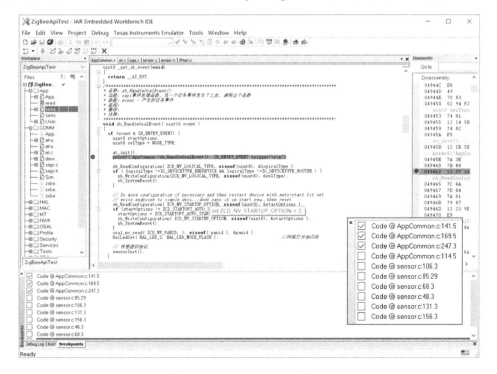

图 2.39　ZigBeeApiTest 工程调试

（2）根据程序的设定，ZigBee 节点每隔 20 s 上报一次光照度传感器采集到的数据到应用层（光照度数据是通过随机数发生器来产生的），同时可以通过 ZCloudTools 工具发送控制指令（cmd=1 表示开启电机，cmd=0 表示关闭电机）来控制电机的开关。通过 xLabTools 和 ZCloudTools 工具可以完成节点数据的分析和调试，如图 2.40 所示，验证效果如图 2.41 所示。

图 2.40　节点数据的分析和调试

图 2.41　验证效果

2.3.4　小结

本节先介绍了 ZStack 协议栈的基本原理，分析了 ZStack 协议栈的启动流程和任务调度；然后介绍了 SAPI 任务事件处理机制，对 SAPI 框架的关键接口进行了解析；接着介绍了智云框架，对该框架的接口进行了分析；最后构建了智慧农业系统，从而帮助读者熟悉 SAPI 框架、传感器应用程序接口、协调器工程数据处理的过程。

2.3.5　思考与拓展

（1）ZStack 协议栈的任务是如何排序的？依据是什么？

（2）理解协调器和节点程序的运行过程，掌握跟踪、调试数据的方法。

（3）深入理解 ZStack 协议栈的运行机制。

（4）采用无线汇聚节点（ZXBeeSinkNode）作为协调器，运行 xLabTools 工具来获取协调器的数据，并理解数据的含义。

2.4　ZigBee 农业光照度采集系统开发与实现

在智慧农业系统中，ZigBee 节点采集数据后发送到远程控制设备，远程控制设备会根据获取的数据对其他一些节点进行操作，因此远程数据采集与上报是智慧农业系统中的重要环节。例如，农业气象站（见图 2.42）可以采集各种环境信息。

本节主要讲述物联网采集类传感器应用程序的开发，通过设计 ZigBee 智慧农业光照度采集系统，理解 ZigBee 采集类程序逻辑、采集类传感器应用程序接口。

图 2.42　农业气象站

2.4.1　学习与开发目标

（1）知识目标：ZigBee 远程数据采集应用场景、ZigBee 数据发送机制、ZigBee 数据发送接口。

（2）技能目标：了解 ZigBee 远程数据采集应用场景，掌握 ZigBee 数据发送接口的使用，以及 ZigBee 通信协议的设计。

（3）开发目标：构建 ZigBee 农业光照度采集系统。

2.4.2 原理学习：ZigBee 采集类程序接口

1. ZigBee 采集类程序逻辑分析和采集类通信协议的设计

1）ZigBee 采集类程序逻辑分析

由于具有自组网、低功耗、低成本的特性，ZigBee 网络能够在大范围的区域进行数据采集。在智慧农业系统中，可以通过 ZigBee 网络实时地对农作物生长环境的温湿度、光照度、CO_2 浓度等参数进行采集，利用视频监控设备获取农作物的生长状况等信息，远程监控农业生产环境，同时将采集的参数和获取的信息汇总后实时上报到管理系统中，从而可以按照农作物生长的各项指标要求，精确地遥控农业设施自动开启或者关闭，实现智能化的农业生产，有效减少成本，提高农作物产量。

ZigBee 节点将采集的数据通过 ZigBee 网络在协调器汇总，为数据分析和处理提供数据支撑。ZigBee 远程数据采集有很多应用场景，如温室大棚温湿度和光照度采集、城市低洼涵洞隧道内涝检测、桥梁振动信号采集、家居空气质量采集等。ZigBee 远程数据采集应用场景众多，但要如何实现采集类程序的设计呢？下面将对 ZigBee 采集类程序逻辑进行分析。

ZigBee 采集类程序的逻辑如图 2.43 所示，具体如下：

● 定时器循环事件用于定时查询当前传感器数据；

● 根据软件逻辑设计来决定传感器数据是否上报；

● 根据软件逻辑设计来控制传感器数据上报时间间隔；

● 接收远程的查询指令并反馈传感器最新的数据。

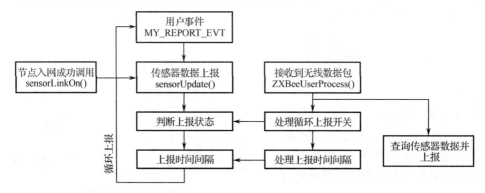

图 2.43 ZigBee 采集类程序的逻辑

下面对这 4 类逻辑事件进行分析：

（1）**定时器循环事件用于定时查询当前传感器数据**：ZigBee 节点能够完成环境信息的采集和上报，根据设定的参数，能够循环进行数据的上报更新。在实际的应用场景中，结合应用需求和节点的能耗，往往需要设定一个比较合适的上报时间间隔，比如在农业大棚中对室内温度的监测可以每 15 分钟更新一次数据。传感器数据采集得越频繁，节点的能耗就越高。另外，如果在一个网络中多个节点频繁地发送数据，还会对网络的数据通信造成压力，严重时还会造成网络阻塞、丢包等不良后果。因此传感器数据定时上报需要注意两点，传感器数据定时上报的时间间隔和发送的数据量。

（2）**根据软件逻辑设计来决定传感器数据是否上报**：ZigBee 节点在进行无线数据收发时会需要较多的能耗，所以在实际应用中可根据需求关闭传感器的数据上报，以节约能耗。比如在农业大棚中可以采集 CO_2 浓度、温湿度、光照度、土壤水分、土壤 pH 值等信息，在夜晚时，可以关闭光照度传感器数据的上报。

（3）**根据软件逻辑设计来控制传感器数据上报时间间隔**：能够远程设定传感器数据的上报时间间隔是采集类节点的辅助功能，这种功能通常运用在物联网自动化应用场景。例如，当农业大棚工作在自动模式时，如果 CO_2 浓度超出阈值，系统将会启动通风功能以降低 CO_2 浓度。当通风系统处于工作状态时，CO_2 浓度将持续变化，此时系统为了实现对 CO_2 浓度的精确控制，就需要了解更详细的 CO_2 浓度变化数据，这就需要提高 CO_2 浓度信息采集频率，此时就需要设定采集 CO_2 浓度的传感器数据上报时间间隔，将上报时间间隔变短以实现数据快速更新的目的。

（4）**接收远程的查询指令并反馈传感器最新的数据**：节点接收到查询指令后立刻响应并反馈传感器最新的数据是采集类节点的必要功能，这种操作通常出现在人为场景。例如，当管理员需要实时了解农业大棚内的环境信息时，就需要发出查询指令以获取实时数据，如果这时采集类节点不能及时响应操作，管理员就无法得到实时的数据，可能会对农业大棚内的应急操作造成影响，从而造成经济损失。所以节点接收到查询指令后要立即响应并反馈传感器最新的数据是采集类节点的必要功能。

2）ZigBee 采集类通信协议设计

在一个完整的物联网综合系统中，数据贯穿了感知层、网络层、服务层和应用层，数据在这四层之间层层传递，因此需要设计一种合适的通信协议来完成数据的封装与通信。

感知层用于产生有效数据，网络层在对有效数据进行解析后发送给服务器或云平台，服务器或云平台需要对有效数据进行分解、分析、存储和调用，应用层需要从服务器或云平台获取经过分析的、有用的数据。在整个过程中，要使数据能够在每一层被正确识别，就需要设计一套完整的通信协议。

通信协议是指通信双方完成通信或服务所必须遵循的规则和约定。通过通信信道和设备连接多个不同地理位置的数据通信系统，要使其能够协同工作，实现信息交换和资源共享，就必须具有共同的"语言"，交流什么、如何交流及何时交流，必须遵循某种互相都能接受的规则，这个规则就是通信协议。

采集类节点要将采集到的数据进行打包上报，并能够让远程设备识别，或者远程设备向采集类节点发送的数据能够被采集类节点响应，就需要定义一套通信协议，这套协议对于采集类节点和远程设备都是约定好的。只有在这样一套协议下，才能够建立和实现采集类节点与远程设备之间的数据交互。

采集类程序通信协议类 JSON 格式，格式为{[参数]=[值],[参数]=[值]…}。
- 每条数据以"{"作为起始字符；
- "{}"内的多个参数以","分隔；
- 数据上行的格式为{value=12,status=1}；
- 数据下行查询指令的格式为{value=?,status=?}，返回的格式为{value=12,status=1}；

采集类程序通信协议如表 2.5 所示。

表 2.5 采集类程序通信协议

数 据 方 向	协 议 格 式	说　　明
上行（节点往应用层发送数据）	{sensorValue=X}	X表示传感器采集到的数据
下行（应用层往节点发送指令）	{sensorValue=?}	查询传感器数据，返回{sensorValue =X}，X表示传感器采集到的数据

2. ZigBee 采集类程序接口分析

1）ZigBee 传感器应用程序接口

传感器应用程序是在 sensor.c 文件中实现的，包括传感器初始化函数（sensorInit()）、节点入网调用函数（sensorLinkOn()）、传感器数据上报函数（sensorUpdate()）、处理下行的用户指令函数（ZXBeeUserProcess()）、用户事件处理函数（MyEventProcess()），如表 2.6 所示。

表 2.6 传感器应用程序接口

函 数 名 称	函 数 说 明
sensorInit()	传感器初始化
sensorLinkOn()	节点入网成功调用
sensorUpdate()	上报传感器实时数据
ZXBeeUserProcess()	解析接收到的下行控制指令
MyEventProcess()	处理用户事件

远程数据采集功能建立在无线传感器网络之上，在建立无线传感器网络后，才能够进行传感器的初始化。传感器初始化完成后需要初始化系统用户任务，此后在每次执行任务时，传感器都会采集一次数据，并将传感器采集到的数据填入设计好的通信协议中，然后通过无线传感器网络发送至协调器，最终数据通过服务器和互联网被用户所使用。为了保证数据的实时更新，还需要设置传感器数据采集的时间间隔，如 20 s 循环一次等。

采集类传感器应用程序流程如图 2.44 所示。

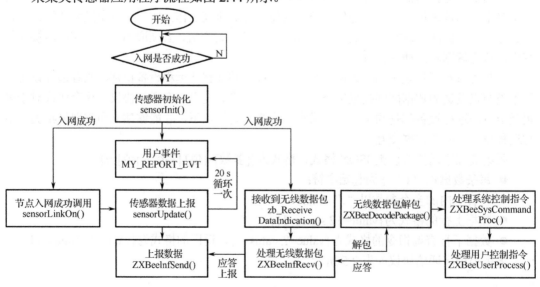

图 2.44 采集类传感器应用程序流程

2）ZigBee 无线数据包收发

无线数据包收发处理是在 zxbee-inf.c 文件中实现的，包括无线数据包收发函数，如表 2.7 所示。

表 2.7 无线数据包收发函数

函 数 名 称	函 数 说 明
ZXBeeInfSend()	节点发送无线数据包给汇聚节点
ZXBeeInfRecv()	处理节点收到无线数据包

（1）ZXBeeInfSend()函数的源代码如下：

```
/*********************************************************************
* 名　称：ZXBeeInfSend()
* 功　能：节点发送无线数据包给汇聚节点
* 参　数：*p—要发送的无线数据包；len—无线数据包的长度
*********************************************************************/
void ZXBeeInfSend(char *p, int len)
{
    HalLedSet( HAL_LED_1, HAL_LED_MODE_OFF );
    HalLedSet( HAL_LED_1, HAL_LED_MODE_BLINK );
    zb_SendDataRequest( 0, 0, len, (uint8*)p, 0, 0/*AF_ACK_REQUEST*/, AF_DEFAULT_RADIUS );
}
```

（2）ZXBeeInfRecv()函数的源代码如下：

```
/*********************************************************************
* 名　称：ZXBeeInfRecv()
* 功　能：节点收到无线数据包
* 参　数：*pkg—收到的无线数据包；len—无线数据包的长度
*********************************************************************/
void ZXBeeInfRecv(char *pkg, int len)
{
    char *p = ZXBeeDecodePackage(pkg, len);   //对收到的无线数据包进行解析，并返回应答数据
    if (p != NULL) {
        ZXBeeInfSend(p, strlen(p));           //将返回的应答数据发送给汇聚节点
    }
}
```

3）ZigBee 无线数据包解析

根据约定的通信协议，需要对无线数据进行封包、解包操作，无线数据的封包、解包相关函数是在 zxbee.c 文件中实现的，封包函数为 ZXBeeBegin()、ZXBeeAdd(char* tag, char* val)、ZXBeeEnd(void)，解包函数为 ZXBeeDecodePackage(char *pkg, int len)，如表 2.8 所示。

表 2.8　无线数据包解析函数

函 数 名 称	函 数 说 明
ZXBeeBegin()	添加通信协议的帧头 "{"
ZXBeeEnd()	添加通信协议的帧尾 "}"，并返回封包后的指针
ZXBeeAdd()	在无线数据包中添加数据
ZXBeeDecodePackage()	对接收到的无线数据包进行解包

（1）ZXBeeBegin()函数的源代码如下：

```
/***********************************************************************
* 名称：ZXBeeBegin()
* 功能：添加通信协议的帧头 "{"
***********************************************************************/
int8 ZXBeeBegin(void)
{
    wbuf[0] = '{';                          //添加 "{"
    wbuf[1] = '\0';
    return 1;
}
```

（2）ZXBeeEnd()函数的源代码如下：

```
/***********************************************************************
* 名称：ZXBeeEnd()
* 功能：添加通信协议的帧尾 "}"，并返回封包后的指针
* 参数：wbuf—返回封包后的指针
***********************************************************************/
char* ZXBeeEnd(void)
{
    int offset = strlen(wbuf);
    wbuf[offset-1] = '}';                   //添加 "}"
    wbuf[offset] = '\0';                    //添加无线数据包结束符
    if (offset > 2) return wbuf;
    return NULL;
}
```

（3）ZXBeeAdd()函数的源代码如下：

```
/***********************************************************************
* 名称：ZXBeeAdd()
* 功能：在无线数据包中添加数据
* 参数：tag—变量；val—值
* 返回：len—数据长度
```

```
**************************************************************************/
int8 ZXBeeAdd(char* tag, char* val)
{
    sprintf(&wbuf[strlen(wbuf)], "%s=%s,", tag, val);        //在无线数据包中添加数据
    return strlen(wbuf);
}
```

（4）ZXBeeDecodePackage()函数的源代码如下：

```
/*************************************************************************
* 名称：ZXBeeDecodePackage()
* 功能：对收到的无线数据包进行解包
* 参数：pkg—收到的无线数据包；len—无线数据包的长度
* 返回：p—返回的无线数据包
**************************************************************************/
char* ZXBeeDecodePackage(char *pkg, int len)
{
    char *p;
    char *ptag = NULL;
    char *pval = NULL;
    if (pkg[0] != '{' || pkg[len-1] != '}') return NULL;     //判断帧头、帧尾格式
    ZXBeeBegin();                                            //为返回的指令添加帧头
    pkg[len-1] = 0;
    p = pkg+1;                                               //去掉帧头、帧尾
    do {
        ptag = p;
        p = strchr(p, '=');                                 //判断键值对内的 "="
        if (p != NULL) {
            *p++ = 0;                                       //提取 "=" 左边的 ptag
            pval = p;                                       //指针指向 pval
            p = strchr(p, ',');                             //判断无线数据包内键值对分隔符 ","
            if (p != NULL) *p++ = 0;                        //提取 "=" 右边的 pval
            int ret;
            ret = ZXBeeSysCommandProc(ptag, pval);          //将提取出来的键值对发送给系统函数处理
            if (ret < 0) {
                ret = ZXBeeUserProcess(ptag, pval);         //将提取出来的键值对发送给用户函数处理
            }
        }
    } while (p != NULL);                                    //若无线数据包未解析完，则继续循环
    p = ZXBeeEnd();                                         //为返回的指令响应添加帧尾
    return p;
}
```

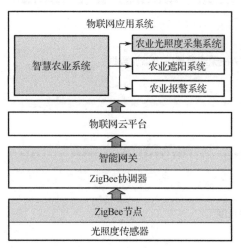

图 2.45　农业光照度采集系统

4）ZigBee 农业光照度采集系统架构

农业光照度采集系统是智慧农业系统的一个子系统，主要对农作物生长环境中的光照度进行实时监测，以便对农作物生产环境进行跟踪和追溯，为农作物后期数据分析提供依据。

农业光照度采集系统采用 ZigBee 网络，通过部署携带光照度传感器的 ZigBee 节点，将采集到的数据通过智能网关发送到物联网云平台，最终通过智慧农业系统进行光照度的采集和数据展现。农业光照度采集系统如图 2.45 所示。

3．光照度传感器

农业光照度采集系统采用 BH1750FVI-TR 型光敏传感器进行光照度的采集，BH1750FVI-TR 型光敏传感器内部集成有一个数字处理芯片，可以将检测信息转换为光照度数据，微处理器可以通过 IIC 总线获取光照度数据。

BH1750FVI-TR 型光敏传感器（见图 2.46）是一种用于二线式串行总线接口的数字型光照度传感器，可以根据采集的光照度数据来调整液晶或者键盘背景灯的亮度，利用它的 H 分辨率模式可以探测较大范围的光照度变化。

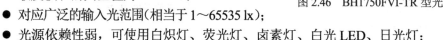

图 2.46　BH1750FVI-TR 型光敏传感器

BH1750FVI-TR 型光敏传感器的特点如下：

- 接近视觉灵敏度的光谱灵敏度特性（峰值灵敏度波长的典型值为 560 nm）；
- 对应广泛的输入光范围（相当于 1～65535 lx）；
- 光源依赖性弱，可使用白炽灯、荧光灯、卤素灯、白光 LED、日光灯；
- 可测量的范围为 1.1～100000 lx /min。
- 受红外线影响很小。

BH1750FVI-TR 型光敏传感器的工作参数如表 2.9 所示。

表 2.9　BH1750FVI-TR 型光敏传感器的工作参数

参　　数	符　　号	额　定　值	单　　位
电源电压	V_{max}	4.5	V
运行温度	T_{opr}	−40～85	℃
存储温度	T_{stg}	40～100	℃
反向电源	I_{max}	7	mA
功率损耗	P_d	260	mW

BH1750FVI-TR 型光敏传感器的运行条件如表 2.10 所示。

表 2.10 BH1750FVI-TR 型光敏传感器的运行条件

参 数	符 号	最 小 值	时 间	最 大 值	单 位
VCC 电压	V_{CC}	2.4	3	3.6	V
IIC 总线的参考电压	V_{DVI}	1.65	—	V_{CC}	V

BH1750FVI-TR 型光敏传感器有 6 个引脚，分别是电源（VCC）、地（GND）、设备地址引脚（ADDR）、时钟引脚（SCL）、数据引脚（SDA）和参考电压或异步复位引脚（DVI）。ADDR 引脚接电源或接地决定了不同的设备地址（接电源时为 0x47，接地时为 0x46）。BH1750FVI-TR 型光敏传感器工作原理如图 2.47 所示。

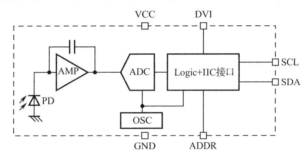

图 2.47 BH1750FVI-TR 型光敏传感器工作原理

从工作原理图可看出，外部光被接近人眼反应的高精度光敏二极管 PD 探测到后，通过集成运算放大器 AMP 将电流转换为电压，由 16 位模/数转换器获取数字数据，然后进行数据处理与存储。OSC 为内部的振荡器，提供内部逻辑时钟，通过相应的指令操作即可读取出内部存储的光照度数据。数据传输使用标准的 IIC 总线，按照时序要求操作起来也非常方便。BH1750FVI-TR 型光敏传感器的指令集如表 2.11 所示。

表 2.11 BH1750FVI-TR 型光敏传感器的指令集

指 令	功能代码	注 释
断电	0000_0000	无激活状态
通电	0000_0001	等待测量指令
重置	0000_0111	重置数字寄存器值，重置指令在断电模式下不起作用
连续 H 分辨率模式	0001_0000	在 1 lx 分辨率下开始测量，测量时间一般为 120 ms
连续 H 分辨率模式 2	0001_0001	在 0.5 lx 分辨率下开始测量，测量时间一般为 120 ms
连续 L 分辨率模式	0001_0011	在 4 lx 分辨率下开始测量，测量时间一般为 120 ms
一次 H 分辨率模式	0010_0000	在 1 lx 分辨率下开始测量，测量时间一般为 120 ms，测量后自动设置为断电模式
一次 H 分辨率模式 2	0010_0001	在 0.5 lx 分辨率下开始测量，测量时间一般为 120 ms，测量后自动设置为断电模式
一次 L 分辨率模式	0010_0011	在 4 lx 分辨率下开始测量，测量时间一般为 120 ms，测量后自动设置为断电模式
改变测量时间（高位）	01000_MT[7,6,5]	改变测量时间
改变测量时间（低位）	011_MT[4,3,2,1,0]	改变测量时间

在 H 分辨率模式下，足够长的测量时间（积分时间）能够抑制一些噪声（包括 50 Hz/60 Hz 光噪声）；同时，H 分辨率模式的分辨率为 1 lx，适用于黑暗场合下（小于 10 lx）。H 分辨率模式 2 同样适用于黑暗场合下的检测。

2.4.3　开发实践：农业光照度采集系统设计

1. 开发设计

项目开发目标：环境信息采集与上报是智慧农业系统中的重要环节，本节以农业光照度采集系统为例学习传感器应用程序的开发，学习并掌握采集类程序逻辑和传感器应用程序接口的使用。

为了满足对数据上报场景的模拟，基于 ZigBee 网络的农业光照度采集系统的节点携带了光照度传感器。光照度传感器采用的是 BH1750FVI-TR 型光敏传感器，采用 IIC 总线和微处理器通信。本系统定时采集光照度数据并进行上报，当远程控制设备发出查询指令时，节点能够执行指令并反馈光照度数据。

农业光照度采集系统的实现可分为两个部分，分别为硬件功能设计和软件协议设计。

1）硬件功能设计

为了实现对数据上报情况的模拟，采用 BH1750FVI-TR 型光敏传感器定时采集光照度数据并上报。农业光照度采集系统硬件框图如图 2.48 所示。

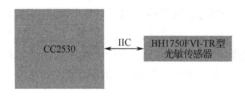

由图 2.48 可以得知，BH1750FVI-TR 型光敏传感器通过 IIC 总线与 CC2530 进行通信。BH1750FVI-TR 型光敏传感器硬件连接如图 2.49 所示。

图 2.48　农业光照度采集系统硬件框图

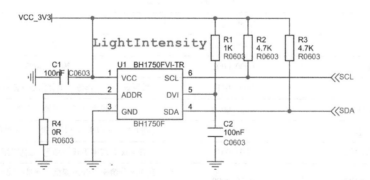

图 2.49　BH1750FVI-TR 型光敏传感器硬件连接

图 2.49 中，SCL 连接 CC2530 的 P0_0 引脚，SDA 连接 CC2530 的 P0_1 引脚。

2）软件协议设计

ZigBeeLightIntensity 工程实现了农业光照度采集系统，具有以下功能：

（1）节点入网后，每隔 20 s 上报一次光照度数据。

（2）应用层可以下行发送查询指令读取最新的光照度数据。

ZigBeeLightIntensity 工程采用类 JOSN 格式的通信协议（{[参数]=[值],[参数]=[值]…}），如表 2.12 所示。

表 2.12 通信协议

数 据 方 向	协 议 格 式	说　　明
上行（节点往应用层发送数据）	{lightIntensity=X}	X 表示采集的光照度数据
下行（应用层往节点发送指令）	{lightIntensity=?}	查询光照度数据，返回{lightIntensity=X}，X 表示采集的光照度数据

2．功能实现

1）农业光照度采集系统分析

ZigBeeLightIntensity 工程基于智云框架开发，实现了光照度传感器数据的定时上报、光照度传感器数据的查询、无线数据的封包和解包等功能。下面详细分析采集类传感器的应用程序。

（1）传感器应用程序是在 sensor.c 文件中实现的，包括传感器初始化函数（sensorInit()）、节点入网调用函数（sensorLinkOn()）、传感器数据上报函数（sensorUpdate()）、处理下行的用户指令函数（ZXBeeUserProcess()）、用户事件处理函数（MyEventProcess()）。

（2）传感器驱动是在 BH1750.c 文件中实现的，通过 IIC 总线实现对光照度传感器实时数据的获取。

（3）无线数据包收发处理是在 zxbee-inf.c 文件中实现的，包括 ZigBee 无线数据包的收发函数。

（4）无线数据的封包和解包是在 zxbee.c 文件中实现的，封包函数为 ZXBeeBegin()、ZXBeeAdd(char* tag, char* val)、ZXBeeEnd(void)，解包函数为 ZXBeeDecodePackage(char *pkg, int len)。

2）农业光照度采集系统设计

农业光照度采集系统属于采集类传感器应用，主要完成传感器数据的循环上报。

（1）传感器初始化。ZStack 协议栈初始化完成后调用传感器初始化函数：

```
void zb_HandleOsalEvent( uint16 event )
{
    if (event & ZB_ENTRY_EVENT) {
        uint8 startOptions;
        uint8 selType = NODE_TYPE;

        at_init();

        zb_ReadConfiguration( ZCD_NV_LOGICAL_TYPE, sizeof(uint8), &logicalType );
        if(logicalType !=ZG_DEVICETYPE_ENDDEVICE && logicalType !=ZG_DEVICETYPE_ROUTER){
            zb_WriteConfiguration(ZCD_NV_LOGICAL_TYPE, sizeof(uint8), &selType);
```

```
                zb_SystemReset();
        }
        zb_ReadConfiguration( ZCD_NV_STARTUP_OPTION, sizeof(uint8), &startOptions );
        if (startOptions != ZCD_STARTOPT_AUTO_START) {
            startOptions = ZCD_STARTOPT_AUTO_START;
            zb_WriteConfiguration( ZCD_NV_STARTUP_OPTION, sizeof(uint8), &startOptions );
            zb_SystemReset();
        }
        osal_nv_read( ZCD_NV_PANID, 0, sizeof( panid ), &panid );
        HalLedSet( HAL_LED_2, HAL_LED_MODE_FLASH );                    //网络灯开始闪烁

        ZXBeeInfInit();                                                //通信协议初始化
        #ifndef CC2530_Serial
        sensorInit();                                                 //传感器初始化
        #endif
    }
    ……
}
```

在 sensor.c 文件中的 sensorInit()函数用于传感器的初始化。

```
void sensorInit(void)
{
    bh1750_init();                                                //光照度传感器初始化

    //启动定时器，触发 MY_REPORT_EVT 事件
    osal_start_timerEx(sapi_TaskID, MY_REPORT_EVT, (uint16)((osal_rand()%10) * 1000));
}
/********************************************************************************
* 名   称：bh1750_init()
* 功   能：初始化光照度传感器
********************************************************************************/
//初始化光照度传感器
void bh1750_init()
{
    iic_init();
}
```

iic.c 文件中的 iic_init()函数用于实现 IIC 总线初始化。

```
/********************************************************************************
* 名   称：iic_init()
* 功   能：IIC 总线初始化
********************************************************************************/
void iic_init(void)
{
```

```
    P0SEL &= ~0x03;                              //设置 P0_0 和 P0_1 为普通 IO 模式
    P0DIR |= 0x03;                               //设置 P0_0 和 P0_1 为输出模式
    SDA = 1;                                     //拉高数据线
    iic_delay_us(10);                            //时延 10 μs
    SCL = 1;                                     //拉高时钟线
    iic_delay_us(10);                            //时延 10 μs
}
```

（2）传感器数据循环上报。调用 sensor.c 文件中的 sensorInit()函数初始化传感器之后，启动一个定时器来触发 MY_REPORT_EVT 事件，在触发 MY_REPORT_EVT 事件后，调用 AppCommon.c 文件中的 zb_HandleOsalEvent()函数来处理用户事件，并调用 sensor.c 文件中的 MyEventProcess()函数，该函数内调用 sensorUpdate()进行传感器数据的上报，并再次启动一个定时器来触发 MY_REPORT_EVT 事件，从而实现传感器数据的循环上报。

```
/******************************************************************************
* 名   称：MyEventProcess()
* 功   能：自定义事件处理
* 参   数：event——事件编号
******************************************************************************/
void MyEventProcess( uint16 event )
{
    if (event & MY_REPORT_EVT) {
        sensorUpdate();                          //光照度传感器数据定时上报
        //启动定时器，触发事件 MY_REPORT_EVT
        osal_start_timerEx(sapi_TaskID, MY_REPORT_EVT, 20*1000);
    }
}
```

在 sensor.c 文件中的 sensorUpdate()函数用于实现传感器数据的上报，该函数调用 updateLightIntensity()函数来更新光照度数据，并通过 ZXBeeBegin()、ZXBeeAdd()、ZXBeeEnd()函数实现对数据的封包，最后调用 zxbee-inf.c 文件中的 ZXBeeInfSend()函数将无线数据包发送给应用层。

```
/******************************************************************************
* 名   称：sensorUpdate()
* 功   能：处理上报的数据
******************************************************************************/
void sensorUpdate(void)
{
    char pData[16];
    char *p = pData;

    //光照度采集
    updateLightIntensity();
    ZXBeeBegin();                                //智云数据帧头
```

```
//上报光照度传感器数据
sprintf(p, "%.1f", lightIntensity);
ZXBeeAdd("lightIntensity", p);

p = ZXBeeEnd();                                          //帧尾
if (p != NULL) {
    //将需要上报的数据打包，并通过 zb_SendDataRequest()发送到协调器
    ZXBeeInfSend(p, strlen(p));
}
printf("sensor->sensorUpdate(): lightIntensity=%.1f\r\n", lightIntensity);
}

/*************************************************************************
* 名  称：ZXBeeInfSend()
* 功  能：节点发送无线数据包给汇聚节点
* 参  数：*p—要发送的无线数据包；len—无线数据包的长度
*************************************************************************/
void ZXBeeInfSend(char *p, int len)
{
    HalLedSet( HAL_LED_1, HAL_LED_MODE_OFF );
    HalLedSet( HAL_LED_1, HAL_LED_MODE_BLINK );
    #if DEBUG
    Debug("Debug send:");
    for (int i=0; i<len; i++) {
        Debug("%c", p[i]);
    }
    Debug("\r\n");
    #endif
    zb_SendDataRequest( 0, 0, len, (uint8*)p, 0, 0/*AF_ACK_REQUEST*/, AF_DEFAULT_RADIUS );
}
```

（3）节点入网处理。节点入网后，ZStack 协议栈会调用 AppCommon.c 文件中的 zb_StartConfirm()函数进行入网确认处理，该函数调用 sensor.c 文件中的 sensorUpdate()函数进行传感器数据的上报。

```
void sensorLinkOn(void)
{
    sensorUpdate();
}
```

（4）处理无线下行控制指令。当 ZStack 协议栈接收到发送过来的下行数据包时，首先调用 AppCommon.c 文件中的 zb_ReceiveDataIndication()函数进行处理，然后调用 zxbee-inf.c 文件中的 ZXBeeInfRecv()函数接收无线数据包，最后将解包后数据发送给应用层。

```
void ZXBeeInfRecv(char *pkg, int len)
{
    char *p = ZXBeeDecodePackage(pkg, len);
    if (p != NULL) {
        ZXBeeInfSend(p, strlen(p));
    }
}
/*******************************************************************************
* 名    称：ZXBeeDecodePackage()
* 功    能：对接收到的无线数据包进行解包
* 参    数：pkg—数据；len—数据长度
* 返回值：p—返回的数据
*******************************************************************************/
char* ZXBeeDecodePackage(char *pkg, int len)
{
    char *p;
    char *ptag = NULL;
    char *pval = NULL;

    if (pkg[0] != '{' || pkg[len-1] != '}') return NULL;

    ZXBeeBegin();

    pkg[len-1] = 0;
    p = pkg+1;
    do {
        ptag = p;
        p = strchr(p, '=');
        if (p != NULL) {
            *p++ = 0;
            pval = p;
            p = strchr(p, ',');
            if (p != NULL) *p++ = 0;
            int ret;
            ret = ZXBeeSysCommandProc(ptag, pval);
            if (ret < 0) {
                #ifndef CC2530_Serial
                ret = ZXBeeUserProcess(ptag, pval);
                #endif
            }
        }
    } while (p != NULL);
    p = ZXBeeEnd();
```

```
        return p;
}
```

zxbee.c 文件中的 ZXBeeDecodePackage()函数用于对接收到的无线数据包进行解包，先调用 zxbee-sys-command.c 文件中的 ZXBeeSysCommandProc()函数进行系统指令处理，再调用 sensor.c 文件中的 ZXBeeUserProcess()函数进行用户指令处理。

```
/*****************************************************************************
* 名  称：ZXBeeSysCommandProc()
* 功  能：进行系统指令处理
* 参  数：*ptag—变量；*pval—值
*****************************************************************************/
int ZXBeeSysCommandProc(char *ptag, char *pval)
{
    int val;
    int ret = -1;
    char buf[16];

    val = atoi(pval);
    if (0 == strcmp("ECHO", ptag)) {
        ZXBeeAdd("ECHO", pval);
        ret = 1;
    } else
    if (0 == strcmp("PANID", ptag)) {
        if (0 == strcmp("?", pval)) {
            uint16 tmp16 = GetPanId();
            sprintf(buf, "%u", tmp16);
            ZXBeeAdd("PANID", buf);
        } else {
            SetPanId(val);
        }
        ret = 1;
    } else
    if (0 == strcmp("CHANNEL", ptag)) {
        if (0 == strcmp("?", pval)) {
            sprintf(buf, "%u", GetChannel());
            ZXBeeAdd("CHANNEL", buf);
            ret = 1;
        } else {
            SetChannel(val);
        }
        ret = 1;
    }
```

```
        #ifndef CC2530_Serial
        else if (0 == strcmp("TYPE", ptag))
        {
            if (0 == strcmp("?", pval))
            {
                sprintf(buf, "%d%d%s", NODE_CATEGORY, GetCurrentLogicalType(), NODE_NAME);
                ZXBeeAdd("TYPE", buf);
            }
            ret = 1;
        }
        #endif
        else if (0 == strcmp("TPN", ptag))
        {
            /*  参数格式为 x/y，表示在 y 分钟内上报 x 次数据。x = 0 表示停止上报，每分钟最多上报
6 次，最少上报 1 次  */
            char *s = strchr(pval, '/');
            if (s != NULL)
            {
                int v1, v2;

                *s = 0;
                v1 = atoi(pval);
                v2 = atoi(s+1);

                if (v1 > 0 && v2 > 0)
                {
                    uint16 delay = v2*60/v1;
                    uint16 cnt = v1;
                    if (delay >= 10 && delay <= 65)
                    {
                        starReportTPN(delay, cnt);
                    }
                }
            }
            ret = 1;
        } //TPN
        return ret;
    }
/*******************************************************************************
* 名    称：ZXBeeUserProcess()
* 功    能：进行用户指令处理
* 参    数：*ptag—控制指令名称；*pval—控制指令参数
* 返回值：<0 表示不支持指令，>=0 表示指令已被处理
*******************************************************************************/
```

```
int ZXBeeUserProcess(char *ptag, char *pval)
{
    int ret = 0;
    char pData[16];
    char *p = pData;

    //控制指令解析
    if (0 == strcmp("lightIntensity", ptag)){                           //查询执行指令编码
        if (0 == strcmp("?", pval)){
            updateLightIntensity();
            ret = sprintf(p, "%.1f", lightIntensity);
            ZXBeeAdd("lightIntensity", p);
        }
    }

    return ret;
}
```

3）光照度传感器驱动设计

光照度传感器的驱动程序是在 BH1750.c 文件中实现的，通过 IIC 总线获取光照度传感器数据。光照度传感器驱动程序如表 2.13 所示。

表 2.13　光照度传感器驱动程序

函 数 名 称	函 数 说 明
bh1750_init()	传感器初始化
bh1750_get_data()	获取传感器的实时数据
bh1750_read_nbyte()	连续读出光照度传感器的数据
bh1750_send_byte()	向光照度传感器写入控制指令

（1）光照度传感器初始化。

```
/*************************************************************************
* 宏定义
*************************************************************************/
#define uint            unsigned int
#define uchar           unsigned char
#define DPOWR           0X00                    //断电
#define POWER           0X01                    //上电
#define RESET           0X07                    //重置
#define CHMODE          0X10                    //连续 H 分辨率模式
#define CHMODE2         0X11                    //连续 H 分辨率 2 模式
#define CLMODE          0X13                    //连续 L 分辨模式
#define H1MODE          0X20                    //一次 H 分辨率模式
#define H1MODE2         0X21                    //一次 H 分辨率 2 模式
#define L1MODE          0X23                    //一次 L 分辨率模式
#define SlaveAddress    0x46                    //定义器件在 IIC 总线中的从地址
```

光照度传感器采用的是 BH1750FVI-TR 型光敏传感器，通过 IIC 总线与 CC2530 连接，因此光照度传感器的初始化主要是 IIC 总线的初始化。

```
/*********************************************************************
* 名    称：bh1750_init()
* 功    能：初始化 BH1750FVI-TR 型光敏传感器
*********************************************************************/
void bh1750_init()
{
    iic_init();
}
/*********************************************************************
* 名    称：iic_init()
* 功    能：IIC 总线初始化函数
*********************************************************************/
void iic_init(void)
{
    P0SEL &= ~0x03;                          //设置 P0_0 和 P0_1 为普通 IO 模式
    P0DIR |= 0x03;                           //设置 P0_0 和 P0_1 为输出模式
    SDA = 1;                                 //拉高数据线
    iic_delay_us(10);                        //时延 10 μs
    SCL = 1;                                 //拉高时钟线
    iic_delay_us(10);                        //时延 10 μs
}
```

（2）光照度传感器采集的数据。

```
/*********************************************************************
* 名    称：bh1750_get_data()
* 功    能：获取光照度传感器采集的数据
*********************************************************************/
float bh1750_get_data(void)
{
    uchar *p=buf;
    bh1750_init();                           //初始化光照度传感器
    bh1750_send_byte(0x46,0x01);
    bh1750_send_byte(0x46,0X20);
    delay_ms(180);                           //时延 180 ms
    bh1750_read_nbyte(0x46,p,2);             //连续读出数据，存储在 buf 中
    unsigned short x = buf[0]<<8 | buf[1];
    return x/1.2;
}
```

（3）通过 IIC 总线获取光照度传感器采集的数据。

```
/********************************************************************************
* 名    称：bh1750_read_nbyte()
* 功    能：获取光照度传感器采集的数据
* 返回值：应答或非应答信号
********************************************************************************/
uchar bh1750_read_nbyte(uchar sla,uchar *s,uchar no)
{
    uchar i;
    iic_start();                                        //起始信号
    if(iic_write_byte(sla+1) == 0){                     //发送设备地址+读信号
        for (i=0; i<no-1; i++){                          //连续读取 6 个地址数据，存储在 buf 中
            *s=iic_read_byte(0);
            s++;
        }
        *s=iic_read_byte(1);
    }
    iic_stop();
    return(1);
}
```

（4）通过 IIC 总线向光照度传感器写入控制指令。

```
/********************************************************************************
* 名    称：bh1750_send_byte()
* 功    能：向光照度传感器写入控制指令
* 参    数：无
* 返回值：如果返回 1 表示操作成功，否则操作有误
********************************************************************************/
uchar bh1750_send_byte(uchar sla,uchar c)
{
    iic_start();                                        //启动总线
    if(iic_write_byte(sla) == 0){                       //发送器件地址
        if(iic_write_byte(c) == 0){                     //写入控制指令
        }
    }
    iic_stop();                                         //结束总线
    return(1);
}
```

3. 开发验证

（1）运行 ZigBeeLightIntensity 工程，通过 IAR 集成开发环境的进行程序的开发和调试，工程调试如图 2.50 所示，设置断点可以理解程序的调用关系。节点的硬件电路实物如图 2.51 所示。

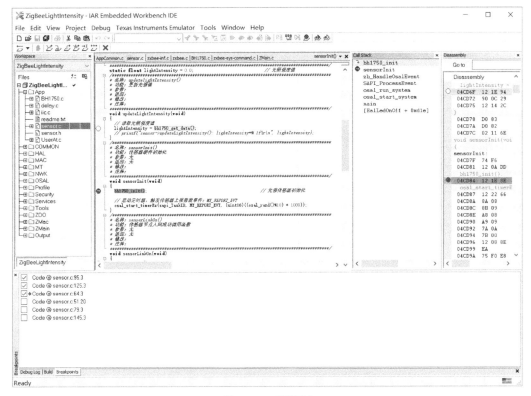

图 2.50　工程调试

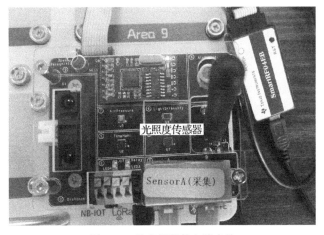

图 2.51　节点的硬件电路实物

（2）节点每 20 s 会上报一次数据到应用层，同时通过 ZCloudTools 工具发送光照度数据查询指令（{lightIntensity=?}），如图 2.52 所示，程序接收到查询指令后返回实时的光照度数据到应用层。

（3）通过手机"手电筒"应用可以改变光照度传感器的数据变化。

（4）修改程序循环上报时间间隔，记录光照度传感器光的数据变化。

验证效果如图 2.53 所示。

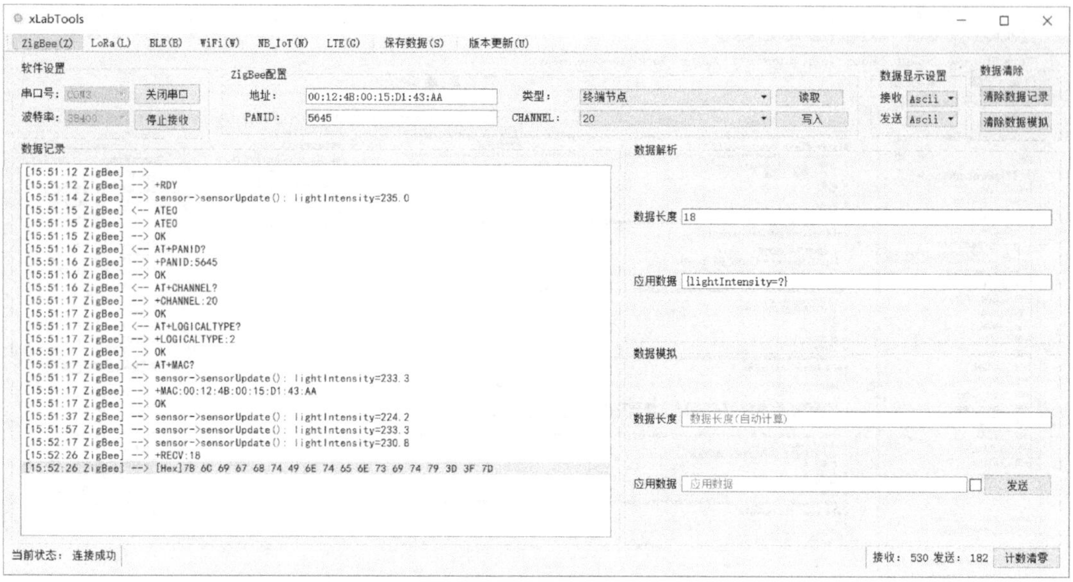

图 2.52　发送光照度数据查询指令

图 2.53　验证效果

2.4.4　小结

本节首先分析了 ZigBee 采集类程序的逻辑，介绍了通信协议的功能和数据格式，然后详细分析了采集类传感器应用程序，以及 ZigBee 无线数据包收发程序、无线数据封包与解包程序，最后通过 ZigBee 农业光照度采集系统的开发实践，介绍了系统的软硬件架构，采集类程序的开发框架、通信协议的设计、光照度传感器应用程序的设计、光照度传感器驱动程序的开，以及系统组网与调试。

2.4.5 思考与拓展

（1）ZigBee 的数据发送使用了哪些接口？

（2）在节点未入网的情况下，也可以循环采集数据并上报，但此时应用层是接收不到数据的。修改程序让节点入网后才采集数据。

（3）尝试修改程序，当光照度波动较大时才上报光照度数据。

2.5　ZigBee 农业遮阳系统开发与实现

智慧农业系统的功能之一是能够对农作物的生长环境进行实时调节，而进行环境调节的节点就是控制类节点。控制类节点通常都安装有受控设备，如控制空气湿度的雾化器、控制温度的排风扇、控制光照度的遮阳棚等。在工作过程中，智慧农业系统通过向控制类节点发送信息，节点接收到信息后执行相关操作，最后反馈控制结果。因此对设备的控制是智慧农业系统环境调节的重要内容，可以为农作物创造更好的生长环境。农业遮阳系统如图 2.54 所示。

图 2.54　农业遮阳系统

本节主要讲述控制类程序的开发，通过 ZigBee 农业遮阳系统，介绍 ZigBee 控制类逻辑、控制类传感器应用程序接口，实现对 ZigBee 控制类传感器应用程序接口的学习与开发实践。

2.5.1 学习与开发目标

（1）知识目标：ZigBee 远程设备控制应用场景、ZigBee 数据接收与发送机制、ZigBee

数据接收与发送程序接口、ZigBee 控制类程序通信协议。

（2）技能目标：了解 ZigBee 远程设备控制应用场景，掌握 ZigBee 数据接收与发送程序接口的使用，掌握 ZigBee 控制类程序通信协议的设计。

（3）开发目标：构建 ZigBee 农业遮阳系统。

2.5.2 原理学习：ZigBee 控制类程序接口

1. ZigBee 控制类程序逻辑分析和控制类通信协议的设计

1）ZigBee 控制类程序逻辑分析

一些场合为了实际需要，需要对远程设备进行控制，用户发送的控制指令由协调器发送至控制类节点，控制类节点处理相关的指令信息并执行指令内容，并反馈控制结果。

ZigBee 的远程设备控制有很多应用场景，如温室大棚遮阳控制、家居环境灯光控制、城市排涝电机控制、路障控制、厂房换气扇控制等。ZigBee 的远程设备控制应用场景众多，但要如何实现控制类程序的设计呢？下面将对控制类程序逻辑进行分析。

对于控制类节点，其主要的关注点是要了解控制类节点对设备的控制是否有效，以及控制的结果。控制类程序的逻辑如图 2.55 所示，具体如下：

● 远程设备向控制类节点发送控制指令，控制类节点实时响应并执行操作。

● 远程设备发送查询指令后，控制类节点实时响应并反馈传感器状态。

● 远程设备状态的实时上报。

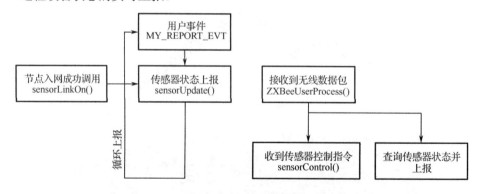

图 2.55 控制类程序的逻辑

（1）**远程设备向控制类节点发送控制指令，控制类节点实时响应并执行操作**：这是控制类节点的基本功能。该功能主要是执行远程设备发送的控制指令。另外，控制类节点需要实时响应远程设备发送的控制指令，例如，当温室大棚某些环境参数出现异常时，系统就需要自动打开环境调节设备调节大棚环境，而这些环境控制设备通常为受控设备，如果受控设备不能实时响应就会对大棚内环境调节造成影响。

（2）**远程设备发送查询指令后，控制类节点实时响应并反馈传感器状态**：该功能主要作用是当远程设备对控制节点发出控制指令后，远程设备并不了解控制类节点是否完成了控制。这种不确定性对于一个调节系统而言是非常危险的，所以需要通过查询指令来了解控制类节点的操作结果，以确保控制类节点指令执行的有效性。

前面两种逻辑事件在实际的操作中其实是同时发生的，即发送一条控制指令后紧跟一条查询指令，当控制类节点执行完控制操作后执行状态反馈操作，通过这种方式可以实现一次远程设备控制的完整操作。

（3）**远程设备状态的实时上报**。在一些场合，控制类节点受到外界环境影响，如雷击或人为等因素造成远程设备的重启后，设备重启后的状态通常为默认状态。此时上报的状态将通常与需要的状态不符，此时远程设备可以重新发送控制指令回到正常的工作状态。

2）ZigBee 控制类程序通信协议设计

一个完整的物联网综合系统，数据贯穿了感知层、网络层、服务层和应用层，数据在这四个层之间层层传递，因此需要设计一种合适的通信协议来完成数据的封装与通信。

这种通信协议在控制类节点中同样适用。在物联网系统中，远程设备和控制类节点分别处于通信的两端，要实现两者间的数据识别就需要约定通信协议，远程设备发送的控制指令和查询指令才能够控制类节点识别并执行。控制类程序通信协议如表 2.14 所示。

表 2.14　控制类程序通信协议

数 据 方 向	协 议 格 式	说　明
上行（节点往应用层发送数据）	{controlStatus=X}	X 表示传感器状态
下行（应用层往节点发送指令）	{controlStatus=?}	查询传感器状态，返回{controlStatus=X}，X 表示传感器状态
下行（应用层往节点发送指令）	{cmd=X}	发送控制指令，X 表示控制指令，控制类节点根据设置进行相应的操作

2．ZigBee 控制类程序接口分析

1）ZigBee 控制类传感器应用程序接口

传感器应用程序接口是在 sensor.c 文件中实现的，包括传感器初始化函数（sensorInit()）、节点入网调用函数（sensorLinkOn()）、传感器数据上报函数（sensorUpdate()）、传感器控制函数（sensorControl()）、处理下行的用户指令函数（ZXBeeUserProcess()）、用户事件处理函数（MyEventProcess()），如表 2.15 所示。

表 2.15　传感器应用程序接口

函 数 名 称	函 数 说 明
sensorInit()	传感器初始化
sensorLinkOn()	节点入网成功后调用
sensorUpdate()	上报传感器实时数据
sensorControl()	传感器控制函数
ZXBeeUserProcess()	解析接收到的下行用户指令
MyEventProcess()	用户事件处理

远程设备控制功能建立在无线传感器网络之上，在建立无线传感器网络后，才能够进行传感器的初始化和系统用户任务的初始化，接着等待远程设备发送控制指令，当控制类节点接收到控制指令时，通过约定的通信协议对控制指令进行解析，解析完成后根据指令进行相应的操作，待控制完成后将反馈指令通过通信协议打包后发送给远程服务器，用户接收到反

馈指令后知晓控制指令已执行完成。

控制类传感器应用程序流程如图 2.56 所示。

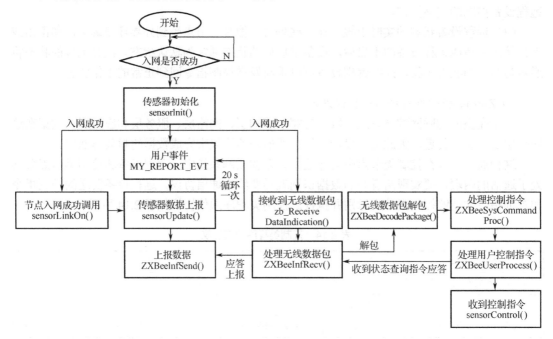

图 2.56　控制类传感器应用程序流程

2）ZigBee 无线数据包收发

无线数据包收发处理是在 zxbee-inf.c 文件中实现的，见 2.4.2 节。

3）ZigBee 无线数据包解析

根据通信协议，需要对无线数据进行封包、解包操作，无线数据的封包、解包相关函数是在 zxbee.c 文件中实现的，详见 2.4.2 节。

4）ZigBee 农业遮阳系统架构

农业遮阳系统是智慧农业系统中的一个子系统，主要实现对农业大棚遮阳电机的远程控制，完成遮阳、遮雨、避风等操作。

农业遮阳系统基于 ZigBee 网络，部署的携带了步进电机的 ZigBee 节点通过智能网关组网并连接到物联网云平台，最终通过智慧农业系统对步进电机进行远程控制。农业遮阳系统如图 2.57 所示。

3. 步进电机

农业遮阳系统采用步进电机来控制遮阳板，本系统的步进电机使用的是 28BYJ48 型四相五线步进机电机，如图 2.58 所示。

步进电机是一种将电脉冲转化为角位移的执行机构。当步进驱动器接收到一个脉冲信号时，它就驱动步进电机按设定的方向转动一个固定的角度（步进角）。可以通过控制脉冲信号数量来控制角位移量，从而达到准确定位的目的；同时还可以通过控制脉冲信号的频率来控制步进电机的转动速度和加速度，从而达到调速的目的。

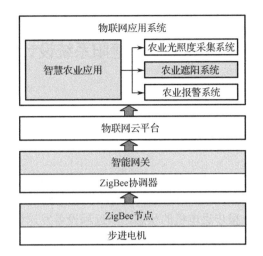

图 2.57　农业遮阳系统

步进电机采用 28BYJ48 型四相五线步进电机，其电压为 DC 5～12 V。在对步进电机施加一系列连续的脉冲信号时，它可以连续地转动。每一个脉冲信号对应步进电机的某一相或两相绕组的通电状态改变一次，也就对应转子转过一定的角度（即一个步进角）。当通电状态的改变完成一个循环时，转子转过一个齿距。28BYJ48 型四相五线步进电机可以在不同的工作方式下运行，常见的工作方式有单（单相绕组通电）四拍（A-B-C-D-A）、双（双相绕组通电）四拍（AB-BC- CD-DA-AB）、八拍（A-AB-B-BC-C-CD-D-DA-A），如图 2.59 所示。

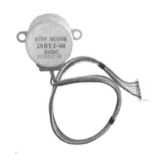

图 2.58　28BYJ48 型四相五线
步进电机

- 额定电压为 DC 12 V（另有电压 5 V、6 V、24 V）。
- 相数为 4。
- 减速比为 1/64、1/32、1/16。
- 步距角为 5.625°/64。
- 驱动方式为四相八拍。

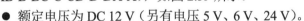

接线端序号	导线颜色	分配顺序							
		1	2	3	4	5	6	7	8
5	红	+	+	+	+	+	+	+	+
4	橙	−							−
3	黄		−	−	−				
2	蓝				−	−	−		
1	棕						−	−	−

图 2.59　28BYJ48 型四相五线步进电机常见的工作方式

2.5.3 开发实践：ZigBee 农业遮阳系统设计

1. 开发设计

项目开发目标：在智慧农业系统中，对环境调节设备的控制是维持正常工作的重要环节，本节以农业遮阳系统为例学习控制类传感器应用程序的开发，并掌握控制类程序逻辑和应用程序接口的使用。

为了满足对远程设备控制应用场景的模拟，ZigBee 农业遮阳系统的节点携带了步进电机（受控设备）。步进电机没有直接与 CC2530 相连，步进电机由电机驱动控制，电机驱动由 CC2530 控制。系统定时上报步进电机的状态，当远程设备发送控制指令时，节点能够执行指令并反馈控制结果。

整个农业遮阳系统的实现可分为两个部分，分别为硬件功能设计和软件协议设计。

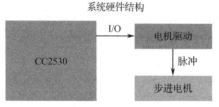

图 2.60　农业遮阳系统的硬件框图

1）硬件功能设计

根据前文的分析，为了实现对农业遮阳系统的模拟，硬件中使用步进电机来模拟对遮阳电机的功能，步进电机由电机驱动控制，电机驱动由 CC2530 控制。农业遮阳系统的硬件框图如图 2.60 所示。

从图 2.60 可以得知，CC2530 直接控制电机驱动，电机驱动有三根控制线，分别为使能信号线、脉冲控制线、方向控制线，电机驱动输出脉冲信号来控制步进电机。步进电机的硬件连接如图 2.61 所示。

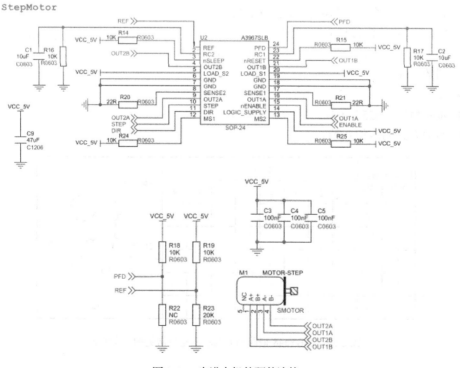

图 2.61　步进电机的硬件连接

步进电机是一种脉冲节拍控制的高效可控电机，为了增强步进电机的电流驱动能力，需要使用相应的驱动芯片来对步进电机进行控制，因此电路使用了 A3967SLB 驱动芯片来驱动步进电机，步进电机就由节拍控制变成了三线控制，即使能信号线（ENALBE，连接到 CC2530 的 P0_2 引脚）、方向控制线（DIR，连接到 CC2530 的 P0_1 引脚）、脉冲控制线（STEP，连接到 CC2530 的 P0_0 引脚）。

2）软件协议设计

ZigBeeMotor 工程实现了农业遮阳控制系统，具有以下功能：

（1）节点入网后，每 20 s 上报一次步进电机的状态。

（2）应用层可以下行发送查询指令查看步进电机状态。

（3）应用层可以下行发送控制指令让步进电机进行相应的操作。

ZigBeeMotor 工程采用类 JOSN 格式的通信协议（{[参数]=[值],[参数]=[值]…}），如表 2.16 所示。

表 2.16　通信协议

数据方向	协议格式	说明
上行（节点往应用层发送数据）	{motorStatus=X}	X 为 1 表示步进电机正转状态，X 为 0 表示步进电机反转状态
下行（应用层往节点发送指令）	{motorStatus=?}	查询当前步进电机状态，返回{motorStatus= X}，X 为 1 表示步进电机正转状态，X 为 0 表示步进电机反转状态
下行（应用层往节点发送指令）	{cmd= X}	步进电机控制指令，X 为 1 表示控制步进电机正转，X 为 0 表示控制步进电机反转

2. 功能实现

1）农业遮阳系统应用程序分析

ZigBeeMotor 工程基于智云框架开发，实现了步进电机的远程控制、步进电机当前状态的查询、步进电机状态的循环上报、无线数据的封包和解包等功能。下面详细分析农业遮阳系统中控制类传感器的应用程序。

（1）传感器应用程序部分：在 sensor.c 文件中实现，包括传感器（步进电机）初始化函数（sensorInit()）、节点入网调用函数（sensorLinkOn()）、传感器状态上报函数（sensorUpdate()）、传感器控制函数（sensorControl()）、处理下行的用户指令函数（ZXBeeUserProcess()）、用户事件处理函数（MyEventProcess()）。

（2）传感器驱动：在 stepmotor.c 文件中实现，实现步进电机初始化、步进电机正转、步进电机反转等功能。

（3）无线数据包收发处理：在 zxbee-inf.c 文件中实现，包括 ZigBee 无线数据包的收发函数。

（4）无线数据的封包、解包：在 zxbee.c 文件中实现，封包函数为 ZXBeeBegin()、ZXBeeAdd(char* tag, char* val)、ZXBeeEnd(void)，解包函数为 ZXBeeDecodePackage(char *pkg, int len)。

2）农业遮阳系统应用程序设计

农业遮阳系统属于控制类传感器的应用，主要完成远程设备的下行控制。

（1）传感器初始化。在 ZStack 协议栈初始化完成后触发 ZB_ENTRY_EVENT 事件来调用传感器初始化函数。

```
void zb_HandleOsalEvent( uint16 event )
{
    if (event & ZB_ENTRY_EVENT) {
        ……
        sensorInit();                                        //传感器初始化
    }
    ……
}
```

在 sensor.c 文件中的 sensorInit()函数用于实现传感器的初始化。

```
void sensorInit(void)
{
    //初始化步进电机源代码
    stepmotor_init();                                        //步进电机初始化

    //启动定时器，触发 MY_REPORT_EVT 事件
    osal_start_timerEx(sapi_TaskID, MY_REPORT_EVT, (uint16)((osal_rand()%10) * 1000));
}
```

（2）传感器状态循环上报：控制类传感器按一定的时间间隔上报传感器状态，保持设备的在线状态通知。当 sensor.c 文件中的 sensorInit()函数初始化传感器之后，会启动一个定时器来触发 MY_REPORT_EVT 事件，在触发 MY_REPORT_EVT 事件后调用 AppCommon.c 文件中的 zb_HandleOsalEvent() 函数来处理用户事件，并调用 sensor.c 文件中的 MyEventProcess(event)函数，在该函数内调用 sensorUpdate()函数进行传感器状态上报，并再次启动一个定时器来触发 MY_REPORT_EVT 事件，从而实现传感器状态的循环上报。

```
void MyEventProcess( uint16 event )
{
    if (event & MY_REPORT_EVT) {
        sensorUpdate();                                      //传感器状态定时上报
        //启动定时器，触发 MY_REPORT_EVT 事件
        osal_start_timerEx(sapi_TaskID, MY_REPORT_EVT, 20*1000);
    }
}
```

调用 sensor.c 文件中的 sensorUpdate()函数实现传感器状态的上报。

```
void sensorUpdate(void)
{
    char pData[16];
```

```
        char *p = pData;

        ZXBeeBegin();                                        //智云数据帧头
        //更新传感器状态
        sprintf(p, "%u", motorStatus);
        ZXBeeAdd("motorStatus", p);

        p = ZXBeeEnd();                                      //智云数据帧尾
        if (p != NULL) {
            //将需要上报的数据打包，通过 zb_SendDataRequest()发送到协调器
            ZXBeeInfSend(p, strlen(p));
        }
    }
```

（3）节点入网处理：节点入网后，ZStack 协议栈会调用 AppCommon.c 文件中的
zb_StartConfirm()函数进行入网确认处理，该函数会调用 sensor.c 文件中的 sensorUpdate()函数
对传感器状态进行上报。

```
    void sensorLinkOn(void)
    {
        sensorUpdate();
    }
```

（4）处理无线下行控制指令：当 ZStack 协议栈接收到发送过来的下行数据包时，会调用
AppCommon.c 文件中的 zb_ReceiveDataIndication()函数进行处理，接着调用 zxbee-inf.c 文件
中的 ZXBeeInfRecv()函数对无线数据包进行解包，并将解包后的数据发送给应用层。

```
    void ZXBeeInfRecv(char *pkg, int len)
    {
        char *p = ZXBeeDecodePackage(pkg, len);
        if (p != NULL) {
            ZXBeeInfSend(p, strlen(p));
        }
    }
```

zxbee.c 文件中的 ZXBeeDecodePackage()函数用于对接收到的无线数据包进行指令解析，
先调用 zxbee-sys-command.c 文件中的 ZXBeeSysCommandProc()函数进行系统指令处理，再
调用 sensor.c 文件中的 ZXBeeUserProcess()函数进行用户指令处理，在该函数内实现了当前传
感器状态的查询、控制指令的处理等操作。

```
    int ZXBeeUserProcess(char *ptag, char *pval)
    {
        int val;
        int ret = 0;
        char pData[16];
        char *p = pData;
```

```
        //将字符串变量 pval 解析转换为整型变量赋值
        val = atoi(pval);
        //控制指令解析
        if (0 == strcmp("cmd", ptag)){                              //步进电机的控制指令
            sensorControl(val);
        }
        if (0 == strcmp("motorStatus", ptag)){                      //查询控制指令编码
            if (0 == strcmp("?", pval)){
                ret = sprintf(p, "%u", motorStatus);
                ZXBeeAdd("motorStatus", p);
            }
        }

    return ret;
}
```

（5）传感器控制：在收到控制指令后，会调用 sensor.c 文件中的 sensorControl()函数进行处理。

```
void sensorControl(uint8 cmd)
{
    //根据 cmd 参数调用对应的控制程序
    if(cmd == 1){
        if(motorStatus != 1) {                                     //步进电机正转
            motorStatus = 1;
            forward(5000);
        }
    } else if(cmd == 0){
        if(motorStatus != 0) {                                     //步进电机反转
            motorStatus = 0;
            reversion(5000);
        }
    }
}
```

3）农业遮阳系统驱动程序的设计

传感器驱动程序是在 stepmotor.c 文件中实现的，主要实现步进电机初始化、步进电机正转、步进电机反转等功能。传感器驱动程序如表 2.17 所示。

表 2.17　传感器驱动程序

函 数 名 称	函 数 说 明
stepmotor_init()	步进电机初始化
forward()	控制步进电机正转
reversion()	控制步进电机反转
step()	步进电机单步转动一次

（1）相关头文件。

```
/*********************************************************************
* 宏定义
*********************************************************************/
#define    CLKDIV    ( CLKCONCMD & 0x07 )
#define    PIN_STEP    P0_0
#define    PIN_DIR     P0_1
#define    PIN_EN      P0_2
```

（2）步进电机控制器硬件初始化。

```
/*********************************************************************
* 名    称：stepmotor_init()
* 功    能：初始化步进电机
*********************************************************************/
void stepmotor_init(void)
{
    APCFG &= ~0x01;                  //模拟 I/O 使能
    P0SEL &= ~0X07;                  //配置 P0_0、P0_1 和 P0_2 为输出引脚
    P0DIR |= 0X07;
    PIN_EN = 1;
}
```

（3）控制步进电机正转。

```
/*********************************************************************
* 名    称：forward()
* 功    能：步进电机正转
*********************************************************************/
void forward(int data)
{
    dir = 0;                         //设置步进电机方向
    PIN_EN = 0;
    step(dir, data);                 //启动步进电机
    PIN_EN = 1;
}
```

（4）控制步进电机反转。

```
/*********************************************************************
* 名    称：reversion()
* 功    能：步进电机反转
*********************************************************************/
void reversion(int data)
{
    dir = 1;                         //设置步进电机方向
    PIN_EN = 0;
    step(dir, data);                 //启动步进电机
```

```
        PIN_EN = 1;
}
```

（5）控制步进电机转动一次。

```
/*********************************************************************
 * 名    称：step(int dir,int steps)
 * 功    能：步进电机单步运行
 *********************************************************************/
void step(int dir,int steps)
{
    int i;
    if (dir) PIN_DIR = 1;                    //设置步进电机方向
    else PIN_DIR = 0;
    delay_us(5);                             //时延 5 μs
    for (i=0; i<steps; i++){                  //步进电机旋转
        PIN_STEP = 0;
        delay_us(80);
        PIN_STEP = 1;
        delay_us(80);
    }
}
```

3. 开发验证

（1）运行 ZigBeeMotor 工程，通过 IAR 集成开发环境的进行程序的开发和调试，工程调试如图 2.62 所示，设置断点可以理解程序调用关系。控制类节点的实物如图 2.63 所示。

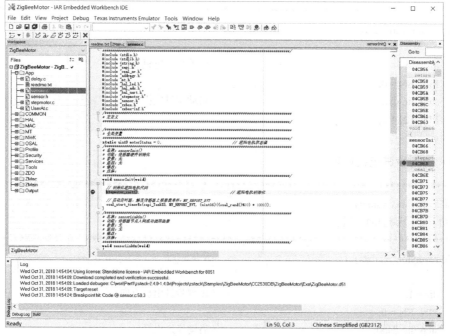

图 2.62　工程调试

图 2.63 控制类节点的实物

（2）根据程序设定，每 20 s 上报一次传感器状态到应用层。

（3）通过 ZCloudTools 工具发送传感器状态查询指令（{motorStatus=?}），节点响应接收到的指令后将传感器当前状态返回应用层。

（4）通过 ZCloudTools 工具发送控制指令，步进电机正转指令为{cmd=1}，步进电机反转指令为{cmd=0}，如图 2.64 所示，节点响应接收到的指令后会控制步进电机执行相应的动作。

图 2.64 发送控制指令

验证效果如图 2.65 所示。

图 2.65　验证效果

2.5.4　小结

本节先介绍了 ZigBee 控制类程序的逻辑，以及通信协议的功能和数据格式，然后介绍了控制类传感器应用程序接口，以及无线数据包收发函数、无线数据的封包与解包函数，最后通过 ZigBee 农业遮阳系统的开发实践，分析系统软/硬件架构，帮助读者掌握 ZigBee 控制类应用程序的逻辑与接口、控制类通信协议的设计、步进电机的驱动，以及系统的组网与调试。

2.5.5　思考与拓展

（1）ZigBee 的远程设备控制应用场景有哪些？

（2）ZigBee 的数据接收使用了哪些接口？

（3）尝试实现农业排风系统的排风扇控制。

（4）控制类节点为什么要定时上报传感器状态？

（5）尝试修改程序，实现控制类传感器在控制完成后立即返回一次传感器状态。

（6）尝试修改程序，实现步进电机连续正转、连续反转、停止转动三态控制逻辑操作。

2.6　ZigBee 农业报警系统开发与实现

智慧农业系统的功能之一就是能够实时调节农作物的生长环境，因此需要一套安全保障措施，如消防安全、安防安全，以及环境调节超出了其能力极限时的报警等。远程环境监测站如图 2.66 所示。

图 2.66　远程环境监测站

本节主要讲述安防类程序的开发，通过 ZigBee 农业报警系统，帮助读者理解 ZigBee 安防类程序逻辑、安防类传感器应用程序接口。

2.6.1　学习与开发目标

（1）知识目标：ZigBee 远程设备报警应用场景、ZigBee 数据接收与发送机制、ZigBee 数据接收与发送接口、ZigBee 安防类程序通信协议。

（2）技能目标：理解 ZigBee 远程设备报警应用场景、掌握 ZigBee 数据接收与发送接口的使用、掌握 ZigBee 安防类程序通信协议的设计。

（3）开发目标：构建 ZigBee 农业报警系统。

2.6.2　原理学习：ZigBee 安防类程序接口

1. ZigBee 安防类程序逻辑分析和安防类通信协议的设计

1）ZigBee 安防类程序逻辑分析

ZigBee 远程设备报警有很多应用场景，如非法人员闯入报警、环境参数超过阈值报警、城市低洼涵洞隧道内涝报警、桥梁振动位移报警、车辆内人员滞留报警等。ZigBee 远程设备报警的应用场景众多，但要如何实现安防类程序的设计呢？下面将对安防类程序逻辑进行分析。

安防类程序的逻辑如图 2.67 所示，具体如下：

● 定时获取安防类节点安全信息并上报；

● 当安防类节点监测到报警信息时系统能够迅速上报；

● 当报警信息解除时系统能够恢复正常；

● 当接收到查询指令时安防类节点能够响应指令并反馈安全信息。

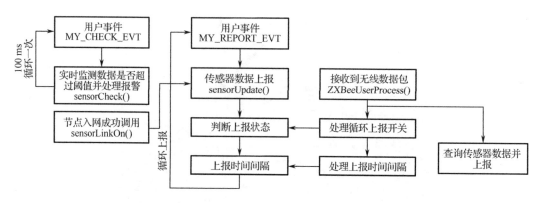

图 2.67 安防类程序的逻辑

下面对着四类逻辑事件进行分析。

（1）**定时获取安防类节点安全信息并上报**：在监测系统中，远程设备需要不断了解安防类节点采集的安全信息，只有不断更新安全信息，系统的持续安全性才能得到保障，如果安全信息不能够持续更新，则在设备节点出现故障或被人为破坏时将造成危险后果，因此安全信息的持续上报，可以降低系统安全的不确定性。

（2）**当安防类节点监测到报警信息时系统能够迅速上报**：一个安防类节点如果不能够及时上报报警信息，则该节点的报警功能是失效的。例如，如果农业大棚中出现火情，此时火灾的报警信息就变得尤为重要，如果报警信息不能够及时上报，将造成巨大的经济损失，所以报警信息的及时上报是安防类节点的关键功能。

（3）**当报警信息解除时系统能够恢复正常**：在物联网系统中，设备往往都不是一次性的，很多设备都要重复利用。当报警信息解除后，系统能够恢复正常就需要安防类节点能够发出安全信息让系统从危险警戒状态退出。

另外，安防类节点的安全信息与报警信息的发送的实时性也不同，安全信息可以在一段时间内更新一次，如半分钟或一分钟。而报警信息则相对紧急，报警信息的上报要保持在每秒进行一次，也就是要对报警信息的变化进行实时的监控，以确保对报警信息变化的实时掌握。

（4）**当接收到查询指令时安防类节点能够响应指令并反馈安全信息**：当管理员需要对设备进行调试或者主动查询当前的安全状态时，就需要通过使用远程设备向安防类节点发送查询指令，查询当前的安全状态，用以辅助更新安全信息。

2）**ZigBee 安防类通信协议设计**

一个完整的物联网综合系统，数据贯穿了感知层、网络层、服务层和应用层，数据在这四层之间层层传递，因此需要设计一种合适的通信协议来完成数据的封装与通信。

安防类节点要将报警信息进行打包上报，并能够让远程设备识别，或者远程设备向安防类节点发送的信息能够被节点响应，就需要定义一套通信协议，这套通信协议对于安防类节点和远程设备都是约定好的。只有在这样一套协议下，才能够建立和实现安防类节点与远程设备之间的数据交互。安防类程序通信协议如表 2.18 所示。

表2.18　安防类程序通信协议

数 据 方 向	协 议 格 式	说 明
上行（节点往应用层发送数据）	{sensorValue=X}、{sensorStatus=Y}	X 表示采集的传感器数据，Y 表示安防报警状态
下行（应用层往节点发送指令）	{sensorValue=?}、{sensorStatus=?}	（1）查询传感器数据，返回{sensorValue=X}，X 表示传感器数据。（2）查询安防报警状态，返回{sensorStatus=Y}，Y 为 1 表示报警，Y 为 0 表示正常

2. ZigBee 安防类程序接口分析

1）ZigBee 传感器应用程序接口

传感器应用程序是在 sensor.c 文件中实现的，包括传感器初始化函数（sensorInit()）、节点入网调用函数（sensorLinkOn()）、传感器数据和报警状态的上报函数（sensorUpdate()）、传感器报警实时监测并处理（sensorCheck()）、处理下行的用户指令函数（ZXBeeUserProcess()）、用户事件处理函数（MyEventProcess()），如表 2.19 所示。

表2.19　传感器应用程序接口

函 数 名 称	函 数 说 明
sensorInit()	传感器初始化
sensorLinkOn()	节点入网成功后调用
sensorUpdate()	上报传感器实时数据和报警状态
sensorCheck()	实时监测传感器数据和报警状态，并实时上报报警状态和数据
ZXBeeUserProcess()	解析接收到的下行指令
MyEventProcess()	用户事件处理

远程设备报警功能基于无线传感器网络，在建立无线传感器网络后，进行传感器初始化，同时开启用户定时事件，进行传感器数据的循环上报和传感器阈值的实时监测。根据设计好的通信协议，安防类节点将数据通过智能网关发送到物联网云平台进行数据处理，最终调用应用程序进行交互。远程设备报警功能需要实时监测传感器数据，并判断是否超出阈值，根据判断结果进行报警通知。

安防类传感器应用程序流程如图 2.68 所示。

2）ZigBee 无线数据包收发

无线数据包收发处理是在 zxbee-inf.c 文件中实现的，详见 2.4.2 节。

3）ZigBee 无线数据包解析

针对特定的通信协议，需要对无线数据进行封包、解包操作，无线数据的封包、解包相关函数在 zxbee.c 文件中实现，详见 2.4.2 节。

4）ZigBee 农业报警系统设计

农业报警系统是智慧农业应用中的一个子系统，主要实现对农作物生长环境的监测，并根据设定的报警阈值进行实时监测报警，以便对农作物生产进行灾害预防和管理。

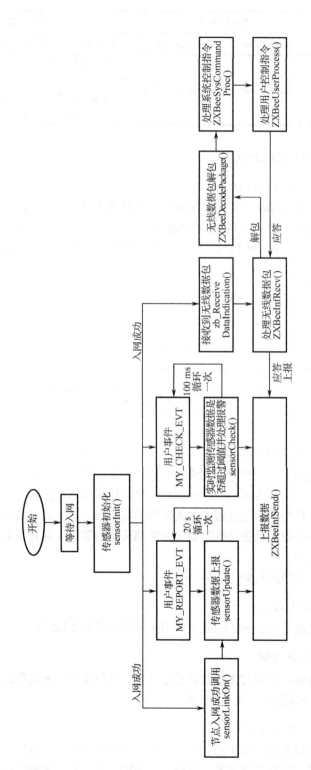

图2.68 安防类传感器应用程序流程

农业报警系统基于 ZigBee 网络，通过携带了光照度传感器的 ZigBee 节点，将采集到的数据通过智能网关发送到物联网云平台，最终通过智慧农业系统进行光照度数据的采集、数据展现和超阈报警。农业报警系统如图 2.69 所示。

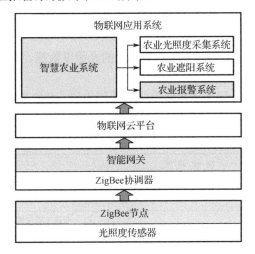

图 2.69　农业报警系统

2.6.3　开发实践：ZigBee 农业报警系统设计

1. 开发设计

项目开发目标：农业报警系统是保证农作物正常生长的重要环节，本节以此为例学习安防类程序的开发，学习并掌握安防类程序逻辑和接口的使用。

为了满足对安防类程序接口的充分使用，基于 ZigBee 网络的农业报警系统的节点携带了光照度传感器。光照度传感器采用的是 BH1750FVI-TR 型光敏传感器，通过 IIC 总线和 CC2530 通信。系统定时采集并上报光照度数据，同时添加了光照度阈值监控功能。当监测到光照度数据超出阈值时，系统会发出报警信息，报警信息每 3 s 发送一次。当远程设备发出查询指令时，节点能够执行指令并反馈光照度数据。当系统查询光照度数据时，节点能够执行指令并返回系统光照度数据。

农业报警系统的实现可分为两个部分，分别为硬件功能设计和软件协议设计。

1）硬件功能设计

根据前文的分析，为了实现对农业报警系统的模拟，使用 BH1750FVI-TR 型光敏传感器定时获取光照度数据并上报，以此完成数据的发送。农业报警系统硬件框图如图 2.70 所示。

从图 2.70 中可以得知，BH1750FVI-TR 型光敏传感器通过 IIC 总线与 CC2530 进行通信。BH1750FVI-TR 型光敏传感器硬件连接见 2.4.3 节。

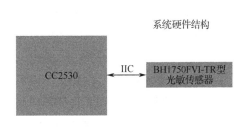

图 2.70　农业报警系统硬件框图

2）软件协议设计

ZigBeeLightFlag 工程实现了农业报警系统，具有以下功能：

（1）节点入网后，每 20 s 上报一次光照度数据。

（2）程序每 100 ms 监测一次光照度数据，并判断光照度数据是否超过设定的阈值，若超过则每 3 s 上报一次报警状态。

（3）应用层可以下行发送查询指令读取最新的光照度数据、光照度数据超过阈值的报警状态。

ZigBeeLightFlag 工程采用类 JOSN 格式的通信协议（{[参数]=[值],[参数]=[值]…}），如表 2.20 所示。

表 2.20　通信协议

数 据 方 向	协 议 格 式	说　　明
上行（节点往应用层发送数据）	{lightIntensity=X}、{lightStatus=Y}	X 表示采集到的光照度数据，Y 表示光照度传感器的报警状态
下行（应用层往节点发送指令）	{lightIntensity=?}、{lightStatus=?}	（1）查询光照度数据，返回 {lightIntensity=X}，X 表示采集到的光照度数据。 （2）查询光照度传感器报警状态，返回 {lightStatus=Y}，Y 为 1 表示光照度数据超过阈值，Y 为 0 表示光照度数据正常

2．功能实现

1）农业报警系统程序分析

ZigBeeLightFlag 工程基于智云框架开发，实现了光照度数据的实时监测和报警、当前光照度数据和报警状态的查询、当前光照度数据的循环上报、无线数据的封包、解包等功能。下面详细分析安防类程序逻辑。

（1）传感器应用程序部分：在 sensor.c 文件中实现，包括传感器初始化函数（sensorInit()）、节点入网调用函数（sensorLinkOn()）、传感器数据和报警状态的上报函数（sensorUpdate()）、传感器报警实时监测处理（sensorCheck()）、处理下行的用户指令函数（ZXBeeUserProcess()）、用户事件处理函数（MyEventProcess()）。

（2）光照度传感器驱动：在 BH1750.c 文件中实现，通过调用 IIC 总线实现对传感器实时数据的获取。

（3）无线数据包收发处理：在 zxbee-inf.c 文件中实现，包括 ZigBee 无线数据包的收发函数。

（4）无线数据的封包、解包：在 zxbee.c 文件中实现，封包函数为 ZXBeeBegin()、ZXBeeAdd(char* tag, char* val)、ZXBeeEnd(void)，解包函数为 ZXBeeDecodePackage(char *pkg, int len)。

2）农业报警系统应用设计

农业报警系统属于安防类传感器应用，主要完成传感器数据的实时监测和上报报警。

（1）传感器初始化：在 ZStack 协议栈初始化完成后，触发 ZB_ENTRY_EVENT 事件来调用传感器初始化函数。

```
void zb_HandleOsalEvent( uint16 event )
{
    if (event & ZB_ENTRY_EVENT) {
        ......
        sensorInit();                                          //传感器初始化
    }
    ......
}
```

在 sensor.c 文件中的 sensorInit()函数中实现传感器的初始化。

```
void sensorInit(void)
{
    bh1750_init();                                            //光照度传感器初始化

    //启动定时器，触发 MY_REPORT_EVT 事件
    osal_start_timerEx(sapi_TaskID, MY_REPORT_EVT, (uint16)((osal_rand()%10) * 1000));
    //启动定时器，触发 MY_CHECK_EVT 事件
    osal_start_timerEx(sapi_TaskID, MY_CHECK_EVT, 100);
}
```

（2）传感器数据和报警状态循环上报：传感器负责定时上报所采集的数据和报警状态，在 sensor.c 文件中的 sensorInit()函数完成传感器的初始化后，启动一个定时器来触发 MY_REPORT_EVT 事件，在触发 MY_REPORT_EVT 事件后调用 AppCommon.c 文件中的 zb_HandleOsalEvent()函数来处理用户事件，并调用 sensor.c 文件中的 MyEventProcess(event) 函数，该函数内调用 sensorUpdate()进行传感器数据和报警状态的上报，并再次启动一个定时器来触发 MY_REPORT_EVT 事件，从而实现传感器数据和报警状态的循环上报。

```
void sensorUpdate(void)
{
    char pData[16];
    char *p = pData;

    //光照度数据采集
    updateLightIntensity();

    ZXBeeBegin();                          //帧头

    //更新光照度数据
    sprintf(p, "%.1f", lightIntensity);
    ZXBeeAdd("lightIntensity", p);

    //更新 lightStatus 的值
    sprintf(p, "%u", lightStatus);
    ZXBeeAdd("lightStatus", p);
```

```
        p = ZXBeeEnd();                        //帧尾
        if (p != NULL) {
            ZXBeeInfSend(p, strlen(p));        //将需要上报的数据打包, 并通过 zb_SendDataRequest()发送到协
调器
        }
    }
```

（3）传感器阈值实时监测及报警处理：在 sensor.c 文件中的 sensorInit()函数完传感器初始化后，会启动一个 100 ms 的定时器来触发 MY_CHECK_EVT 事件，在触发 MY_CHECK_EVT 事件后调用 AppCommon.c 文件中的 zb_HandleOsalEvent()函数来处理用户事件，并调用 sensor.c 文件中的 MyEventProcess(event)函数，该函数内调用 sensorCheck()进行光照度数据的实时监测和阈值判断，并再次启动一个定时器来触发 MY_CHECK_EVT 事件，从而实现传感器数据的实时循环上报。

```
    void sensorCheck(void)
    {
        static char lastlightStatus=0;
        static uint32 ct0=0;
        char pData[16];
        char *p = pData;

        //报警状态采集
        updateLightIntensity();
        ZXBeeBegin();
        //报警状态监测
        if (lastlightStatus != lightStatus || (ct0 != 0 && osal_GetSystemClock() > (ct0+3000))) {
            sprintf(p, "%u", lightStatus);
            ZXBeeAdd("lightStatus", p);
            ct0 = osal_GetSystemClock();
            if (lightStatus == 0) {
                ct0 = 0;
            }
            lastlightStatus = lightStatus;
        }

        p = ZXBeeEnd();
        if (p != NULL) {
            int len = strlen(p);
            ZXBeeInfSend(p, len);
        }
    }
```

在 sensorCheck()函数中，程序会判断当前实时的传感器数据是否超过了设定的阈值，如

果超过阈值，则每 3 s 上报一次报警状态；如果不超过阈值，则在状态翻转后仅上报一次。

（4）节点入网处理：节点入网后，ZStack 协议栈会调用 AppCommon.c 文件中的 zb_StartConfirm()函数进行入网确认处理，该函数调用 sensor.c 文件中的 sensorUpdate()函数上报传感器数据。

```
void sensorLinkOn(void)
{
    sensorUpdate();
}
```

（5）处理下行的无线数据包：当 ZStack 协议栈接收到发送过来的下行数据包时，会调用 AppCommon.c 文件中的 zb_ReceiveDataIndication()函数来处理，在该函数中会调用 zxbee-inf.c 文件中的 ZXBeeDecodePackage()函数对无线数据包进行解包，并将解包后的数据发送给应用层。

```
void ZXBeeInfRecv(char *pkg, int len)
{
    char *p = ZXBeeDecodePackage(pkg, len);
    if (p != NULL) {
        ZXBeeInfSend(p, strlen(p));
    }
}
```

zxbee.c 文件中的 ZXBeeDecodePackage()函数用于对接收到的无线数据包进行解包，先调用 zxbee-sys-command.c 文件中的 ZXBeeSysCommandProc()函数进行系统指令处理，再调用 sensor.c 文件中的 ZXBeeUserProcess()函数进行用户指令处理。

```
int ZXBeeUserProcess(char *ptag, char *pval)
{
    int ret = 0;
    char pData[16];
    char *p = pData;

    //控制指令解析
    if (0 == strcmp("lightIntensity", ptag)){          //查询执行指令编码
        if (0 == strcmp("?", pval)){
            updateLightIntensity();
            ret = sprintf(p, "%.1f", lightIntensity);
            ZXBeeAdd("lightIntensity", p);
        }
    }
    if (0 == strcmp("lightStatus", ptag)){             //查询执行指令编码
        if (0 == strcmp("?", pval)){
            updateLightIntensity();
```

```
                        ret = sprintf(p, "%u", lightStatus);
                        ZXBeeAdd("lightStatus", p);
                    }
                }

                return ret;
            }
```

3）农业报警系统驱动设计

农业报警系统采用 BH1750FVI-TR 型光敏传感器作为光照度传感器来采集，其驱动程序是在 BH1750.c 文件中实现的，CC2530 通过 IIC 总线获取光照度数据。具体内容请参考 2.4.3 节。

3. 开发验证

（1）运行 ZigBeeLightFlag 工程，通过 IAR 集成开发环境进行程序的开发和调试，工程调试如图 2.71 所示，设置断点可以帮助读者理解程序的调用关系。

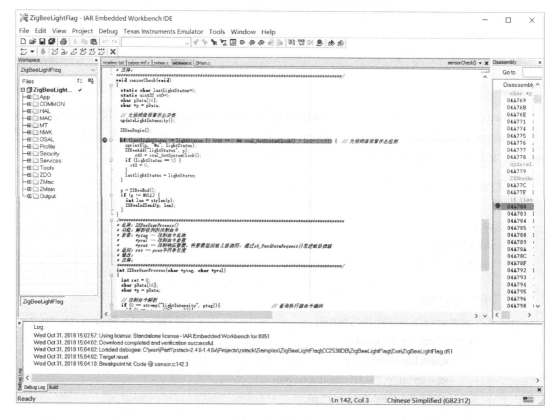

图 2.71　工程调试

（2）根据程序设定，节点每 20 s 上报一次传感器数据和报警状态到应用层，同时通过 ZCloudTools 工具发送查询指令（{lightIntensity=?,lightStatus=?}），如图 2.72 所示，程序接收到指令后将传感器数据和报警状态反馈到应用层。

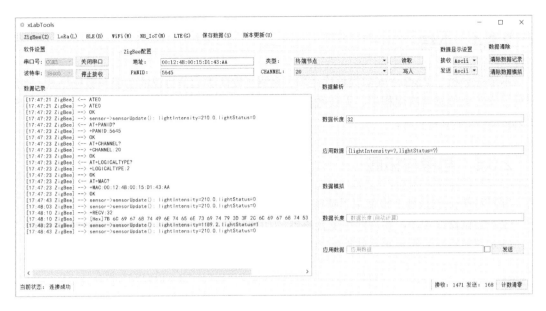

图 2.72　发送查询指令

（3）通过手机的"手电筒"可以改变传感器的数据，当光照度超过 800 Lux 时，在 ZCloudTools 工具中会每 3 s 收到一次报警信息（{lightStatus=1}）。

（4）通过手机"手电筒"改变光照传感器光照度数据，理解安防类传感器应用程序的应用。

验证效果如图 2.73 所示。

图 2.73　验证效果

2.6.4　小结

本节先分析了 ZigBee 安防类程序逻辑，介绍了安防类通信协议的功能和数据格式，然后介绍了安防类传感器应用程序、无线数据包收发程序、无线数据封包与解包程序，最后构建了 ZigBee 农业报警系统。

2.6.5　思考与拓展

（1）ZigBee 的报警上报使用了哪些接口？

（2）尝试修改程序，实现温湿度传感器的超阈报警。

（3）理解实时监测传感器数据的函数。

第**3**章

BLE无线通信技术应用开发

蓝牙技术是一种支持设备之间进行短距离无线通信的技术，工作在全球通用的 2.4 GHz 的 ISM（工业、科学、医学）频段，采用快跳频和短数据包技术，支持点对点及点对多点通信方式，其数据传输速率为 1 Mbps，采用时分双工传输方案实现了全双工传输。特别是 2010 年 6 月蓝牙技术联盟提出的蓝牙版本，其最大的特色体现在电池续航时间、节能和设备种类三个方面。低功耗蓝牙（BLE）技术具有低成本、跨厂商互操作性、3 ms 低时延、100 m 以上超长传输距离、采用 AES-128 加密等诸多特色，使无线连接具有超低的功耗和较高的稳定性，使用一粒纽扣电池可以工作数年之久，满足低功耗的要求。BLE 和传统蓝牙的五大区别如下：

- BLE 的发送和接收任务会以最快的速度完成，完成之后 BLE 会暂停发送任务（但还会接收），等待下一次连接时再激活；传统蓝牙是一直保持连接的。
- BLE 的广播信道（为保证网络不互相干扰而划分）仅有 3 个，传统蓝牙有 32 个。
- BLE 完成一次连接（即扫描其他设备、建立链路、发送数据、认证和适时结束）只需 3 ms；传统蓝牙完成相同的连接则需要数百毫秒。
- BLE 使用非常短的数据包，多应用于实时性要求比较高，但是数据传输速率比较低的设备，如遥控类设备（如键盘、遥控鼠标）和传感器的数据发送等。
- BLE 的功耗低，一般发送功耗为+4 dBm，在空旷的场所，传输距离可达到 70 m。

本章通过 BLE 在智能家居中的应用，帮助读者掌握 BLE 网络知识、开发工具的使用、应用程序的开发等，并能够设计智能家居的一些基本应用场景。基于 BLE 技术的智能家居就是将物联网技术运用到传统家居中去，实现家居环境的自动监控。

本章基于 BLE 无线通信技术进行产品设计，共分 6 个部分：

（1）BLE 无线通信技术开发基础，分析 BLE 网络的特征、应用、架构；

（2）BLE 无线通信技术开发平台和开发工具，分析 BLE 网络的常用芯片 CC2540，以及 CC2540 开发环境的安装使用、工程创建、常用工具的使用。

（3）BLE 协议栈解析与应用开发，分析 BLE 协议栈工作流程与智云框架。

（4）BLE 智能家居湿度采集系统开发与实现，分析 BLE 采集类程序开发接口，并进行 BLE 智能家居湿度采集系统程序开发。

（5）BLE 智能家居灯光控制系统开发与实现，分析 BLE 控制类程序开发接口，并进行 BLE 智能家居灯光控制系统程序开发。

（6）BLE 智能家居门磁报警系统开发与实现，分析 BLE 安防类程序开发接口，并进行 BLE 智能家居门磁报警系统程序开发。

3.1 BLE 无线通信技术开发基础

BLE 技术是物联网的无线通信技术重要组成部分，BLE 的典型应用如图 3.1 所示。

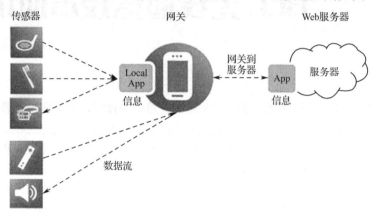

图 3.1 BLE 的典型应用

本节主要介绍 BLE 概念、BLE 网络架构、BLE 的组网过程，最后构建 BLE 智能家居系统。

3.1.1 学习与开发目标

（1）知识目标：BLE 网络特征、BLE 技术架构、BLE 网络架构。

（2）技能目标：了解和掌握 BLE 网络特征，了解 BLE 网络的应用场景。

（3）开发目标：通过智能家居系统了解 BLE 网络的网络参数、网络架构、节点类型以及应用场景。

3.1.2 原理学习：低功耗蓝牙

1. BLE 网络概述

1）BLE 概述

低耗能蓝牙（BLE）是蓝牙最新的规范标准，BLE 技术包含三个部分：控制器部分、主机部分与应用规范部分。BLE 技术主要有以下三个特点：待机时间长、连接速度快以及发射和接收功耗低。这些特点决定了它的超低功耗性能，使用标准纽扣电池可以工作数年。另外，（BLE）技术还具有低成本、多种设备之间的互连等优点。

BLE 技术应用在 2.4 GHz 的 ISM 频段，采用可变连接时间间隔技术，这个时间间隔根据具体应用可以设置为几毫秒到几秒。另外，由于 BLE 技术采用非常快速的连接方式，因此平时可以处于非连接状态，此时链路两端相互间只是知晓对方，只有在必要时才开启链路，然后在尽可能短的时间内完成传输并关闭链路。图 3.2 所示为 BLE 网络架构。

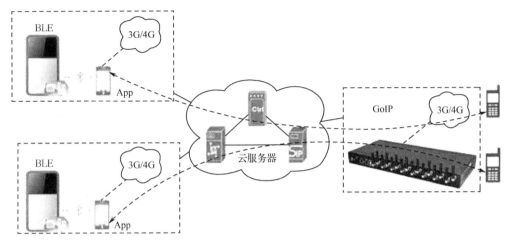

图 3.2　BLE 网络架构

BLE 技术适合用于微型无线传感器（每半秒交换一次数据）或使用完全异步通信的遥控器等设备的数据传输。这些设备传输的数据量非常少（通常几个字节），而且发送次数也很少（如每秒几次到每分钟一次，甚至更少）。

2）跳频技术

蓝牙的工作频率为 2400～2483.5 MHz（包括防护频带），这是在全球范围内无须取得执照（但并非无管制的）的工业、科学和医疗（ISM）用的 2.4 GHz 短距离无线电频段。

蓝牙使用跳频技术，将传输的数据分割成数据包，传统蓝牙通过 79 个指定的蓝牙信道传输数据包，每个信道的带宽为 1 MHz。BLE 使用 2 MHz 的带宽，可容纳 40 个信道，第一个信道始于 2402 MHz，每 2 MHz 一个信道，直到 2480 MHz，40 个信道分为 3 个广播信道和 37 个数据信道。BLE 采用自适应跳频技术，通常每秒跳 1600 次。BLE 信道分配如图 3.3 所示。

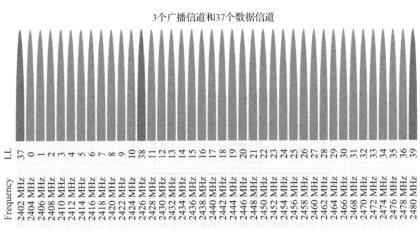

图 3.3　BLE 信道分配

3）BLE 网络优点

（1）高可靠性。蓝牙技术联盟在制定 BLE 规范时，对数据传输过程中的链路管理协议、射频协议、基带协议采取了可靠性措施，包括差错检测和校正、数据编/解码、差错控制等，极大地提高了无线数据传输的可靠性。另外，BLE 使用自适应跳频技术，最大限度地减少和其他频段的串扰。

（2）低成本、低功耗。BLE 技术支持两种模式：双模式和单模式。在双模式中，BLE 技术可以集成在现有的传统蓝牙控制器中，或在现有传统蓝牙芯片上加入低功耗堆栈，整体架构基本不变，可降低成本。与传统蓝牙不同，BLE 技术采用深度睡眠状态来代替传统蓝牙的空闲状态，在深度睡眠状态下，主机长时间处于超低负载的循环状态，只有在需要运行时才由蓝牙控制器来启动，功耗较传统蓝牙降低了 90%。

（3）低时延。传统蓝牙的启动连接时间需要 6 s，而 BLE 仅需要 3 ms。

（4）传输距离得到了极大提高。传统蓝牙的传输距离为 2～10 m，而 BLE 的有效传输距离可达到 60～100 m，传输距离的提高极大地开拓了蓝牙技术的应用前景。

（5）低吞吐量。BLE 支持 1 Mbps 的空中数据速率，但吞吐量只有 256 kbps。

2. BLE 技术架构和网络架构

1）BLE 技术架构

传统蓝牙技术使用的数据包较长，在发送这些较长的数据包时，无线设备必须在功耗相对较高的状态保持较长的时间，容易使硅片发热。这种发热将改变材料的物理特性和传输频率（中断链路），频繁地对无线设备进行再次校准将需要更多的功耗（并且要求闭环架构）。BLE 技术架构如图 3.4 所示。

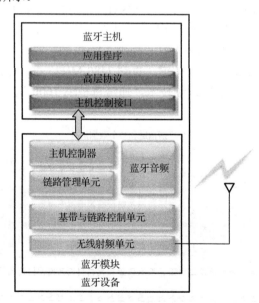

图 3.4　BLE 技术架构

（1）无线射频单元：负责数据和语音的发送和接收，特点是短距离、低功耗。蓝牙天线一般体积小、质量轻，属于微带天线。

（2）基带与链路控制单元：进行射频信号与数字或语音信号的相互转化，实现基带协议和底层的连接。

（3）链路管理单元：负责管理蓝牙设备之间的通信，实现链路的建立、验证、配置等操作。

（4）蓝牙软件协议实现，属于高层协议。

2）BLE 网络架构

蓝牙技术联盟推出了蓝牙协议栈规范，其目的是为了使不同厂商之间的蓝牙设备能够在硬件和软件两个方面相互兼容，能够实现互操作。为了能够实现远端设备之间的互操作，待互连的设备（服务器与客户端）需要运行在同一协议栈。对于不同的实际应用，会使用蓝牙协议栈中的一层或多层的协议层，而非全部的协议层，但是所有的实际应用都要建立在数据链路层和物理层之上。BLE 协议栈架构如图 3.5 所示。

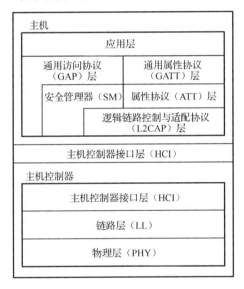

图 3.5　BLE 协议栈架构

（1）BLE 底层协议。BLE 底层协议由链路层协议、物理层协议组成，它是蓝牙协议栈的基础，实现了蓝牙信息数据流的传输链路。

① 物理层协议：主要规定了信道分配、射频频率、射频调制特性等底层特性。BLE 设备工作于 2400～2483.5 MHz 的 2.4 GHz 的 ISM（工业、科学及医学）频段，采用跳频技术减小干扰和衰落，频道中心频率为$(2402+K×2)$ MHz，$K=0～39$，共 40 个信道，其中有 3 个广播信道，37 个数据信道。广播信道用于设备发现、发起连接及数据广播，数据信道用于在已连接设备间进行数据传输。物理层规范还对发射机、接收机的性能和参数，如接收机的干扰性能、带外阻塞性能、交调特性等性能指标做了可量化的规定。

② 链路层（LL）协议：负责管理接收或发送帧的排序和计时，其操作可包含五个状态，分别为就绪态、广播态、扫描态、发起态和连接态。当一个设备建立连接后，只有主机和从机两种角色，从发起态进入连接态的设备为主机，从广播态进入连接态的设备为从机。主、从机相互通信并规定传输时序，从机只能与一个主机通信，而一个主机可以与多个从机通信。在链路层就可能存在多个状态。

- 就绪态：当链路层处于就绪态时，BLE 设备不发送或接收任何数据包，而是等待下一状态的发生。
- 广播态：当链路层处于广播态时，BLE 设备会发送广播信道的数据包，同时监听这些数据包所产生的响应。
- 扫描态：当设备处于扫描态时，BLE 设备会监听其他 BLE 设备（处于广播态）发送的广播信道数据包。
- 发起态：用于对特定的 BLE 设备进行监听及响应。
- 连接态：是指 BLE 设备与其监听到的 BLE 设备进行连接，在该状态下，两个连接的设备分别称为主机和从机。

链路层状态转换图如图 3.6 所示。

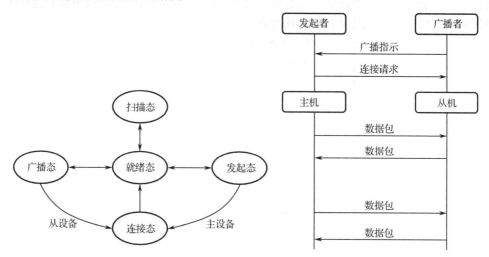

图 3.6　链路层状态转换图

（2）BLE 中间层协议。BLE 中间层协议主要完成数据的解析和重组、服务质量控制等服务，该协议层包括主机控制器接口（HCI）层、逻辑链路控制与适配协议（L2CAP）层。

① 主机控制器接口（HCI）层。主机控制器接口层是介于主机（Host）与主机控制器（Controller）之间的一层协议，它是主机与主机控制器之间的通信桥梁。HCI 层协议的数据收发是以 HCI 指令和 HCI 返回事件的形式实现的，BLE 设备厂商可以依据蓝牙技术联盟的标准 HCI 层协议来开发自己的 HCI 指令集，便于厂商发挥各自的技术优势。HCI 层协议可以通过软件 API 或硬件接口（如 UART、SPI、USB 等）来实现。主机通过 HCI 层向主机控制器的链路管理器发送 HCI 指令，进而执行相应的操作（如设备的初始化，查询、建立连接等）；而主机控制器将链路管理器的 HCI 返回事件通过 HCI 层传递给主机，主机进一步对返回事件进行解析和处理。

② 逻辑链路控制与适配协议层（L2CAP）。逻辑链路控制与适配协议层通过采用多路复用技术、协议分割技术、协议重组技术，向上层的协议层提供定向连接服务以及无连接模式数据服务。同时，该协议层允许高层协议和应用程序收发高层数据包，并允许每个逻辑通道进行数据流的控制和数据重发的操作。

在 BLE 系统中，应用层之间的互操作是通过配置文件实现的。BLE 高层协议的配置文件定义了 BLE 协议栈中从物理层到逻辑链路控制与适配协议层的功能及特点，同时定义了

BLE 协议栈中层与层之间的互操作以及互连设备之间处于指定协议层之间的互操作。

（3）BLE 高层协议。BLE 高层协议包括：通用访问协议层、通用属性协议层、属性协议层。高层协议主要为应用层提供访问底层协议的接口。

① 通用访问协议（GAP）层。GAP 层定义了 BLE 设备系统的基本功能。对于传统蓝牙设备，GAP 层包括射频、基带、链路管理器、逻辑链路控制与适配器、查询服务协议等功能。对于 BLE，GAP 层包括了物理层、链路层、逻辑链路控制与适配器、安全管理器、属性协议以及通用属性协议配置。

GAP 层在 BLE 协议栈中负责设备的访问模式并提供相应的服务程序，这些服务程序包括设备查询、设备连接、中止连接、设备安全管理初始化以及设备参数配置等。

在 GAP 层中，每个 BLE 设备可以有四种工作模式，分别为广播模式、监听模式、从机模式、主机模式。

② 通用属性协议（GATT）层。通用属性协议层建立在属性协议层之上，用于传输和存储属性协议层所定义的数据。在 GATT 层，互连的设备分别被定义为服务器和客户端。服务器通过接收来自客户端的数据发送请求，将数据以属性协议层定义数据格式打包并发送给客户端。

③ 属性协议层。属性协议层定义了互连设备之间的数据传输格式，如数据传输请求、服务查询等。在属性协议层中，服务器与客户端之间的属性表信息是透明的，客户端可以通过服务器属性表中数据的句柄来访问服务器中的数据。

3. BLE 组网方式

BLE 系统采用一种灵活的无基站的组网方式，使得一个 BLE 设备可同时与 7 个其他的 BLE 设备相连接。BLE 系统的网络拓扑结构有两种形式：微微网（Piconet）和分布式网络（Scatternet）。

1）微微网

微微网是通过 BLE 技术以特定方式连接起来的一种微型网络，一个微微网可以只有两台相连的设备，如一台笔记本电脑和一部移动电话，也可以最多 8 台设备。在一个微微网中，所有设备的级别是相同的，具有相同的权限。蓝牙采用自组织组网方式（Ad-Hoc），微微网由主机（Master）（发起连接的设备）和从机（Slaver）构成，有一个主机和最多 7 个从机。主机负责提供时钟同步信号和跳频序列，从机一般是受控同步的设备，由主机控制。微微网的架构如图 3.7 所示。

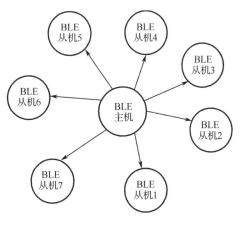

图 3.7　微微网的架构

例如，在手机与耳机间组建的一个简单的微微网，手机作为主机，而耳机充当从机。再如，两个手机间也可以直接应用 BLE 技术进行无线数据传输。办公室的 PC 可以是一个主机，主机负责提供时钟同步信号和跳频序列，从机一般是受控同步的设备，由主机控制，如无线键盘、无线鼠标和无线打印机。在蓝牙组网时，组网的无线终端设备不超过 7 台时，可组建一个微微网。BLE 有两种组网方式，一种是 PC

对 PC 组网；另一种是 PC 对 BLE 接入点组网。

（1）PC 对 PC 组网。在 PC 对 PC 组网方式中，一台 PC 通过有线网络接入互联网，利用蓝牙适配器充当互联网的共享代理服务器，另外一台 PC 通过蓝牙适配器与共享代理服务器组建 BLE 无线网络，充当一个客户端，从而实现无线连接、共享上网的目的。这种方案是在家庭 BLE 技术组网中最具有代表性和最普遍采用的方案，具有很大的便捷性。PC 对 PC 组网如图 3.8 所示。

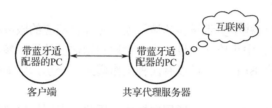

图 3.8　PC 对 PC 组网

（2）PC 对 BLE 接入点组网。在 PC 对 BLE 接入点的组网方式中，BLE 接入点，即 BLE 网关，通过与宽带接入设备相连接入互联网，通过 BLE 接入点来发射无线信号，与带有 BLE 功能的终端设备相连接来组建一个无线网络，实现所有终端设备的共享上网。终端设备可以是 PC 和笔记本电脑等，但必须带有 BLE 功能，且不能超过 7 台终端。PC 对 BLE 接入点组网如图 3.9 所示。

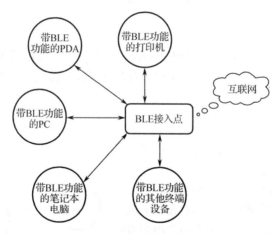

图 3.9　PC 对 BLE 接入点组网

2）分布式网络

分布式网络是由多个独立的非同步的微微网组成的，以特定的方式连接在一起。一个微微网中的主机同时也可以作为另一个微微网中的从机，这种设备又称为复合设备。BLE 独特的组网方式赋予了它无线接入的强大生命力，同时允许 7 个移动 BLE 用户通过一个 BLE 接入点与互联网相连，靠跳频顺序识别每个微微网，同一微微网所有用户都与这个跳频顺序同步。

BLE 分布式网络是自组织网络的一种特例，其最大特点是可以无基站支持，每个移动终端的地位是平等的，并可独立地进行分组转发，具有灵活性、多跳性、拓扑结构动态变化和分布式控制等特点。

3.1.3 开发实践：构建智能家居系统

1. 开发设计

BLE网络是物联网的一部分，在物联网系统中扮演无线传感器网络的角色，用于获取传感器数据和控制远程设备。完整的物联网还包含了传输层、服务层和应用层。为了对BLE网络有一个完整的概念，需要在一个完整的物联网体系中对BLE网络进行理解。通过远程App对BLE的组网关系、数据收发与网络监控等功能有一个初步的了解。

本项目实现的功能是：使用BLE网络构建智能家居系统，在智能家居系统中将BLE节点采集的数据发送到BLE网关（BLE接入点），通过网关测试工具与App实现数据的实时获取与控制，并实时获取系统报警信息。智能家居系统如图3.10所示。

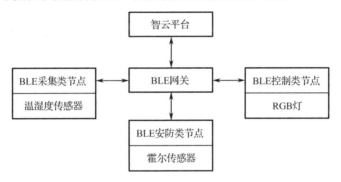

图 3.10 智能家居系统

本项目使用开发平台中的安装有BLE无线模组的LiteB节点，以及Sensor-A、Sensor-B和Sensor-C传感器板对项目进行模拟。

2. 功能实现

1）设备选型

将BLE无线模组安装在LiteB节点上，并安装好天线；准备一个Mini4418 Android智能网关，三个BLE LiteB节点，选择传感器：采集类传感器Sensor-A（如温湿度传感器、光照度传感器）、控制类传感器Sensor-B（如步进电机、排风扇、继电器）、安防类传感器Sensor-C（如燃气传感器、振动传感器、火焰传感器）。

2）设备配置

正确连接硬件，通过软件工具给网关固化默认程序；通过Flash Programmer软件固化网关和节点程序；正确配置BLE节点的网络参数；通过软件工具修改BLE网关和BLE节点的网络参数，正确设置BLE网关，将BLE网络接入物联网云平台。

3）设备组网

创建BLE网络，并让节点正确接入网络；启动BLE网关和节点系统，观察节点正确入网。通过综合测试软件查看设备网络拓扑结构，通过软件工具观察节点组网状况。

4）设备演示

通过综合测试软件和节点进行互动，通过软件工具对节点进行数据采集和远程控制。

3．开发验证

结合 BLE 网络特征，进行网络配置和组网，最终汇集到云端进行应用交互，部分验证效果如图 3.11 所示。

图 3.11　验证效果图

3.1.4　小结

本节主要介绍了 BLE 网络的特征和架构、BLE 协议栈架构、网络组网方式等基本知识，通过开发实践，使用 BLE 网络构建简单的智能家居系统，在智能家居系统中将 BLE 节点采集的数据通过 BLE 网关发送至远程服务器，通过远程 App 实现对智能家居系统数据的实时获取。要求读者理解并掌握 BLE 网络特征，能够熟练掌握 BLE 设备的选型、BLE 节点类型的设置，以及网络设置及组网过程。

3.1.5　思考与拓展

（1）BLE 网络特征有哪些？

（2）BLE 网络有哪些应用？

（3）简述基于 BLE 网络构建的物联网系统结构。

（4）测试通信距离和 BLE 网络断开后的自愈问题。

3.2　BLE 无线通信技术开发平台和开发工具

CC2540 是由 TI 公司研发的一款高性价比、低成本和低功耗的完整型 BLE 开发芯片，工作在全球开放的频段，是 BLE 网络的依托平台，开发者可以采用 TI 公司的 CC2540 为核心来设计 BLE 产品。

TI 公司为 BLE 网络开发提供了各种开发环境、网络调试工具等，可方便进行产品开发设计，以及工程运维中的故障调试。

为了能够为消费者提供良好的使用体验，只有保证各种可穿戴产品与智能设备的蓝牙之间的快速稳定连接，才能保证不会对产品本身的使用体验造成影响。因此对于需要无线通信的创意产品而言，BLE 的无线连接是产品调试的重要环节。智能设备通过 BLE 搜索手机如图 3.12 所示。

图 3.12　智能设备通过 BLE 搜索手机

本节主要介绍 CC2540，并掌握实践中各种开发工具的使用，能够通过这些工具对 BLE 技术进行开发、调试、测试、运维。

3.2.1　学习与开发目标

（1）知识目标：CC2540、BLE 协议栈、BLE 网络参数、BLE 开发工具。

（2）技能目标：了解 CC2540 功能属性和 BLE 协议栈的结构，掌握 BLE 开发工具的使用和 BLE 协议栈的功能。

（3）开发目标：学会使用 BLE 开发工具对网络进行调试，学习和掌握 BLE 网络参数的含义和网络调试过程。

3.2.2　原理学习：CC2540 和 BLE 协议栈

1．BLE 与 CC2540

1）CC2540 的结构

CC2540 是一个超低功耗的芯片，它集成了微处理器、主机端及应用程序。CC2540 可让主机或从机节点以很低的成本建立起来，具有很低的睡眠模式功耗，适用于需要超低功耗的系统。

CC2540 的结构框图如图 3.13 所示。

（1）CPU 和内存。CC2540 使用的是一个单时钟周期的、与 8051 兼容的内核，具有 SFR、DATA 和 CODE/XDATA 三个不同的存储器访问总线，能够以单时钟周期的形式访问 SFR、DATA 和主 SRAM。

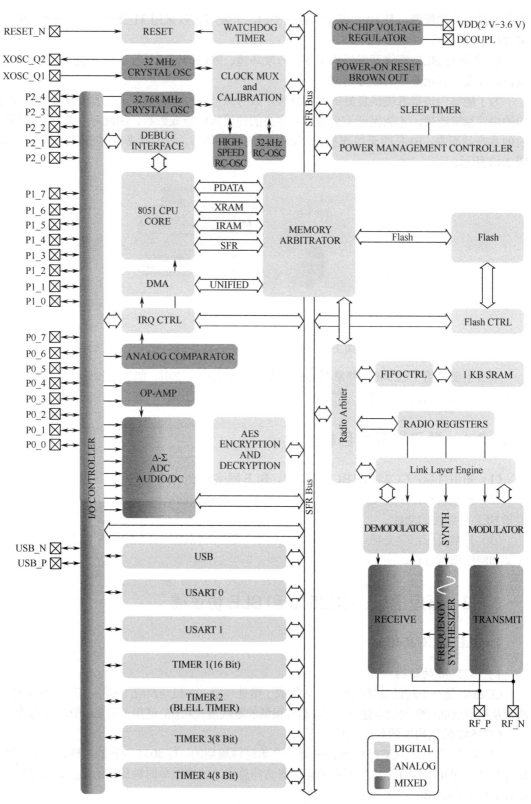

图 3.13　CC2540 的结构框图

中断控制器提供了 18 个中断源，分为 6 个中断组，每组都与 4 个中断优先级相关。当设备从空闲模式返回活动模式时，也会发出一个中断服务请求；一些中断还可以从睡眠模式唤醒设备（供电模式 1、2、3）。

内存仲裁器位于系统中心，它通过 SFR 总线把 CPU 和 DMA 控制器、物理存储器、所有外设连接在一起；内存仲裁器有 4 个存取访问点，可以映射到 3 个物理存储器之一，即 1 个 8 KB 的 SRAM、1 个 Flash 和 1 个 XREG/SFR 寄存器；还负责执行仲裁，确定同时到达同一个物理存储器的访问顺序。8 KB 的 SRAM 映射到 DATA 存储空间和 XDATA 存储空间的一部分。8 KB SRAM 是一个超低功耗的 SRAM，当数字电路部分掉电时（供电模式 2 和 3）能够保留自己的内容，这对于低功耗应用是一个很重要的功能。

32/64/128/256 KB 的 Flash 为设备提供了可编程的非易失性程序存储器，可以映射到 CODE 和 XDATA 存储空间。除了可以保存程序代码和常量，Flash 还允许应用程序保存必须保留的数据，这样在设备重新启动之后就可以使用这些数据。使用这个功能（如利用已经保存的网络数据）就不需要经过完整的启动、网络寻找和加入过程。

（2）时钟和电源管理。CC2540 的数字内核和外设由一个低压差稳压器提供 1.8 V 工作电压。另外 CC2540 还包括 1 个电源管理器，可以实现不同应用情况下使用不同供电模式的低功耗应用。5 种不同的运行模式包括：主动模式、空闲模式、PM1、PM2 和 PM3，在不同的运行模式下稳压器和振荡器的开关状况不同。CC2540 运行模式如表 3.1 所示。

表 3.1　CC2540 运行模式

运 行 模 式	高频振荡器	低频振荡器	稳压器
配置	A：32 MHz 的晶体振荡器 B：16 MHz 的 RC 振荡器	C：32 kHz 的晶体振荡器 D：32 kHz 的 RC 振荡器	
主动模式和空闲模式（PM0 模式）	A 或 B	C 或 D	ON
PM1 模式	无	C 或 D	ON
PM2 模式	无	C 或 D	OFF
PM3 模式	无	无	OFF

（3）外设资源。
- 具有 21 个通用 I/O 引脚，可以配置为输入、输出模式，具有上拉或下拉电阻。
- 具有 1 个五通道 DMA 控制器，能够访问所有物理存储器。
- 具有 1 个 16 位的定时器 1，以及 2 个 8 位的定时器 3 与定时器 4，每个都具有定时计数功能。同时具有 1 个 MAC 定时器（该定时器是专门为支持 BLE 协议设计的）和 1 个 24 位睡眠定时器，使用 32 kHz 或 32 kHz RC 的振荡器为其提供时钟。
- 具有 7～12 位分辨率的模/数转换器（ADC）。
- 具有 1 个使用 16 位 LFSR 来产生伪随机数。
- 具有 1 个 AES 协处理器，使用带有 128 位密钥的 AES 算法加密和解密数据。
- 具有 2 个 USART 接口，每个接口都可配置为 SPI 主从接口或 UART 接口。
- 具有 1 个 USB2.0 全速控制器，具有双缓冲机制。

CC2540 的 BLE 模块如图 3.14 所示。

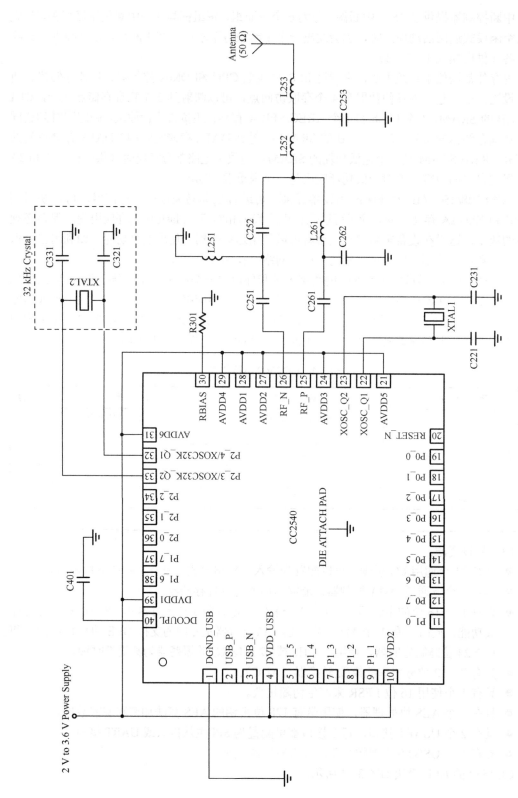

图3.14　CC2540的BLE模块

2）CC2540 的功能

（1）I/O 控制器。I/O 控制器负责所有的通用 I/O 引脚。CC2540 可以配置外设是否由某个引脚控制，如果是的话，每个引脚可以配置为输入或输出模式，以及是否连接衬垫里的上拉或下拉电阻。CC2540 的中断可以分别在每个引脚上使能，每个连接到 I/O 引脚的外设可以在两个不同的 I/O 引脚位置之间选择，以确保在不同应用程序中的灵活性。

系统可以通过 1 个多功能的五通道 DMA 控制器和 XDATA 存储空间来访问所有物理存储器。每个通道的触发器、优先级、传输模式、寻址模式、源和目标指针以及传输计数等属性可以用 DMA 描述符在存储器的任何地方配置。许多硬件外设（如 AES 内核、Flash 控制器、USART、定时器、ADC 接口）都可通过使用 DMA 控制器在 SFR 或 XREG 寄存器和 Flash/SRAM 之间进行数据传输，以进行高效率操作。定时器 1 是一个 16 位定时器，具有定时器/PWM 功能，它有 1 个可编程的分频器、1 个 16 位周期值和 5 个各自可编程的计数器/捕获通道。每个计数器/捕获通道都有 1 个 16 位比较值，都可以作为一个 PWM 输出或捕获输入信号边沿的时序，还可以配置成 IR 产生模式来计算定时器 3 的周期。CC2540 的 I/O 引脚分布如图 3.15 所示。

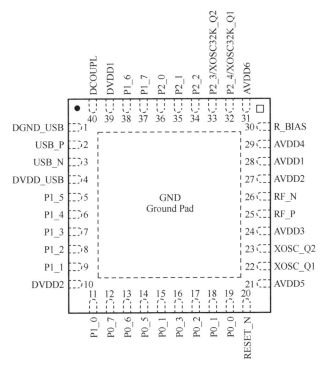

图 3.15　CC2540 的 I/O 引脚分布

（2）MAC 定时器。MAC 定时器（定时器 2）是专门为支持 IEEE 802.15.4 MAC 或软件中其他时隙的协议设计的。MAC 定时器有 1 个可配置的定时器周期、1 个 8 位溢出计数器（可以用于保持跟踪已经经过的周期数）和 1 个 16 位捕获寄存器（可用于记录收到/发送一个帧开始界定符的精确时间或传输结束的精确时间），还有 1 个 16 位输出比较寄存器（可以在具体时间产生不同的选通指令，如开始接收、开始发送等）。

定时器 3 和定时器 4 是 8 位定时器，具有定时器/计数器/PWM 功能，它们有 1 个可编程的分频器、1 个 8 位的周期值、1 个可编程的计数器通道，具有一个 8 位的比较值，每个计数器通道可以作为一个 PWM 输出。

（3）睡眠定时器。睡眠定时器是一个超低功耗的定时器，用于计算 32 kHz 晶体振荡器或 32 kHz RC 振荡器的周期。睡眠定时器可以在除 PM3 模式以外的所有工作模式下运行，其典型的应用是作为计数器或作为一个唤醒定时器使 CC2540 跳出 PM1 或 PM2 模式。

（4）ADC。ADC 支持 7～12 位的分辨率，DC 和音频转换可以使用高达 8 个输入通道（端口 0）。ADC 的输入可以选择作为单端或差分输入，参考电压可以是内部电压或 AVDD。ADC 有一个温度传感器输入通道，可以自动执行定期抽样或转换通道序列的程序。

（5）随机数发生器。随机数发生器使用 1 个 16 位 LFSR（线性反馈移位寄存器）来产生伪随机数，这个伪随机数可以被 CC2540 读取或由选通指令处理器直接使用，例如可以用于产生随机密钥。

AES 加密/解密内核允许用户使用带有 128 位密钥的 AES 来算法加密和解密数据，该内核可以支持 IEEE 802.15.4 的 MAC 层，以及 BLE 网络层和应用层要求的 AES 操作。

（6）看门狗。CC2540 内置的看门狗允许在固件挂起的情况下复位。看门狗由软件使能时，它必须定期清除，否则在超时就会复位设备。看门狗也可以配置成一个通用 32 kHz 定时器。

（7）串口。USART0 和 USART1 为接收和发送提供了双缓冲，以及硬件流控制，因此非常适合高吞吐量的全双工应用。每个串口都有自己的高精度波特率发生器，因此可以用于其他用途。

2．BLE 协议栈

1）BLE 协议栈简介

BLE 协议栈是由 TI 公司推出的，通信双方需要共同按照这一标准进行正常的数据发送和接收。协议栈是协议的具体实现形式，开发人员通过协议栈来实现协议，进而实现无线数据包的收发。

协议栈包括两个部分：主机控制器和主机。在传统蓝牙 BR/EDR 设备中，主机控制器和主机通常是单独实现的，任何配置文件和应用程序都建立在 GAP 层和 GATT 层。

CC2540 可以单芯片地实现 BLE 协议栈，包括应用程序。在 BLE 协议栈的各层中，我们直接接触的主要是 GAP 层和 GATT 层。

2）BLE 协议栈的安装与工程结构

BLE 协议栈的安装包名为 BLE-CC254x-140-IAR.exe，双击即可安装，默认安装路径为"C:\Texas Instruments\BLE-CC254x-140-IAR"。进入该路径后，其内有 4 个文件夹，分别是 Accessories、Components、Documents 和 Projects。Accessories 文件夹中存放的是 BTool 工具安装包、USB 驱动和一些 hex 文件；Components 文件夹中存放的是工程所需要的一些组件；Documents 文件夹中存放的是关于此协议栈的说明，以及各种 API 的注解等；Projects 文件夹中存放的是 BLE 协议栈的工程文件，以及一些库文件等。BLE-CC254x-140-IAR 文件夹（默认的安装路径）中的内容如图 3.16 所示。

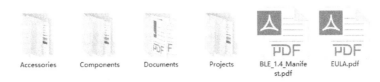

图 3.16　BLE-CC254x-140-IAR 文件夹中的内容

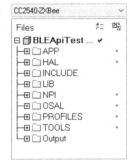

本章所有的 BLE 协议栈工程都存放在 "C:\Texas Instruments\ BLE-CC254x-140-IAR" 下，下文所说的协议栈中的某个文件就是指该路径下的某文件。

在 BLE 协议栈中，设备类型有主机（Master）、从机（Slaver）、广播者（Broadcaster）、观察者（Observer）等，通常主机和从机配合使用，广播者和观察者配合使用。

打开从机模板工程，可看到如图 3.17 所示的从机模板工程目录结构。

该工程目录中包含了以下几个文件：

图 3.17　从机模板
工程目录结构

APP（Application Programming）：应用层目录，这是用户创建各种不同项目的区域，在该目录中包含了应用层的内容和项目的主要内容，在协议栈中一般是以操作系统的任务实现的。例如，传感器驱动开发主要是在 APP 目录下 src 文件夹下的 sensor.c 文件中进行的。

HAL（Hardware Abstraction Layer）：硬件抽象层目录，包含所有与硬件相关的配置、驱动及操作函数，如 LED、LCD、DMA、串口等相关函数。

INCLUDE：包含一些协议栈的头文件。

LIB：库文件，包含一些协议栈中对用户不可见的函数的定义，用户无法打开。

NPI（Network Processor Interface）：提供了串口驱动。

OSAL（Operating System Abstraction Layer）：操作系统抽象层。

PROFILES：包含一些连网和发送数据相关的文件。

TOOLS：包含协议栈的一些配置等。

Output：包含 IAR 自动生成的输出文件。

3）BLE 网络模式

一般情况，BLE 通信是指两个 BLE 设备之间的通信，建立通信过程需要确定 BLE 设备的主/从机身份。主机是指能够搜索设备并主动建立连接的一方；从机则不能主动建立连接，只能由主机连接自己，一直处于监听状态。一个设备要么是主机，要么是从机。BLE 设备之间建立连接有三个过程，分别是主从关系确认过程、呼叫过程和数据传输过程。

（1）**主从关系确认过程**：BLE 技术规定在每一对设备之间进行蓝牙通信时，必须一个为主机，另一个为从机，才能进行通信。在通信时，必须由主机进行搜索、发起配对，建立连接之后，双方才能传输数据。理论上讲，一个主机可同时与 7 个从机进行通信。一个具备 BLE 通信功能的设备，可以在两个角色间切换，平时为从机，等待其他主机来连接，需要时，可以由从机转换为主机，向其他设备发起呼叫。一个 BLE 设备作为主机发起呼叫时，需要知道从机的地址、配对密码等信息。

（2）**呼叫过程**：主机发起呼时，首先是查找，找出周围处于可被查找的从机。主机找到从机后与从机进行配对，此时需要输入从机的配对密码，也有设备不需要输入配对密码。配对完成后，从机会记录主机的信任信息，此时主机即可向从机发起呼叫，已配对的设备在下次呼叫时，不再需要重新配对。已配对的设备，例如作为从机的蓝牙耳机也可以发起建立连接的请求，但进行数据通信的 BLE 设备一般不发起呼叫。连接建立成功后，主、从机之间即可进行双向的数据或语音通信。在通信状态下，主机和从机都可以断开连接。

（3）**数据传输过程**：在数据传输应用中，点对点串口数据通信是最常见的应用之一，BLE 设备在出厂前即提前设好两个 BLE 设备之间的配对信息，主机预存有从机的配对密码、地址等，BLE 设备加电即可自动建立连接，透明地进行数据传输，无须外围电路干预。在点对点应用中，从机可以处于两种状态，一是静默状态，即只能与指定的主机通信，不能被别的 BLE 设备查找；二是开发状态，既可被指定主机查找，也可以被别的 BLE 设备查找。

从机是通过周期性地调用周期性任务函数 performPeriodicTask()来实现周期性的采集并上报数据的。打开从机模板工程，选择工程目录 APP 下的 ZXBeeBLEPeripheral.c 源文件，找到用户事件处理函数，进入调用周期性任务函数的源代码，对周期性任务函数 performPeriodicTask()使用 goto 功能，查看其源代码。

```
static void performPeriodicTask(void){
    static uint16 tick=0;
    tick++;
    void sensorUpdate(uint16 tick);
    sensorUpdate(tick);
}
```

上述的源代码每秒调用一次，即 tick 会每秒自加一次，并作为参数执行 sensorUpdate 函数。这个函数是什么作用呢？此函数是用户开发从机程序时要编写的一个重要的函数，定义在工程目录"APP/src"下的 sensor.c 文件中。进入 sensor.c 文件，找到 sensorUpdate()函数的源代码。

```
void sensorUpdate(uint16 tick){
    A0=tick;
    if(tick%10==0){                    //每 10 s 取一次 A1 值，并将 A0 和 A1 值上报
        A1=osal_rand()/3.0f;           //osal_rand()函数是随机数产生函数
        ZXBeeNotify();                 //上报数据通知
    }
}
```

上述源代码的功能为每秒（sensorUpdate()函数每秒调用一次）将 tick 值存到 A0 中，并每 10 s 赋给 A1 一个随机值，最终将 A0、A1 值通过 BLE 网络发送给 BLE 主机。给 A0、A1 赋值的过程类似于将传感器的数据采集到 A0、A1 中，因此该函数可以周期性地完成数据的采集和上报功能。

3. BLE 开发工具

为了方便 BLE 的开发，同时提高相关产品市场的占有率，TI 公司为 BLE 的开发提供了较多的开发和调试工具。

1）IAR 集成开发环境

TI 公司提供的 BLE 协议栈安装包默认使用的是 IAR 集成开发环境，因此 BLE 的相关程

序开发同样需要在 IAR 的集成开发环境上进行。

IAR 集成开发环境是一个专门用于开发嵌入式程序的开发环境，使用方便简单。IAR 集成开发环境的相关使用方法请看第 1 章的内容。

2）Flash Programmer 工具

Flash Programmer 工具是 TI 公司为烧录 CC2540 源代码而提供的工具，通过该工具可以实现芯片的擦除和源代码程序的固化，还可以实现 CC2540 的批量烧录。另外，该工具还提供了读取 CC2540 的 MAC 地址的功能，当需要获取某个 CC2540 的 MAC 地址时可以使用此工具读取。Flash Programmer 工具如图 3.18 所示。

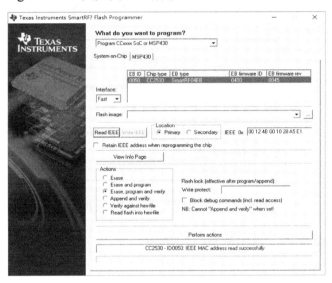

图 3.18　Flash Programmer 工具

3）xLabTools 工具

为了方便 BLE 的学习和开发，根据 BLE 网络特征开发了一款专门用于调试数据收发的工具，通过该工具可以获取 BLE 节点的网络信息。当主机连接到 xLabTools 工具时，可以查看网络信息和节点的反馈信息，并能够通过调试窗口向网络中各节点发送数据；当从机连接到 xLabTools 工具时，可以实现对终端节点数据的监测，并能够通过该工具向协调器发送指令。xLabTools 工具如图 3.19 所示。

图 3.19　xLabTools 工具

4）移动端 BLE 调试工具 BTQCode

移动端 BLE 调试工具 BTQCode 支持十进制数、十六进制数、字符串输入和输出形式，支持循环扫描。打开该工具后，会自动开启 BTE 功能，并且自动搜索附近的 BTE 设备，无须用户做任何操作；单击需要连接的 BTE 设备（需要稍微等待），该工具将自动连接 BTE 设备，并且读取 BTE 设备的相关信息；单击需要通信的通道号，将出现和 PC 端串口调试软件差不多的界面，并进行通信功能。

移动端 BLE 调试工具 BTQCode 如图 3.20 所示。

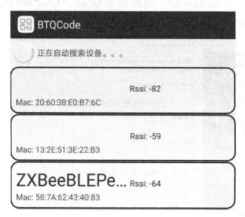

图 3.20　移动端 BLE 调试工具 BTQCode

3.2.3　开发实践：构建 BLE 网络

1. 开发设计

本节通过 TI 公司的 BLE 开发平台来学习 BLE 网络。TI 公司为了加快源代码的开发速度，方便开发人员对程序调整测试，提供了较多的 BLE 开发工具和调试工具。

本节的目的是通过 BLE 网络，学习使用各种开发工具进行程序开发、网络调试和系统运维的方法。

本节使用 xLab 未来开发平台中的安装有 BLE 无线模组的 LiteB 节点，以及 Sensor-A、Sensor-B 和 Sensor-C 传感器板对项目进行模拟开发。

本节主要包括以下工具的学习：

● IAR 集成开发环境：主要用于程序开发和调试。
● Flash Programmer：主要用于程序的烧写和固化。
● ZCloudTools：主要用于网络拓扑结构和应用层数据包分析。
● xLabTools：主要用于网络参数的修改，以及节点数据包的分析和模拟。

2. 功能实现

1）IAR 集成开发环境

安装 BLE 协议栈后，节点的示例工程将存放在协议栈目录内。通过 IAR 集成开发环境（见图 3.21）打开节点工程，可完成工程源代码的分析、调试、运行和下载。

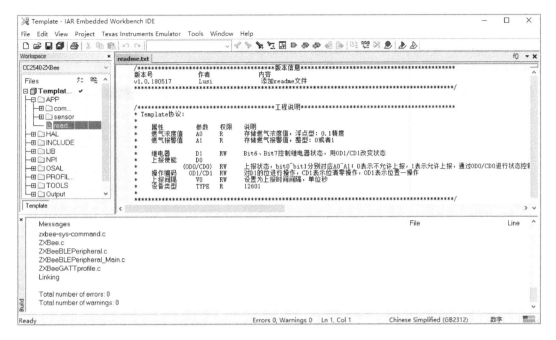

图 3.21　IAR 集成开发环境

2）Flash Programmer

通过 Flash Programmer 工具（见图 3.22）可以对节点程序进行固化和烧写，也可以读取节点 IEEE 地址（MAC 地址）。

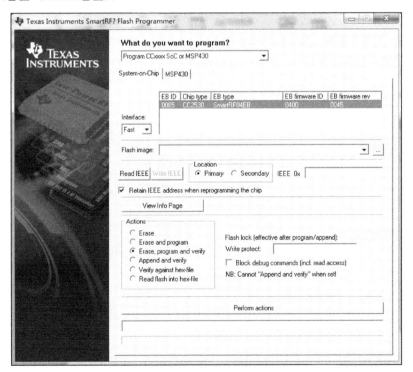

图 3.22　Flash Programmer 工具

3）ZCloudTools

ZCloudTools 可以完成 BLE 网络拓扑结构的监测，通过修改 BLE 协议栈工程和源代码可完成组网。利用 ZCloudTools 工具查看网络拓扑结构如图 3.23 所示。

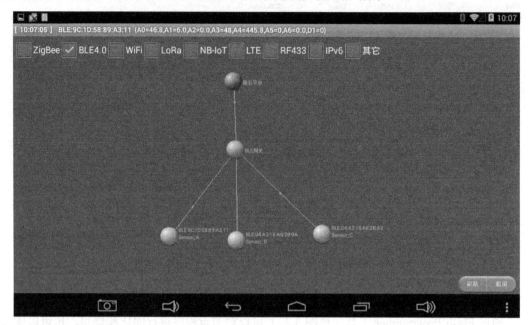

图 3.23　利用 ZCloudTools 工具查看网络拓扑结构

4）xLabTools

xLabTools 工具（见图 3.24）既可以读取 BLE 节点的入网状态、MAC 地址，也可以读取节点收到的无线数据包并进行解析，还可以通过连接的节点发送自定义的无线数据包到应用层。

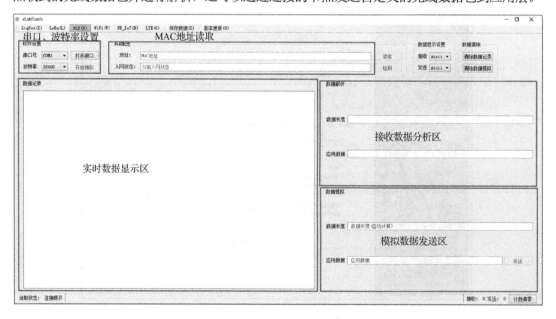

图 3.24　xLabTools 工具

5）BTQCode

打开 BTQCode 工具（见图 3.25）后即可开始搜索附近的 BLE 设备，单击搜索到的设备可与之建立连接。在连接成功后，LiteB 节点的红灯由闪烁变为常亮。单击名称为"unknow"的自定义特征值集可找到"ZXBee"特征值，单击"ZXBee"特征值可对其进行读写（发送和接收）操作。

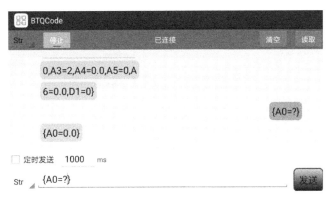

图 3.25　BTQCode 工具

3．开发验证

通过 IAR 集成开发环境和 Flash Programmer 工具可以完成节点程序的开发、调试、运行和下载；通过 xLabTools 和 ZCloudTools 工具可以完成节点数据的分析和调试，调试效果如图 3.26 和图 3.27 所示。

图 3.26　调试效果（一）

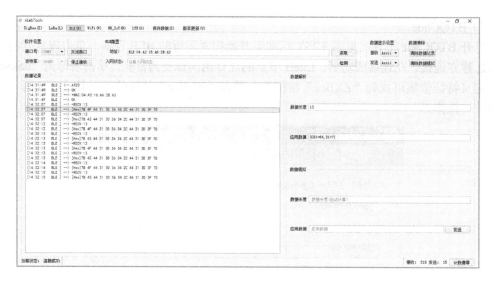

图 3.27　调试效果（二）

3.2.4　小结

本节先介绍了 CC2540 的功能和原理，然后介绍了 BLE 协议栈的安装与工程结构、BLE 网络模式，以及 BLE 的开发工具，最后使用各种开发工具和调试工具进行程序开发、网络调试和系统运维。

3.2.5　思考与拓展

（1）BLE 协议栈的功能是什么？
（2）简述 BLE 组网的过程。
（3）在配置 BLE 工程时需要配置哪些内容？

3.3　BLE 协议栈解析与应用开发

BLE 是常用于移动智能终端的低功耗短距离无线通信技术，作为传统蓝牙的扩展，BLE 仍采用 2.4 GHz 频段通信，并借鉴了传统蓝牙的许多技术。但由于针对的设计目标和市场不同，BLE 在技术上进行了很多改进，其功耗更低、传输距离更远、建立连接更加快捷、安全性与可靠性更高、成本更低。

图 3.28　蓝牙温湿度计

CC2540 是 TI 公司推出的 BLE 芯片，主要应用于电子医疗、无线鼠标、个人健康管理等领域。CC2540 采用蓝牙 4.0 协议，该协议定义了短距离、低数据传输速率无线通信所需要的一系列通信协议，集传统蓝牙、BLE 和高速蓝牙三种技术于一身，最大数据传输速率可达 250 kbps，传输距离可达 30 m，并且具有极低的运行功耗和待机功耗。蓝牙温湿度计如图 3.28 所示。

本节主要基于 CC2540 来学习 BLE 协议栈的开发，重点学习 BLE 组网、无线数据的收发和处理等，最后构建 BLE 智能家居系统。

3.3.1　学习与开发目标

（1）知识目标：BLE 协议栈的工作流程、执行原理和关键接口。

（2）技能目标：了解 BLE 协议栈工作结构，掌握 BLE 协议栈执行原理和关键接口的使用。

（3）开发目标：基于 BLE 网络构建智能家居系统。

3.3.2　原理学习：BLE 协议栈工作原理

1．BLE 协议栈初始化

BLE 协议栈是一个用于实现 BLE 网络的完整系统。为了实现 BLE 网络的组建与任务调度，BLE 协议栈也有自己的操作系统。BLE 协议栈可以理解为一个轮询式操作系统，整个 BLE 协议栈的任务调度都是在操作系统上完成的，它的 main 函数在 simpleBLEPeripheral_Main.c 中。BLE 协议栈总体上来说一共做了两件工作，一个是功能初始化，即通过启动源代码来初始化硬件系统和软件构架需要的各个模块；另外一个就是启动操作系统。

打开从机模板工程后，选中 APP 文件夹下的 ZXBeeBLEPeripheral.c 文件，找到 BLE 协议栈入口函数 main()，其源代码如下：

```
int main(void)
{
    HAL_BOARD_INIT();                              //初始化硬件
    InitBoard(OB_COLD);                            //初始化板载 I/O
    HalDriverInit();                               //初始化硬件驱动
    osal_snv_init();                               //初始化非易失性系统
    osal_init_system();                            //初始化操作系统
    HAL_ENABLE_INTERRUPTS();                       //使能中断
    InitBoard(OB_READY);                           //板载最终初始化
    #ifdefined(POWER_SAVING)
    osal_pwrmgr_device(PWRMGR_BATTERY);            //电源管理选项：电池
    #endif
    osal_start_system();                           //启动操作系统（进入后不再返回）
    return0;
}
```

上述源代码对运行操作系统的一些必要配置进行了初始化，相关软/硬件的初始化完成后即可启动操作系统，并不再返回。BLE 协议栈初始化流程如图 3.29 所示。

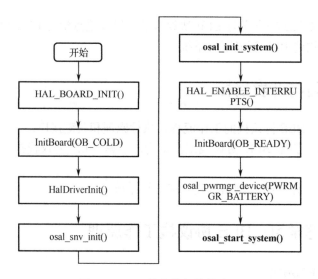

图 3.29 BLE 协议栈初始化流程

其中 osal_init_system()函数用于初始化操作系统，其源代码内容如下：

```
uint8 osal_init_system( void )
{
    //系统内存分配初始化
    osal_mem_init();
    //消息队列初始化
    osal_qHead = NULL;
    //系统定时器初始化
    osalTimerInit();
    //电源管理系统初始化
    osal_pwrmgr_init();
    //系统任务初始化
    osalInitTasks();
    //设置高效搜索堆栈的第一个空闲块
    osal_mem_kick();
    return ( SUCCESS );
}
```

osalInitTasks()函数主要用于对操作系统的相关信息进行初始化，如系统时钟、内存管理、任务管理等。

osal_start_system()函数也是 BLE 协议栈的执行函数，该函数其实是一个循环体，在循环体中 osal_run_system()函数会被不断地执行，通过 osal_run_system()函数对 BLE 协议栈中的任务进行处理。osal_start_system()函数的源代码如下：

```
void osal_start_system( void )
{
    #if !defined ( ZBIT ) && !defined ( UBIT )
    for(;;)                              //无限循环
    #endif
    {
```

```
        osal_run_system();                          //系统执行函数
    }
}
```

进入 osal_start_system()函数后，BLE 协议栈就运行起来了，在循环体中每执行一次
osal_run_system()函数，BLE 协议栈就会处理一次任务。通过这种方式就可完成 BLE 协议栈
的任务事件调度。osal_run_system()函数是 BLE 协议栈任务调度的基本逻辑，该函数将在协
议栈任务调度中进行分析。

2．BLE 协议栈的任务注册

BLE 协议栈的任务注册是在 osalInitTasks()函数中完成的，该函数会初始化 BLE 协议栈
中所有的任务，包括系统任务和用户任务，该函数的源代码如下：

```
void osalInitTasks(void)
{
    uint8 taskID=0;
    tasksEvents=(uint16*)osal_mem_alloc(sizeof(uint16)*tasksCnt);
    osal_memset(tasksEvents,0,(sizeof(uint16)*tasksCnt));

    LL_Init(taskID++);                          //LL 初始化
    Hal_Init(taskID++);                         //HAL 初始化
    HCI_Init(taskID++);                         //HCI 初始化
    #ifdefined(OSAL_CBTIMER_NUM_TASKS)
    osal_CbTimerInit(taskID);
    taskID+=OSAL_CBTIMER_NUM_TASKS;
    #endif
    L2CAP_Init(taskID++);                       //L2CAP 初始化
    GAP_Init(taskID++);                         //GAP 初始化
    GATT_Init(taskID++);                        //GATT 初始化
    SM_Init(taskID++);                          //SM 初始化
    GAPRole_Init(taskID++);                     //GAPRole 初始化
    GAPBondMgr_Init(taskID++);                  //GAPBondMgr 初始化
    GATTServApp_Init(taskID++);                 //GATTServApp 初始化
    simpleBLEPeripheral_Init(taskID);           //用户任务初始化
}
```

在上面的任务初始化函数中定义了一个变量 taskID，每初始化一个任务，taskID 就自加
1，由此可见，每个任务对应的 taskID 都是独一无二的。实际上，taskID 是任务在操作系统
中的标识，taskID 值越小，任务优先级越高。任务事件的注册是在这些初始化函数中完成的，
用于任务事件注册的函数是 osal_set_event()，其源代码如下：

osal_set_event(simpleBLEPeripheral_TaskID，SBP_START_DEVICE_EVT);

这行源代码的作用是设置 SBP_START_DEVICE_EVT 事件，并将其传递给
simpleBLEPeripheral_TaskID 对应的任务，即用户任务。

osalInitTasks()函数中的系统任务可以理解为 BLE 协议栈的初始化列表，这些被初始化的
系统任务会由相应的任务执行函数处理。这些系统任务是在函数指针 pTaskEventHandlerFn

中定义的，其源代码如下：

```
const pTaskEventHandlerFn tasksArr[]=
{
    LL_ProcessEvent,                                          //task0
    Hal_ProcessEvent,                                        //task1
    HCI_ProcessEvent,                                        //task2
    #ifdefined(OSAL_CBTIMER_NUM_TASKS)
    OSAL_CBTIMER_PROCESS_EVENT(osal_CbTimerProcessEvent),    //task3
    #endif
    L2CAP_ProcessEvent,                                      //task4
    GAP_ProcessEvent,                                        //task5
    GATT_ProcessEvent,                                       //task6
    SM_ProcessEvent,                                         //task7
    GAPRole_ProcessEvent,                                    //task8
    GAPBondMgr_ProcessEvent,                                 //task9
    GATTServApp_ProcessEvent,                                //task10
    simpleBLEPeripheral_ProcessEvent                         //task11
}
```

由以上源代码可知，任务初始化函数中的任务和任务执行函数是一一对应的，且顺序相同，这样就可以根据当前发生的任务准确地调用所需的任务执行函数了。

3. 协议栈任务调度原理

BLE 协议栈采用的是一种轮询式任务调度流程。在轮询式任务调度流程中，正在执行的任务不能被其他任务抢占，同时当一个任务执行结束后，下一个要执行的任务是当前任务列表中优先级最高的。任务事件的调度是在 osal_run_system()函数中完成的，进入该函数可查看其定义，源代码如下：

```
void osal_run_system( void )
{
    uint8 idx = 0;
    #ifndef HAL_BOARD_CC2538
    osalTimeUpdate();                          //更新系统时间
    #endif
    Hal_ProcessPoll();                         //事件轮询
    do {
        if (tasksEvents[idx])                  //如果有事件发生则跳出事件轮询
        {
            break;
        }
    } while (++idx < tasksCnt);
    if (idx < tasksCnt)
    {
        uint16 events;
        halIntState_t intState;
        HAL_ENTER_CRITICAL_SECTION(intState);
```

```
            events = tasksEvents[idx];                    //从事件列表中提取出事件
            tasksEvents[idx] = 0;                         //清空当前事件
            HAL_EXIT_CRITICAL_SECTION(intState);
            activeTaskID = idx;
            //根据事件处理函数列表调用相应的事件处理函数
            events = (tasksArr[idx])( idx, events );
            activeTaskID = TASK_NO_TASK;
            HAL_ENTER_CRITICAL_SECTION(intState);
            tasksEvents[idx] |= events;                   //将未被处理的事件重新加入列表
            HAL_EXIT_CRITICAL_SECTION(intState);
        }
    #if defined( POWER_SAVING )
        else
        {
            osal_pwrmgr_powerconserve();
        }
    #endif
    #if defined (configUSE_PREEMPTION) && (configUSE_PREEMPTION == 0)
        {
            osal_task_yield();
        }
    #endif
}
```

在启动操作系统后，系统不停地在事件列表中轮询当前是否有事件发生，当查找到有事件发生时，则跳出事件轮询，并根据当前事件在事件处理函数列表中调用相应的事件处理函数。

用户的任务事件的初始化是在 simpleBLEPeripheral_ProcessEvent()函数下进行的，进入该函数可查看其函数定义，源代码如下：

```
uint16 simpleBLEPeripheral_ProcessEvent( uint8 task_id, uint16 events )
{
    void task_id;
    //如果 SYS_EVENT_MSG 事件发生
    if ( events & SYS_EVENT_MSG )
    {
        uint8 *pMsg;
        //如果接收到数据
        if ( (pMsg = osal_msg_receive( simpleBLEPeripheral_TaskID )) != NULL )
        {
            //调用此函数处理接收到的数据
            simpleBLEPeripheral_ProcessOSALMsg( (osal_event_hdr_t *)pMsg );
            //Release the OSAL message
            void osal_msg_deallocate( pMsg );          //清空数据接收缓存
        }
        //return unprocessed events
        return (events ^ SYS_EVENT_MSG);               //返回未处理的事件
```

```
        }
        //如果 SBP_START_DEVICE_EVT 事件发生
        if ( events & SBP_START_DEVICE_EVT )
        {
            //启动设备
            void GAPRole_StartDevice( &simpleBLEPeripheral_PeripheralCBs );
            //启动绑定管理
            void GAPBondMgr_Register( &simpleBLEPeripheral_BondMgrCBs );
            //SBP_PERIODIC_EVT_PERIOD 毫秒后设置一次周期性事件并传递给用户任务
            osal_start_timerEx(simpleBLEPeripheral_TaskID,
            SBP_PERIODIC_EVT,
            SBP_PERIODIC_EVT_PERIOD );
            return ( events ^ SBP_START_DEVICE_EVT );          //返回未处理事件
        }
        //如果是周期性事件
        if ( events & SBP_PERIODIC_EVT )
        {
            //如果周期不为零
            if ( SBP_PERIODIC_EVT_PERIOD )
            {
                //设置周期性事件并传递给用户事件处理函数
                osal_start_timerEx( simpleBLEPeripheral_TaskID, SBP_PERIODIC_EVT,
                        SBP_PERIODIC_EVT_PERIOD );
            }
            //执行周期性任务
            performPeriodicTask();
            return (events ^ SBP_PERIODIC_EVT);                //返回未处理任务
        }
        //Discard unknown events
        return 0;
    }
```

上述源代码为用户事件处理函数，主要用于对 SYS_EVENT_MSG、SBP_START_DEVICE_ EVT 和 SBP_PERIODIC_EVT 三个事件进行处理。

（1）SYS_EVENT_MSG 为系统消息事件，当发生系统消息事件时，系统会调用 simpleBLEPeripheral_ProcessOSALMsg((osal_event_hdr_t*)pMsg)函数对系统信息进行处理。

（2）SBP_START_DEVICE_EVT 为启动设备事件。在用户任务初始化函数 simpleBLEPeripheral_Init(taskID)源代码的倒数第二行设置了 SBP_START_DEVICE_EVT 事件。当用户任务初始化完成后，启动设备事件就被设置了。当操作系统轮询到此事件后，就会调用用户事件处理函数，最终执行"if(events&SBP_START_DEVICE_EVT)"下的程序，源代码如下：

```
    if(events&SBP_START_DEVICE_EVT)
    {
        //启动设备
        void GAPRole_StartDevice(&simpleBLEPeripheral_PeripheralCBs);
```

```
//启动绑定管理
void GAPBondMgr_Register(&simpleBLEPeripheral_BondMgrCBs);
osal_start_timerEx(simpleBLEPeripheral_TaskID,SBP_PERIODIC_EVT,
                SBP_PERIODIC_EVT_PERIOD);
//SBP_PERIODIC_EVT_PERIO 毫秒后设置 SBP_PERIODIC_EVT 事件,并传递给用户事件处理函数
return(events^SBP_START_DEVICE_EVT);
}
```

上述源代码启动设备后,接着设置了一个 1 s 后触发的事件 SBP_PERIODIC_EVT(周期性事件)。

(3)SBP_PERIODIC_EVT 是周期性事件。1 s 后,周期性事件被设置,系统检测到此事件后会调用用户事件处理函数,最终执行以下源代码:

```
if(events&SBP_PERIODIC_EVT){
//Restart timer
if(SBP_PERIODIC_EVT_PERIOD)
{
        osal_start_timerEx(simpleBLEPeripheral_TaskID,SBP_PERIODIC_EVT,
                    SBP_PERIODIC_EVT_PERIOD);
}
performPeriodicTask();                              //调用周期性任务函数
return(events^SBP_PERIODIC_EVT);
}
```

当发生周期性事件后,上述代码首先设置一个周期性事件在 1 s 后触发,然后调用周期性任务函数,在下一个 1 s,又会执行同样的操作。这样,每秒都会产生一个周期性事件,并调用周期性任务函数,我们可以在周期性任务函数 performPeriodicTask()中处理用户自己的事情。

经过前文分析,BLE 协议栈的工作流程及原理可以理解为在 main()函数中,先进行了一些必要的初始化,如硬件初始化、操作系统初始化等。其中,在操作系统初始化中,有一个称为任务初始化的函数 osalInitTasks(),在此函数中,初始化了一系列的任务,包括一些系统任务和一个用户任务 simpleBLEPeripheral_Init(),先初始化的任务的优先级比后初始化的任务的优先级要高;在用户任务初始化的过程中,设置了一个启动设备事件 SBP_START_DEVICE_EVT,并将之传递给了用户任务。任务初始化函数执行完成后,系统进入操作系统。

操作系统不断地检测当前有无事件发生,如果检测到事件,则调用相应的事件处理函数进行处理。由于在初始化的时候设置了启动设备事件 SBP_START_DEVICE_EVT,并将之传递给了用户任务,因此,当操作系统检查到设备启动事件后,将调用用户事件处理函数,在用户事件处理函数中进行一些启动设备的操作,设置周期性事件 SBP_PERIODIC_EVT 在 SBP_PERIODIC_EVT_PERIOD 毫秒后触发,并将之传递给用户任务。SBP_PERIODIC_EVT_PERIOD 是个宏定义,值为 1000,即 1 s,用户可根据自己需求进行更改。由于设置了周期性事件在 1 s 后触发,因此在 1 s 后,周期性事件被触发,操作系统检测到周期性事件后,将调用用户事件处理函数。在用户事件处理函数中,首先设置了一个 1 s 后触发并传递给用户任务的事件,即周期性事件 SBP_PERIODIC_EVT,然后执行周期性任务函数 performPeriodicTask()。在下一个 1 s,周期性事件又会被触发,并再次设置 1 s 后触发,这样

操作系统就能够周期性地运行周期性任务函数了。

4．BLE 协议栈与智云框架

通过对 BLE 协议栈的执行原理和功能结构细致的分析，可以大致理解 BLE 协议栈的工作逻辑和工作原理。但是要完整地实现 BLE 协议栈，对于初学者来说还是具有一定难度的。为了能够让初学者快速实现 BLE 网络，本书在 BLE 协议栈的基础上，通过 TI 公司提供的 simpleBLEPeripheral 例程开发了一套智云框架，在智云框架下，可省去组建 BLE 网络和建立用户任务并定义用户事件的工作，让 BLE 网络的开发变得更方便简单。基于 BLE 协议栈的智云框架工程文件结构如图 3.30 所示。

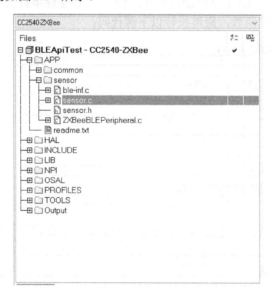

图 3.30　基于 BLE 协议栈的智云框架文件结构

智云框架对 BLE 协议栈的源代码改动不多，将 simpleBLEPeripheral 修改为 ZXBeeBLEPeripheral，用于完成用户任务事件处理，其文件的职能与原文件基本相同；将 simpleBLEPeripheral_Main 修改为 ZXBeeBLEPeripheral_Main，这里只是对文件名进行了修改；同样将 OSAL_simpleBLEPeripheral 修改为 OSAL_ZXBeeBLEPeripheral，内容上没有修改；最后在文件目录中添加 ZXBee.c 文件，该文件中主要是对 ZXBee 文件格式下的数据进行解包的一些操作函数，在程序开发过程中并不需要关注此类函数。智云框架下的 BLE 开发主要针对从机，主机可以直接使用 Android 移动设备。

BLE 协议栈同样具有操作系统抽象层（OSAL），能够进行任务调度。BLE 协议栈在初始化用户任务时，调用了 sensorInit()函数对传感器进行了初始化，设置了 SBP_START_DEVICE_ EVT 事件，即启动设备事件，并将此事件传递给用户任务。操作系统检测到此事件后，便会调用事件处理函数来处理此事件。处理此事件的步骤是先启动设备，紧接着设置 SBP_ PERIODIC_EVT 事件，这个事件是周期性事件。

在事件处理函数处理周期性事件的过程中，先是通过定时器（1000 ms 后触发周期性事件）设置下一个周期性事件，然后调用 performPeriodicTask 函数来处理周期性事件，最后调用 sensorUpdate()函数来执行定时采集、上报传感器数据的操作。

1）智云框架

智云框架是在 BLE 协议栈的基础上搭建起来的，通过合理调用传感器应用程序接口，可以使 BLE 的项目开发形成一套系统的开发逻辑。传感器应用程序接口是在 sensor.c 文件中实现的，包括传感器初始化、传感器控制、传感器数据的采集、报警信息的实时响应、系统参数的配置和更新等。传感器应用程序接口如表 3.2 所示。

表 3.2　传感器应用程序接口

函 数 名 称	函 数 说 明
sensorInit()	传感器初始化函数
sensorLinkOn()	节点入网成功操作函数
sensorUpdate()	传感器数据定时上报函数
sensorControl()	传感器控制函数
sensorCheck()	传感器报警监测及处理函数
ZXBeeInfRecv()	解析接收到的传感器控制指令函数
MyEventProcess()	自定义事件处理函数，启动定时器触发事件 MY_REPORT_EVT

2）传感器应用程序解析

智云框架下 BLE 节点示例程序是基于 BLE 协议栈开发的，在智云框架下传感器应用程序执行流程如图 3.31 所示。

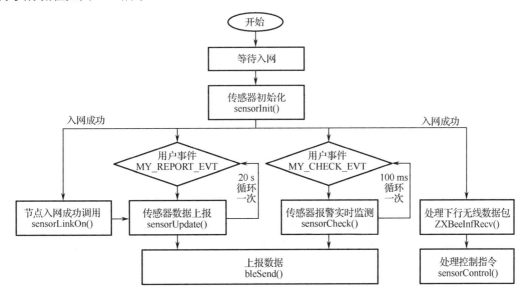

图 3.31　在智云框架下传感器应用程序执行流程

智云框架为 BLE 协议栈上层应用提供分层的软件设计结构，将传感器的私有操作部分封装在 sensor.c 文件中，用户任务中的处理事件和节点类型选择则在 sensor.h 文件中设置。sensor.h 文件中事件宏定义如下：

```
/************************************************************************
* 宏定义
************************************************************************/
#define MY_REPORT_EVT           0x0010
#define MY_CHECK_EVT            0x0020
#define NODE_NAME               "601"

extern uint8 simpleBLEPeripheral_TaskID;
/************************************************************************
* 函数原型
************************************************************************/
extern void sensorInit(void);
extern void sensorLinkOn(void);
extern void sensorUpdate(void);
extern void sensorCheck(void);
extern void sensorControl(uint8 cmd);
extern void MyEventProcess( uint16 event );
```

sensor.h 文件中定义了用户事件,用户事件中定义的主要内容是上报事件(MY_REPORT_EVT)和报警事件(MY_CHECK_EVT),上报事件用于对传感器采集的数据进行上报,报警事件用于对安防类传感器检测到的报警信息进行响应。另外,还定义了节点类型,可以将节点设置为路由节点(NODE_ROUTER)或者终端节点(NODE_ENDDEVICE);还声明了智云框架下文件 sensor.c 中的函数。

sensorInit()函数用于初始化传感器和触发事件 MY_REPORT_EVT 和 MY_CHECK_EVT,相关源代码如下:

```
/************************************************************************
* 名   称: sensorInit()
* 功   能: 传感器初始化
************************************************************************/
void sensorInit(void)
{
    printf("sensor->sensorInit(): Sensor init!\r\n");
    //传感器初始化

    //启动定时器,触发事件 MY_REPORT_EVT 和 MY_CHECK_EVT
    osal_start_timerEx(simpleBLEPeripheral_TaskID, MY_REPORT_EVT, (uint16)((osal_rand()%10) *
1000));

    osal_start_timerEx(simpleBLEPeripheral_TaskID, MY_CHECK_EVT, 100));
}
```

sensorLinkOn()函数在节点入网成功后被调用,相关源代码如下:

```
/************************************************************************
* 名   称: sensorLinkOn()
* 功   能: 节点入网成功调用函数
************************************************************************/
```

```
void sensorLinkOn(void)
{
    printf("sensor->sensorLinkOn(): Sensor Link on!\r\n");
    sensorUpdate();        //入网成功后上报一次传感器数据
}
```

sensorUpdate()函数用于对传感器数据进行更新，并将更新后的数据打包上报，相关源代码如下：

```
/********************************************************************
* 名   称：sensorUpdate()
* 功   能：处理主动上报的数据
********************************************************************/
void sensorUpdate(void)
{
    char pData[32];
    char *p = pData;

    //湿度采集（0～100 之间的随机数）
    humidity = (uint16)(osal_rand()%100);
    //更新湿度值
    sprintf(p, "humidity=%.1f", humidity);
    bleSend(p, strlen(p));
    HalLedSet( HAL_LED_1, HAL_LED_MODE_OFF );
    HalLedSet( HAL_LED_1, HAL_LED_MODE_BLINK );
    printf("sensor->sensorUpdate(): humidity=%.1f\r\n", humidity);
}
```

MyEventProcess()函数用于启动和处理用户定义事件，相关源代码如下：

```
/********************************************************************
* 名   称：MyEventProcess()
* 功   能：自定义事件处理
* 参   数：event——事件编号
********************************************************************/
void MyEventProcess( uint16 event )
{
    if (event & MY_REPORT_EVT) {
        sensorUpdate();                              //传感器数据定时上报
        //启动定时器，触发事件 MY_REPORT_EVT
        osal_start_timerEx(simpleBLEPeripheral_TaskID, MY_REPORT_EVT, 20*1000);
    }
    if (event & MY_CHECK_EVT) {
        sensorCheck();                               //传感器状态实时监测
        //启动定时器，触发事件 MY_CHECK_EVT
        osal_start_timerEx(simpleBLEPeripheral_TaskID, MY_CHECK_EVT, 100);
    }
}
```

ZXBeeInfRecv()函数用于对节点接收到的无线数据包进行处理，相关源代码如下：

```
/********************************************************************************
 * 名  称：ZXBeeInfRecv()
 * 功  能：对节点收到的无线数据包进行处理
 * 参  数：*pkg—收到的无线数据包；len—无线数据包长度
 ********************************************************************************/
void ZXBeeInfRecv(char *pkg, int len)
{
    uint8 val;
    char pData[16];
    char *p = pData;
    char *ptag = NULL;
    char *pval = NULL;

    printf("sensor->ZXBeeInfRecv(): Receive ZigBee Data!\r\n");
    HalLedSet(HAL_LED_1, HAL_LED_MODE_BLINK);
    ptag = pkg;
    p = strchr(pkg, '=');
    if (p != NULL) {
        *p++ = 0;
        pval = p;
    }
    val = atoi(pval);
    //控制指令解析
    if (0 == strcmp("cmd", ptag)){                    //对 D0 位进行操作，CD0 表示位清 0 操作
        sensorControl(val);
    }
}
```

sensorControl()函数用于控制传感器，相关源代码如下：

```
/********************************************************************************
 * 名  称：sensorControl()
 * 功  能：传感器控制
 * 参  数：cmd—控制指令
 ********************************************************************************/
void sensorControl(uint8 cmd)
{
    //根据 cmd 参数处理对应的控制程序
    if(cmd == 1){
        RELAY = ON;                                   //开启 LED
        printf("sensor->sensorControl(): LED ON\r\n");
    }
    else if(cmd == 0){
        RELAY = OFF;                                  //关闭 LED
        printf("sensor->sensorControl(): LED OFF\r\n");
    }
}
```

通过对 sensor.c 文件中具体函数即可快速完成 BLE 的项目开发。

3.3.3　开发实践：构建 BLE 智能家居系统

1．开发设计

本项目的开发目标是：基于 BLE 网络构建智能家居系统，使读者了解 BLE 协议栈的工作原理和关键接口，能够通过 BLE 主机对 BLE 从机的参数进行设置，掌握传感器应用程序接口的使用，快速实现 BLE 的项目开发。

为了满足对传感器应用程序接口的充分使用，BLE 节点携带了两种传感器，一种为温湿度传感器，另一种为继电器。温湿度传感器可以采集房间内的温度和湿度，继电器作为受控设备可调控房间内的环境参数。

整个项目实例的实现可分为两个部分，分别为硬件功能设计和软件逻辑设计，下面对这个部分分别进行分析。

1）硬件功能设计

根据前文的分析可知，温湿度传感器用于采集房间内的温度和湿度，由于本节重点分析传感器应用程序接口的使用，因此温度和湿度数据使用 CC2540 的随机数发生器产生的虚拟数据；继电器作为受控设备可以对房间的环境参数进行调节，例如，继电器控制门窗的开关，当温度和湿度过高时打开门窗，过低时关闭门窗。硬件框图如图 3.32 所示。

从图 3.32 可以得知，温湿度传感器使用 CC2540 的随机数发生器产生虚拟数据，继电器由 CC2540 通过 I/O 进行控制。继电器的硬件连接如图 3.33 所示。

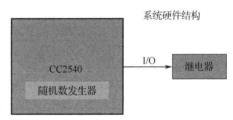

图 3.32　硬件框图

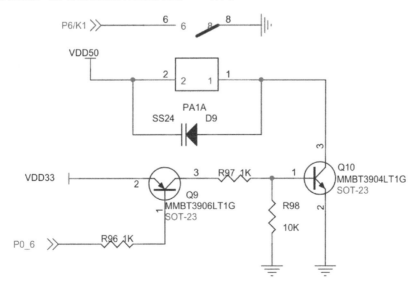

图 3.33　继电器的硬件连接

继电器由 CC2540 的 P0_6 引脚控制，根据电路分析可知，P0_6 引脚为低电平时继电器闭合，P0_6 引脚为高电平时继电器断开。

2）软件逻辑设计

项目的软件设计应符合 BLE 协议栈的执行流程，BLE 节点首先进行入网操作，当入网完成后，进行传感器的初始化和用户任务的初始化。当用户事件触发时，更新并上报传感器数据。当节点接收到数据时，如果接收的数据为继电器控制指令，则执行继电器控制操作。

BLEApiTest 工程是基于 BLE 协议栈开发的，基于 BLE 协议栈的程序开发详细流程如图 3.34 所示。

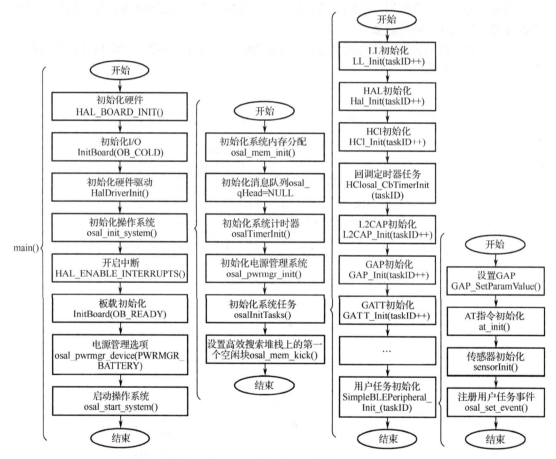

图 3.34　基于 BLE 协议栈的程序开发详细流程

智云框架执行流程如图 3.35 所示。

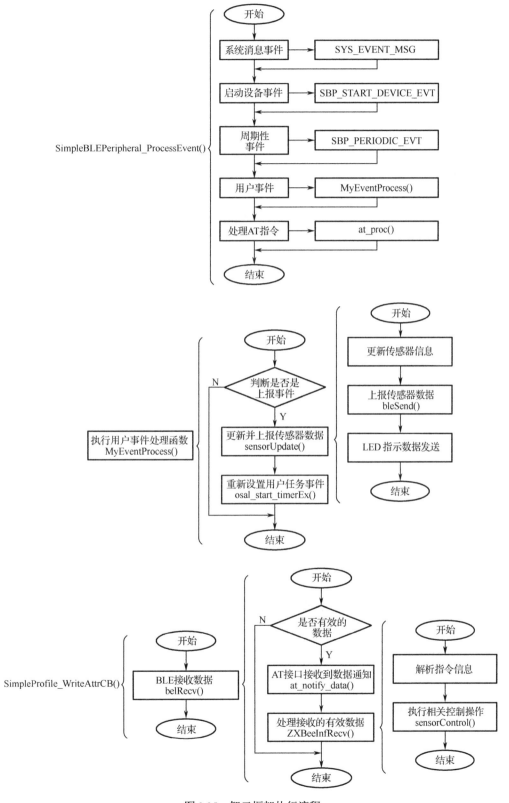

图 3.35　智云框架执行流程

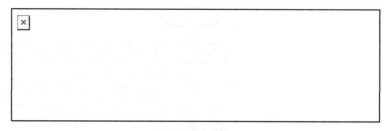

图 3.35　智云框架执行流程（续）

为了能够实现远程与本地识别 BLE 节点的数据，需要设计一套通信协议。根据项目特性设计的通信协议如表 3.3 所示。

表 3.3　通信协议

数 据 方 向	协 议 格 式	说　　明
上行（节点往应用层发送数据）	humidity=X	X 表示湿度数据
下行（应用层往节点发送指令）	cmd=X	X 为 0 时表示断开继电器，X 为 1 时表示闭合继电器

2．功能实现

1）BLE 协议栈框架关键接口

理解节点工程 BLEApiTest 的源代码文件 ZXBeeBLEPeripheral.c，理解 BLE 协议栈框架。

（1）用户任务初始化和传感器初始化。

```
/*********************************************************************************
* 名　　称：simpleBLEPeripheral_ProcessEvent()
* 功　　能：用户任务初始化
* 参　　数：task_id—产生的任务事件
*********************************************************************************/
void simpleBLEPeripheral_Init( uint8 task_id )
{
    simpleBLEPeripheral_TaskID = task_id;

    //设置 GAP
    void GAP_SetParamValue( TGAP_CONN_PAUSE_PERIPHERAL, DEFAULT_CONN_PAUSE_ PERIPHERAL );
    {
        ……
        ZXBeeInfInit();
        at_init();
        #ifndef CC2540_Serial
        sensorInit();
        #endif
    }
    ……
    osal_set_event( simpleBLEPeripheral_TaskID, SBP_START_DEVICE_EVT );
}
```

（2）用户任务事件处理函数，用于处理自定义任务事件。

```
uint16 simpleBLEPeripheral_ProcessEvent( uint8 task_id, uint16 events )
{
    void task_id;
    if ( events & SYS_EVENT_MSG )           //处理系统事件消息
    {
        uint8 *pMsg;                        //定义消息队列指针
        if ( ( pMsg = osal_msg_receive( simpleBLEPeripheral_TaskID )) != NULL )
        {
            simpleBLEPeripheral_ProcessOSALMsg( (osal_event_hdr_t *)pMsg );  //发布消息
            void osal_msg_deallocate( pMsg );
        }
        //返回未处理的事件
        return (events ^ SYS_EVENT_MSG);
    }
    if ( events & SBP_START_DEVICE_EVT )
    {
        //启动设备
        void GAPRole_StartDevice( &simpleBLEPeripheral_PeripheralCBs );
        //Start Bond Manager
        void GAPBondMgr_Register( &simpleBLEPeripheral_BondMgrCBs );

        //Set timer for first periodic event
        osal_start_timerEx( simpleBLEPeripheral_TaskID, SBP_PERIODIC_EVT, SBP_PERIODIC_EVT_
PERIOD );
        return ( events ^ SBP_START_DEVICE_EVT );
    }
    if ( events & SBP_PERIODIC_EVT )
    {
        //重启定时器
        if ( SBP_PERIODIC_EVT_PERIOD )
        {
            osal_start_timerEx( simpleBLEPeripheral_TaskID,
                        SBP_PERIODIC_EVT, SBP_PERIODIC_EVT_PERIOD );
        }
        //执行定时器应用任务
        performPeriodicTask();
        return (events ^ SBP_PERIODIC_EVT);
    }
    #ifdef XLAB
    if ( events & 0x00f0 ){
        uint16 e = events & 0x00f0;
        if (e & 0x0070) {
            #ifndef CC2540_Serial
            MyEventProcess(e&0x0070);           //自定义事件处理函数
            #endif
```

```
        }
        if (e & 0x0080){
            at_proc();
        }
        return events ^ e;
    }
    #endif
    //Discard unknown events
    return 0;
}
```

（3）BLE 协议栈启动及入网。

```
/*********************************************************************
* 名   称：peripheralStateNotificationCB()
* 功   能：当 BLE 协议栈启动完成后调用这个函数
* 参   数：status—启动完成后的状态
*********************************************************************/
static void peripheralStateNotificationCB( gaprole_States_t newState )
{
    #ifdef PLUS_BROADCASTER
    static uint8 first_conn_flag = 0;
    #endif //PLUS_BROADCASTER
    switch ( newState )
    {
        …….
        case GAPROLE_CONNECTED:
        {
            gConnectStatus = 1;
            HalLedSet(HAL_LED_2, HAL_LED_MODE_ON);
            bleLinkSet(1);
            sensorLinkOn();
            #if (defined HAL_LCD) && (HAL_LCD == TRUE)
            HalLcdWriteString( "Connected", HAL_LCD_LINE_3 );
            #endif
            ……
        }
    }
}
```

（4）处理节点收到的无线数据包。

```
/*********************************************************************
* 名   称：bleRecv()
* 功   能：当接收到节点发送的无线数据包后调用这个函数
* 参   数：buf—收到的无线数据包；len—无线数据包的长度
*********************************************************************/
void bleRecv(char *buf, int len)
{
```

```
static char rxbuf[96];
static int rxlen = 0;

HalLedSet(HAL_LED_1, HAL_LED_MODE_OFF);
HalLedSet(HAL_LED_1, HAL_LED_MODE_BLINK);

if (len == 20 && buf[0] == '{' && buf[19] != '}') {
    osal_memcpy(&rxbuf[0], buf, len);
    rxlen = len;
} else if (rxlen != 0) {
    if (rxlen + len < 96) {
        osal_memcpy(&rxbuf[rxlen], buf, len);
        rxlen += len;
        if (buf[len-1] == '}') {//end
            at_notify_data(rxbuf, rxlen);
            ZXBeeInfRecv(rxbuf, rxlen);
            rxlen = 0;
        }
    } else rxlen = 0;
}else {
    at_notify_data(buf, len);
    ZXBeeInfRecv(buf, len);
}
}
```

（5）节点发送无线数据包。

```
void bleSend(char *buf, int len)
{
    if (dataLength == 0) {
        if (len <= sizeof pbleNotifyData) {
            osal_memcpy(pbleNotifyData, buf, len);
            dataLength = len;
            sendLength = 0;
        }
    }
}
```

（6）BLE 协议栈定时器应用函数。

```
//启动定时器，触发事件 MY_REPORT_EVT
osal_start_timerEx( simpleBLEPeripheral_TaskID, SBP_PERIODIC_EVT, SBP_PERIODIC_EVT_PERIOD );
```

2）传感器应用程序关键函数

理解 BLEApiTest 工程的源代码文件 sensor.c，理解传感器应用程序的设计。

（1）传感器初始化。

```
/*********************************************************************************
* 名  称：sensorInit()
```

```
* 功  能：传感器初始化
***************************************************************************/
void sensorInit(void)
{
    printf("sensor->sensorInit(): Sensor init!\r\n");
    //初始化传感器源代码
    //初始化 LED 源代码
    //初始化继电器源代码
    P0SEL &= ~0xC0;                          //配置引脚为通用 I/O 模式
    P0DIR |= 0xC0;                           //配置引脚为输入模式

    //启动定时器，触发事件 MY_REPORT_EVT
    osal_start_timerEx(simpleBLEPeripheral_TaskID, MY_REPORT_EVT, (osal_rand()%10) * 1000);
}
```

（2）节点入网成功后调用函数。

```
/***************************************************************************
* 名  称：sensorLinkOn()
* 功  能：节点入网成功调用函数
***************************************************************************/
void sensorLinkOn(void)
{
    printf("sensor->sensorLinkOn(): Sensor Link on!\r\n");
    sensorUpdate();
}
```

（3）更新并上报传感器数据的函数。

```
/***************************************************************************
* 名  称：sensorUpdate()
* 功  能：更新并上报传感器数据
***************************************************************************/
void sensorUpdate(void)
{
    char pData[32];
    char *p = pData;

    //湿度采集（0～100 之间的随机数）
    humidity = (uint16)(osal_rand()%100);
    //更新湿度数据
    sprintf(p, "humidity=%.1f", humidity);
    bleSend(p, strlen(p));
    HalLedSet( HAL_LED_1, HAL_LED_MODE_OFF );
    HalLedSet( HAL_LED_1, HAL_LED_MODE_BLINK );

    printf("sensor->sensorUpdate(): humidity=%.1f\r\n", humidity);
}
```

（4）处理收到的无线数据包函数。

```
void ZXBeeInfRecv(char *pkg, int len)
{
    uint8 val;
    char pData[16];
    char *p = pData;
    char *ptag = NULL;
    char *pval = NULL;

    printf("sensor->ZXBeeInfRecv(): Receive BLE Data!\r\n");
    HalLedSet(HAL_LED_1, HAL_LED_MODE_BLINK);

    ptag = pkg;
    p = strchr(pkg, '=');
    if (p != NULL) {
        *p++ = 0;
        pval = p;
    }
    val = atoi(pval);

    //控制指令解析
    if (0 == strcmp("cmd", ptag)){              //对 D0 位进行操作，CD0 表示位清 0 操作
        sensorControl(val);
    }
}
```

（5）传感器控制函数。

```
/*********************************************************************
* 名    称：sensorControl()
* 功    能：传感器控制
* 参    数：cmd—控制指令
*********************************************************************/
void sensorControl(uint8 cmd)
{
    //根据 cmd 参数调用对应的控制程序
    if(cmd == 1){
        RELAY = ON;                             //开启 LED
        printf("sensor->sensorControl(): LED ON\r\n");
    }
    else if(cmd == 0){
        RELAY = OFF;                            //关闭 LED
        printf("sensor->sensorControl(): LED OFF\r\n");
    }
}
```

（6）自定义事件处理函数。

```
/***************************************************************************
* 名  称：MyEventProcess()
* 功  能：自定义事件处理
* 参  数：event——事件编号
***************************************************************************/
void MyEventProcess( uint16 event )
{
    if (event & MY_REPORT_EVT) {
        printf("sensor->MyEventProcess(): MY_REPORT_EVT trigger!\r\n");
        sensorUpdate();                          //传感器数据定时上报
        //启动定时器，触发事件 MY_REPORT_EVT
        osal_start_timerEx(simpleBLEPeripheral_TaskID, MY_REPORT_EVT, 20*1000);
    }
}
```

3. 开发验证

（1）运行 BLEApiTest 工程，通过 IAR 集成开发环境进行程序的开发、调试，设置断点，以便理解 BLE 协议栈程序的调用关系。工程调试如图 3.36 所示。

图 3.36　工程调试

（2）根据程序设定，BLE 节点每 20 s 上报一次传感器数据到应用层，同时通过 ZCloudTools 工具发送电机控制指令（cmd=1 表示开启 LED，cmd=0 表示关闭 LED），如图 3.37 所示，可以对 BLE 节点的电机（由继电器模拟）进行开关控制。通过 xLabTools 和 ZCloudTools 工具可以完成节点数据的分析和调试。验证效果如图 3.38 所示。

图 3.37　发送电机控制指令

图 3.38　验证效果

3.3.4　小结

本节先介绍了 BLE 协议栈的初始化流程、任务注册和任务调度分析，然后介绍了智云框架和传感器应用程序解析，最后基于 BLE 网络构建了智能家居系统。

3.3.5 思考与拓展

（1）BLE 协议栈是如何执行的？
（2）BLE 协议栈的任务是如何排序的？依据是什么？
（3）BLE 协议栈中一个用户任务下可以有多少个用户事件？

3.4 BLE 智能家居湿度采集系统开发与实现

夏天，室内相对湿度过大时，会抑制人体散热，使人感到十分闷热、烦躁；冬天，室内相对湿度较大时，则会加速热传导，使人觉得阴冷。室内相对湿度过低时，会使人感到口干舌燥，并易患感冒。湿度检测设备如图 3.39 所示，可以检测室内湿度状况。

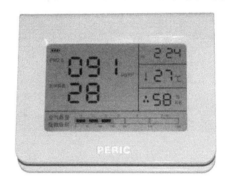

图 3.39　湿度检测设备

本节主要讲述物联网采集类节点的程序开发，通过 BLE 智能家居湿度采集系统，帮助读者理解 BLE 采集类程序逻辑和接口。

3.4.1 学习与开发目标

（1）知识目标：BLE 远程数据采集应用场景、机制和接口，BLE 采集类程序通信协议。
（2）技能目标：了解 BLE 远程数据采集应用场景，掌握 BLE 数据发送接口的使用和 BLE 采集类程序通信协议的设计。
（3）开发目标：构建 BLE 智能家居湿度采集系统。

3.4.2 原理学习：BLE 采集类程序接口

1. BLE 采集类程序逻辑分析

1）BLE 采集类程序逻辑分析
BLE 网络的功能之一就是实现远程数据采集，BLE 节点采集的数据可通过 BLE 网络在BLE 主机汇总，为数据分析和处理提供支持。

BLE 的远程数据采集有很多应用场景，例如运动手环运动量采集、光照度信息采集、无人机数据采集、3D 运动捕捉、空气质量采集等。要如何利用 BLE 网络实现远程数据采集呢？采集类程序逻辑见 2.4.2 节。

采集类程序的逻辑如图 3.40 所示。

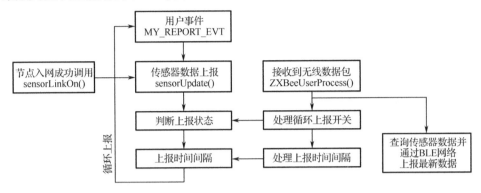

图 3.40　采集类程序的逻辑

2）BLE 采集类程序通信协议设计

一个完整的物联网综合系统，数据贯穿了感知层、网络层、服务层和应用层，数据在这四层之间层层传递，因此需要设计一种合适的通信协议完成数据的封装与通信。

采集类节点要将采集的数据进行打包上报，并能够让远程设备识别，或者远程设备向采集类节点发送信息能够被响应，就需要定义一套通信协议，这套通信协议对于采集类节点和远程设备而言都是约定好的。只有在这样一套协议下，才能够建立和实现采集类节点与远程设备之间的数据交互。

采集类程序通信协议设计采用类 JSON 格式，格式为{[参数]=[值],[参数]=[值]…}。

（1）每条数据以"{"作为起始字符。

（2）"{}"内的多个参数以","分隔。

（3）数据上行格式为{value=12,status=1}。

（4）数据下行查询指令的格式为{value=?,status=?}，程序返回{value=12,status=1}。

采集类程序通信协议如表 3.4 所示。

表 3.4　采集类程序通信协议

数据方向	协议格式	说　　明
上行（节点往应用层发送数据）	{sensorValue=X}	X 表示传感器采集的数据
下行（应用层往节点发送指令）	{sensorValue=?}	查询传感器数据，返回{sensorValue =X}，X 表示传感器采集的数据

2．BLE 采集类程序接口分析

1）传感器应用程序接口分析

远程数据采集功能建立在无线传感器网络之上，在建立无线传感器网络后，先进行传感器的初始化，然后初始化系统任务，此后每次执行任务时都会采集一次传感器数据并将其填入设计好的通信协议中，最后通过无线传感器网络发送至协调器，最终数据通过服务器和互联网被用户使用。

采集类传感器应用程序流程如图 3.41 所示。

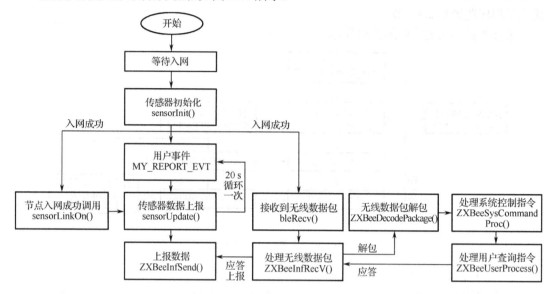

图 3.41　采集类传感器应用程序流程

在上述程序设计流程中，需要对无线传感器网络和用户任务进行配置，在用户任务配置的基础上还需要添加通信协议，整个过程较为复杂和烦琐。为了方便传感器应用程序的开发，使用智云框架会让程序开发变得较为方便和快速。3.4 节介绍了智云框架，在此框架下传感器应用程序的开发会变得方便快捷、易上手。

智云框架下传感器应用程序的开发均在 sensor.c 文件下进行，传感器应用程序接口如表 3.5 所示。

表 3.5　传感器应用程序接口

函 数 名 称	函 数 说 明
sensorInit()	传感器初始化
sensorLinkOn()	节点入网成功后调用
sensorUpdate()	更新并上报传感器数据
ZXBeeUserProcess()	解析接收到的下行查询指令
MyEventProcess()	用户事件处理

在智云框架下实现远程数据采集程序会变得较为方便，可省略节点组网和用户任务创建的烦琐过程，直接调用 sensorInit() 函数来实现传感器的初始化，调用 sensorUpdate() 函数实现传感器数据的更新并上报。

2）BLE 无线数据包收发

无线数据包收发处理是在 zxbee-inf.c 文件中实现的，无线数据包收发函数如表 3.6 所示。

表 3.6　无线数据包收发函数

函 数 名 称	函 数 说 明
ZXBeeInfSend()	节点发送无线数据包给汇聚节点
ZXBeeInfRecv()	处理节点收到无线数据包

（1）ZXBeeInfSend()函数。

```
/********************************************************************
* 名    称：ZXBeeInfSend()
* 功    能：节点发送无线数据包给汇聚节点
* 参    数：*p—要发送的无线数据包；len—无线数据包的长度
********************************************************************/
void ZXBeeInfSend(char *p, int len)
{
    bleSend(p, len);
}
/********************************************************************
* 名    称：bleSend()
* 功    能：设置需要发送的无线数据包
* 参    数：buf—需要发送的无线数据包；len—无线数据包的长度
********************************************************************/
void bleSend(char *buf, int len)
{
    if (dataLength == 0) {
        if (len <= sizeof pbleNotifyData) {
            osal_memcpy(pbleNotifyData, buf, len);
            dataLength = len;
            sendLength = 0;
        }
    }
}
```

（2）ZXBeeInfRecv()函数。

```
/********************************************************************
* 名    称：ZXBeeInfRecv()
* 功    能：处理节点收到的无线数据包
* 参    数：*pkg—收到的无线数据包；len—无线数据包的长度
********************************************************************/
void ZXBeeInfRecv(char *pkg, int len)
{
    char *rdat = ZXBeeDecodePackage(pkg, len);
    if (rdat != NULL) {
        ZXBeeInfSend(rdat, strlen(rdat));
    }
}
```

3）BLE 无线数据包解析

针对特定的通信协议，需要对无线数据进行封包、解包操作，无线数据的封包、解包相关函数是在 zxbee.c 文件中实现的，详见 2.4.2 节。

4）BLE 湿度采集系统的设计

湿度采集系统是智能家居系统中的一个子系统，主要实现对家房间内湿度的定时监测，以便掌握室内环境湿度。

湿度采集系统采用 BLE 技术，通过部署湿度传感器和 BLE 节点，将采集到的数据通过智能网关发送到物联网云平台，最终通过智能家居系统进行湿度数据的采集和展现。

湿度采集系统的架构如图 3.42 所示。

3．HTU21D 型温湿度传感器

本项目采用 HTU21D 型温湿度传感器，每一个 HTU21D 型温湿度传感器在芯片内都存储了电子识别码（可以通过输入指令读出这些识别码）。此外，HTU21D 型温湿度传感器的分辨率可以通过输入指令进行修改（8/ 12 bit，甚至 12/14 bit），可以检测到电池低电量状态，输出校验和，有助于提高通信的可靠性。HTU21D 型温湿度传感器的引脚如图 3.43 所示，引脚的功能如表 3.7 所示。

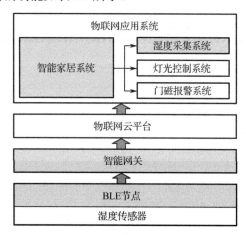

图 3.42　湿度采集系统的架构

图 3.43　HTU21D 型温湿度传感器的引脚

表 3.7　HTU21D 型温湿度传感器引脚的功能

序　号	引脚名称	功　能
1	DATA	串行数据端口（双向）
2	GND	电源地
3	NC	不连接
4	NC	不连接
5	VDD	电源输入
6	SCK	串行时钟（双向）

1）VDD 引脚

HTU21D 型温湿度传感器的供电范围为 DC 1.8～3.6 V，推荐电压为 3.0 V。VDD 引脚和 GND 引脚之间需要连接一个 100 nF 的去耦电容，该电容应尽可能靠近传感器。

2）SCK 引脚

SCK 引脚用于微处理器与 HTU21D 型温湿度传感器之间的通信同步，由于该引脚包含了完全静态逻辑，因而不存在最小 SCK 频率。

3）DATA 引脚

DATA 引脚为三态结构，用于读取 HTU21D 型温湿度传感器的数据。当向 HTU21D 型温湿度传感器发送指令时，DATA 在 SCK 的上升沿有效且 SCK 为高电平时必须保持稳定，DATA 在 SCK 的下降沿之后改变。当从 HTU21D 型温湿度传感器读取数据时，DATA 在 SCK 变为低电平后有效，且维持到下一个 SCK 下降沿。为避免信号冲突，微处理器在 DATA 为低电平时需要一个外部的上拉电阻（如 10 kΩ）将信号提拉至高电平，上拉电阻通常已包含在微处理器的 I/O 电路中。

4）微处理器与 HTU21D 型温湿度传感器的通信时序

微处理器与 HTU21D 型温湿度传感器的通信时序如图 3.44 所示。

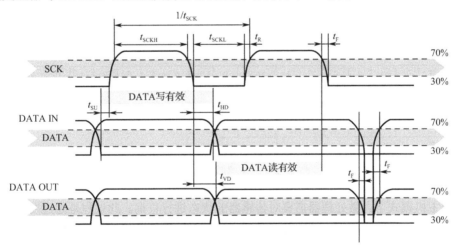

图 3.44　微处理器与 HTU21D 型温湿度传感器的通信时序

（1）启动传感器：将传感器上电，VDD 的电压为 1.8～3.6 V。上电后，传感器最多需要 15 ms（此时 SCK 为高电平）便可达到空闲状态，即做好准备接收由主机发送的指令。

（2）起始信号：开始传输，发送一位数据时，DATA 在 SCK 高电平期间向低电平跳变，如图 3.45 所示。

（3）停止信号：终止传输，停止发送数据时，DATA 在 SCK 高电平期间向高电平跳变，如图 3.46 所示。

图 3.45　起始信号　　　　　　　　　　图 3.46　停止信号

5）主机/非主机模式

微处理器与 HTU21D 型温湿度传感器之间的通信有两种工作方式：主机模式和非主机模式。在主机模式下，在测量的过程中，SCL 被封锁（由传感器进行控制）；在非主机模式下，当传感器在执行测量任务时，SCL 仍然保持开放状态，可进行其他通信。在主机模式下进行测量时，HTU21D 型温湿度传感器将 SCL 拉低，强制主机进入等待状态，通过释放 SCL，表示传感器内部处理工作结束，进而可以继续传送数据。

在如图 3.47 所示的主机模式时序中，灰色部分由 HTU21D 型温湿度传感器控制。如果省略了校验和（Checksum）传输，则可将第 45 位改为 NACK，后接一个传输停止信号（P）。

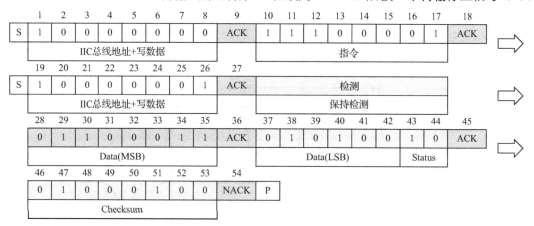

图 3.47　主机模式时序

在非主机模式下，微处理器需要对传感器的状态进行查询。此过程是通过发送一个起始信号后紧接 IIC 总线首字节（1000 0001）来完成的。如果内部处理工作完成，则微处理器查询到传感器发出的确认信号后，相关数据就可以通过微处理器进行读取。如果检测处理工作没有完成，则传感器无确认位（ACK）输出，此时必须重新发送起始信号。非主机模式时序如图 3.48 所示。

无论采用哪种模式，由于测量的最大分辨率为 14 位，第二个字节 SDA 上的最低两位（bit43 和 bit44）用来传输相关的状态（Status）信息，bit1 表明测量的类型（0 表示温度，1 表示湿度），bit0 目前没有赋值。

6）软复位

在不需要关闭和再次打开电源的情况下，通过软复位可以重新启动传感器系统。在接收到软复位指令之后，传感器开始重新初始化，并恢复默认设置状态，如图 3.49 所示，软复位所需时间不超过 15 ms。

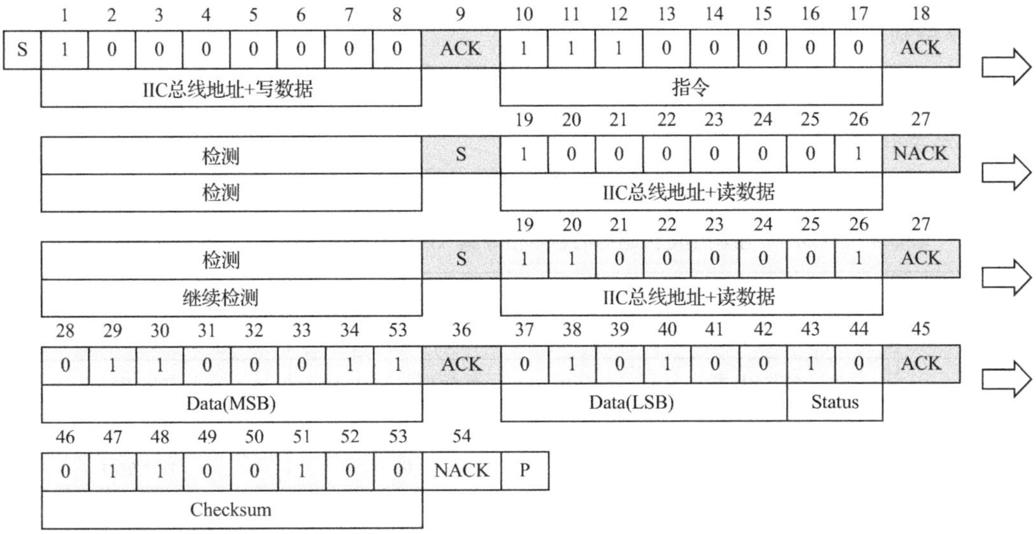

1	2	3	4	5	6	7	8	9	10	11	12	13	14	15	16	17	18
S	1	0	0	0	0	0	0	0	ACK	1	1	1	0	0	0	0	0	ACK

IIC总线地址+写数据　　　　　　　指令

									19	20	21	22	23	24	25	26	27
检测								S	1	0	0	0	0	0	0	1	NACK

检测　　　　　　　IIC总线地址+读数据

									19	20	21	22	23	24	25	26	27
检测								S	1	1	0	0	0	0	0	1	ACK

继续检测　　　　　　　IIC总线地址+读数据

28	29	30	31	32	33	34	53	36	37	38	39	40	41	42	43	44	45
0	1	1	0	0	0	1	1	ACK	0	1	0	1	0	0	1	0	ACK

Data(MSB)　　　　　　　Data(LSB)　　　　Status

46	47	48	49	50	51	52	53	54	
0	1	1	0	0	1	0	0	NACK	P

Checksum

图 3.48　非主机模式时序

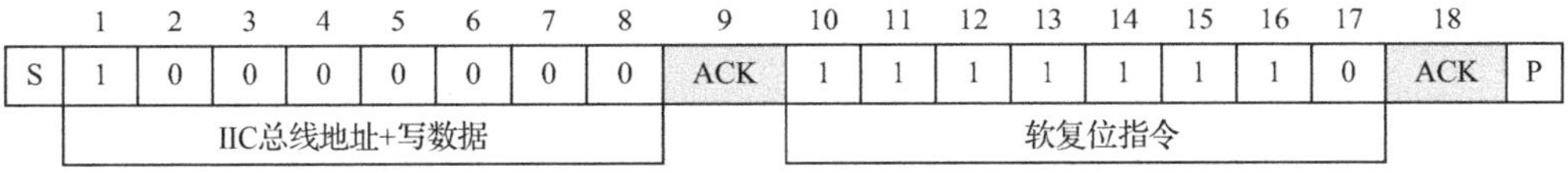

1	2	3	4	5	6	7	8	9	10	11	12	13	14	15	16	17	18	
S	1	0	0	0	0	0	0	0	ACK	1	1	1	1	1	1	1	0	ACK	P

IIC总线地址+写数据　　　　　　　软复位指令

图 3.49　软复位指令

7）CRC-8 校验和计算

当 HTU21D 型温湿度传感器通过 IIC 总线通信时，CRC-8 校验可用于检测传输错误，CRC-8 校验可覆盖所有由传感器传输的读取数据。IIC 总线的 CRC-8 校验属性如表 3.8 所示。

表 3.8　IIC 总线的 CRC-8 校验属性

序　号	功　能	说　明
1	生成多项式	$X^8 + X^5 + X^4 + 1$
2	初始化	0x00
3	保护数据	读数据
4	最后操作	无

8）信号转换

HTU21D 型温湿度传感器的默认分辨率为相对湿度 12 位和温度 14 位。SDA 的输出数据被转换成 2 字节的数据包，高字节 MSB 在前（左对齐），每个字节后面都跟随 1 个应答位、2 个状态位，即 LSB 的最低两位在进行物理计算前必须清 0。例如，所传输的 16 位相对湿度数据为 0110001101010000（二进制）=25424（十进制）。

（1）相对湿度转换。不论基于哪种分辨率，相对湿度 RH 都可以根据 SDA 输出的相对湿度信号 S_{RH}，通过如下公式计算获得（结果以%RH 表示）：

$$RH = -6 + 125 \times S_{RH} / 2^{16}$$

例如，16 位的湿度数据为 0x6350，即 25424，相对湿度的计算结果为 42.5%RH。

（2）温度转换。不论基于哪种分辨率，温度 T 都可以通过将温度输出信号 S_T 代入下面的公式计算得到（结果以温度℃表示）：

$$T = -46.85 + 175.72 \times S_T / 2^{16}$$

9）基本指令集

HTU21D 型温湿度传感器的基本指令集如表 3.9 所示。

表 3.9　HTU21D 型温湿度传感器的基本指令集（RH 代表相对湿度、T 代表温度）

序　号	指　令	功　能	代　码
1	触发 T 测量	保持主机	1110 0011
2	触发 RH 测量	保持主机	1110 0101
3	触发 T 测量	非保持主机	1111 0011
4	触发 RH 测量	非保持主机	1111 0101
5	写寄存器		1110 0110
6	读寄存器		1110 0111
7	软复位		1111 1110

3.4.3　开发实践：智能家居湿度采集系统设计

1．开发设计

项目开发目标：本节以智能家居湿度采集系统为例学习传感器应用程序的开发，学习并掌握传感器数据上报逻辑和应用程序接口的使用。

为了满足对数据上报场景的模拟，基于 BLE 网络的智能家居湿度信息采集系统的 BLE 节点携带了 HTU21D 型温湿度传感器，该传感器通过 IIC 总线与 CC2540 连接并定时采集、上报湿度信息。当远程控制设备发出查询指令时，BLE 节点能够执行指令并反馈湿度信息。

湿度采集系统的实现可分为两个部分，分别为硬件功能设计和软件协议设计。下面对这两个部分分别进行分析。

1）硬件功能设计

根据前文的分析，为了实现对传感器数据上报的模拟，硬件中使用了 HTU21D 型温湿度传感器作为湿度信息的来源，通过 HTU21D 型温湿度传感器定时获取湿度信息并上报，以此完成数据的发送。湿度采集系统的硬件框图如图 3.50 所示。

从图 3.50 可以得知，HTU21D 型温湿度传感器通过 IIC 总线与 CC2540 进行通信。HTU21D 型温湿度传感器硬件连接如图 3.51 所示。

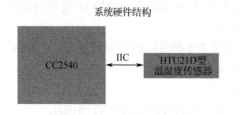

图 3.50　湿度采集系统的硬件框图

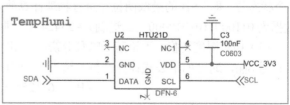

图 3.51　HTU21D 型温湿度传感器硬件连接

图中 HTU21D 型温湿度传感器采用 IIC 总线进行数据采集，其中 SCL 连接 CC2540 的 P0_0 引脚，SDA 连接 CC2540 的 P0_1 引脚。

2）软件协议设计

BLEHumidity 工程实现了智能家居湿度采集系统，该程序实现了以下功能：

（1）节点入网后，每 20 s 上报一次传感器数据。

（2）应用层可以下行发送查询指令读取传感器最新的数据。

BLEHumidity 工程采用类 JOSN 格式的通信协议（{[参数]=[值],[参数]=[值]…}），具体如表 3.10 所示。

表 3.10　通信协议

数 据 方 向	协 议 格 式	说　明
上行（节点往应用层发送数据）	{humidity=X}	X 表示采集到的湿度数据
下行（应用层往节点发送指令）	{humidity =?}	查询湿度数据，返回 {humidity =X}，X 表示采集到的湿度数据

2．功能实现

1）智能家居湿度采集系统程序分析

BLEHumidity 工程基于智云框架开发，实现了传感器数据的定时上报和查询，无线数据的封包、解包等功能。下面详细分析智能家居湿度采集系统的程序逻辑。

（1）传感器应用程序部分：在 sensor.c 文件中实现，包括传感器初始化函数（sensorInit()）、节点入网调用函数（sensorLinkOn()）、传感器数据上报函数（sensorUpdate()）、处理下行的用户指令函数（ZXBeeUserProcess()）、用户事件处理函数（MyEventProcess()）。

（2）传感器驱动：在 HTU21D.c 文件中实现，通过调用 IIC 总线实现对传感器实时数据的采集。

（3）无线数据包收发处理：在 zxbee-inf.c 文件中实现，包括 BLE 无线数据的收发函数。

（4）无线数据的封包、解包：在 zxbee.c 文件中实现，封包函数为 ZXBeeBegin()、ZXBeeAdd(char* tag, char* val)、ZXBeeEnd(void)，解包函数为 ZXBeeDecodePackage(char *pkg, int len)。

2）智能家居湿度采集系统程序设计

智能家居湿度采集系统属于采集类传感器的应用，主要完成传感器数据的循环上报。

（1）传感器初始化：BLE 协议栈初始化完成后，在 ZXBeeBLEPeripheral.c 文件内调用传感器初始化函数。

```
void zb_ simpleBLEPeripheral_Init (uint8 task_id )
{
    #ifndef CC2540_Serial
    sensorInit();                                    //传感器初始化
    #endif
}
```

在 sensor.c 文件中的 sensorInit()函数中实现 HTU21D 型温湿度传感器的初始化。

```
void sensorInit(void)
{
    htu21d_init();                                          //HTU21D 型温湿度传感器初始化
    //启动定时器，触发事件 MY_REPORT_EVT
    osal_start_timerEx(simpleBLEPeripheral_TaskID, MY_REPORT_EVT, (osal_rand()%10) * 1000);
}
```

（2）传感器数据循环上报：采集类传感器负责定时上报传感器采集的数据，在 sensor.c 文件中的 sensorInit()函数中完成传感器初始化后，启动一个定时器来触发事件 MY_REPORT_EVT，然后调用 ZXBeeBLEPeripheral.c 文件中的 simpleBLEPeripheral_ProcessEvent()函数来处理用户事件，并调用 sensor.c 文件中的 MyEventProcess(event)函数，该函数内调用 sensorUpdate()进行传感器数据上报，并再次启动一个定时器来触发事件 MY_REPORT_EVT，从而实现传感器数据的循环上报。

```
void MyEventProcess( uint16 event )
{
    if (event & MY_REPORT_EVT) {
        sensorUpdate();                                     //传感器数据定时上报
        //启动定时器，触发事件 MY_REPORT_EVT
        osal_start_timerEx(sapi_TaskID, MY_REPORT_EVT, 20*1000);
    }
}
```

在 sensor.c 文件中实现了传感器数据上报函数 sensorUpdate()，该函数调用 updateHumidity()函数更新湿度数据，并通过 ZXBeeBegin()、ZXBeeAdd(char* tag, char* val)、ZXBeeEnd(void)函数实现对无线数据的封包，最后调用 zxbee-inf.c 文件中的 ZXBeeInfSend (char *p, int len)函数将无线数据包发送给应用层。

```
void sensorUpdate(void)
{
    char pData[16];
    char *p = pData;

    //湿度采集
    updateHumidity();
    ZXBeeBegin();

    //上报湿度数据
    sprintf(p, "%.1f", humidity);
    ZXBeeAdd("humidity", p);

    p = ZXBeeEnd();
    if (p != NULL) {
        ZXBeeInfSend(p, strlen(p));     //将需要上报的无线数据打包，并通过 zb_SendDataRequest()发送
到协调器
    }
```

```
            printf("sensor->sensorUpdate():humidity=%.1f\r\n", humidity);
    }
```

（3）节点入网处理：节点入网后，BLE 协议栈会调用 ZXBeeBLEPeripheral.c 文件中的
peripheralStateNotificationCB()进行入网确认处理，该函数调用 sensor.c 文件中的 sensorLinkOn()
函数进行入网后传感器数据的上报。

```
void sensorLinkOn(void)
{
    sensorUpdate();
}
```

（4）处理无线下行控制指令：当 BLE 协议栈接收到发送过来的下行数据包时，会调用
ble.inf.c 文件中的 bleRecv()函数进行接收，然后调用 zxbee-inf.c 文件中的 ZXBeeInfRecv()函
数对无线数据包进行解包，并将解包后的数据发送到应用层。

```
void ZXBeeInfRecv(char *pkg, int len)
{
    char *p = ZXBeeDecodePackage(pkg, len);
    if (p != NULL) {
        ZXBeeInfSend(p, strlen(p));
    }
}
```

zxbee.c 文件中的 ZXBeeDecodePackage()函数对接收到的无线数据包进行指令解析，先调
用 zxbee-sys-command.c 文件中的 ZXBeeSysCommandProc()函数进行系统指令处理，然后调
用 sensor.c 文件中的 ZXBeeUserProcess()函数进行用户指令处理。

```
int ZXBeeUserProcess(char *ptag, char *pval)
{
    int ret = 0;
    char pData[16];
    char *p = pData;

    //控制指令解析
    if (0 == strcmp("lightIntensity", ptag)){        //查询执行指令编码
        if (0 == strcmp("?", pval)){
            updateLightIntensity();
            ret = sprintf(p, "%.1f", lightIntensity);
            ZXBeeAdd("lightIntensity", p);
        }
    }
    return ret;
}
```

3）智能家居湿度采集系统驱动程序的设计

（1）传感器初始化：HTU21D 型温湿度传感器通过 IIC 总线与 CC2540 交互，传感器初
始化主要是 IIC 总线初始化。

```
/************************************************************************
 * 名    称：htu21d_init()
 * 功    能：HTU21D 型温湿度传感器初始化
 ************************************************************************/
void htu21d_init(void)
{
    iic_init();                              //IIC 总线初始化
    iic_start();                             //启动 IIC 总线
    iic_write_byte(HTU21DADDR&0xfe);         //写 HTU21D 型温湿度传感器的 IIC 总线地址
    iic_write_byte(0xfe);
    iic_stop();                              //停止 IIC 总线
    //delay(600);                            //短时延
}/**********************************************************************
 * 名    称：iic_init()
 * 功    能：IIC 总线初始化函数
 ************************************************************************/
void iic_init(void)
{
    P0SEL &= ~0x03;                          //设置 P0_0 和 P0_1 为普通 I/O 模式
    P0DIR |= 0x03;                           //设置 P0_0 和 P0_1 为输出模式
    SDA = 1;                                 //拉高数据线
    iic_delay_us(10);                        //时延 10 μs
    SCL = 1;                                 //拉高时钟线
    iic_delay_us(10);                        //时延 10 μs
}
```

（2）获取传感器数据。

```
/************************************************************************
 * 名    称：htu21d_get_data()
 * 功    能：HTU21D 型温湿度传感器测量温度和湿度
 * 参    数：order—指令
 * 返回值：temperature—温度值；humidity—湿度值
 ************************************************************************/
int htu21d_get_data(unsigned char order)
{
    float temp = 0,TH = 0;
    unsigned char MSB,LSB;
    unsigned int humidity,temperature;
    iic_start();                                     //启动 IIC 总线
    if(iic_write_byte(HTU21DADDR & 0xfe) == 0){      //写 HTU21D 型温湿度传感器的 IIC 总线地址
        if(iic_write_byte(order) == 0){              //写寄存器地址
            do{
                delay(30);
                iic_start();
            }
            while(iic_write_byte(HTU21DADDR | 0x01) == 1);   //发送读信号
            MSB = iic_read_byte(0);                   //读取数据高 8 位
```

```
            delay(30);                                    //时延
            LSB = iic_read_byte(0);                       //读取数据低 8 位
            iic_read_byte(1);
            iic_stop();                                   //停止 IIC 总线
            LSB &= 0xfc;                                  //取出数据有效位
            temp = MSB*256+LSB;                           //数据合并
            if (order == 0xf3){                           //触发开启温度检测
                TH=(175.72)*temp/65536-46.85;             //温度：T= -46.85 + 175.72 * ST/2^16
                temperature =(unsigned int)(fabs(TH)*100);
                if(TH >= 0)
                flag = 0;
                else
                flag = 1;
                return temperature;
            }else{
                TH = (temp*125)/65536-6;
                humidity = (unsigned int)(fabs(TH)*100);  //湿度：RH%= -6 + 125 * SRH/2^16
                return humidity;
            }
        }
    }
    iic_stop();
    return 0;
}
```

（3）通过 IIC 总线读取传感器数据。

```
/****************************************************************************
* 名   称：htu21d_read_reg()
* 功   能：HTU21D 型温湿度传感器读取寄存器
* 参   数：cmd—寄存器地址
* 返回值：data—寄存器数据
****************************************************************************/
unsigned char htu21d_read_reg(unsigned char cmd)
{
    unsigned char data = 0;
    iic_start();                                          //启动 IIC 总线
    if(iic_write_byte(HTU21DADDR & 0xfe) == 0){           //写 HTU21D 型温湿度传感器的 IIC 总线地址
        if(iic_write_byte(cmd) == 0){                     //写寄存器地址
            do{
                delay(30);                                //时延 30 ms
                iic_start();                              //开启 IIC 总线通信
            }
            while(iic_write_byte(HTU21DADDR | 0x01) == 1);  //发送读信号
            data = iic_read_byte(0);                      //读取一个字节数据
            iic_stop();                                   //停止 IIC 总线
        }
    }
```

```
        return data;
    }
```

3．开发验证

（1）运行 BLEHumidity 工程，通过 IAR 集成开发环境的进行程序的开发、调试，设置断点理解程序调用关系。工程调试如图 3.52 所示。

图 3.52　工程调试

（2）根据程序设定，传感器每 20 s 上报一次湿度数据到应用层，同时通过 ZCloudTools 工具发送查询指令（{humidity=?}），如图 3.53 所示，程序接收到查询指令后将会返回实时的湿度数据到应用层。

图 3.53　通过 ZCloudTools 工具发送查询指令

（3）改变环境湿度，观察传感器上报数据的变化。

（4）修改数据上报时间间隔，记录传感器数据的变化。

验证效果如图 3.54 所示。

图 3.54　验证效果

3.4.4　小结

本节先分析了 BLE 采集类程序的逻辑，以及通信协议的功能和格式，然后介绍了采集类传感器应用程序接口、BLE 无线数据包收发函数、无线数据封包与解包函数，最后构建了智能家居湿度采集系统开发实践。

3.4.5　思考与拓展

（1）BLE 远程数据采集的应用场景有哪些？
（2）为何要定义通信协议？
（3）BLE 的数据发送使用了哪些接口？
（4）尝试修改程序，实现智能家居空气质量传感器的数据采集。
（5）尝试修改程序，当湿度值波动较大时才上报湿度数据。

3.5　BLE 智能家居灯光控制系统开发与实现

智能家居灯光控制系统可以让控制方式更加符合人的行为模式，实现对灯光的合理控制。客厅环境灯如图 3.55 所示。

本节主要讲述控制类程序开发，通过智能家居灯光控制系统帮助读者理解 BLE 控制类程序逻辑及接口，实现对 BLE 控制类传感器应用程序接口的学习与开发实践。

图 3.55　客厅环境灯

3.5.1　学习与开发目标

（1）知识目标：BLE 远程设备控制应场景、BLE 数据接收与发送机制、BLE 数据接收与发送接口、BLE 控制类程序通信协议。

（2）技能目标：了解 BLE 远程设备控制应用场景，掌握 BLE 数据接收与发送接口的使用，以及掌握 BLE 控制类程序通信协议的设计。

（3）开发目标：构建 BLE 智能家居灯光控制系统。

3.5.2　原理学习：BLE 控制类程序接口

1. BLE 远程控制程序逻辑

1）BLE 控制类程序逻辑分析

BLE 网络的功能之一就是能够实现远程设备控制。为了实际需要，需要对远程电气设备进行控制，此时就需要用户通过发送控制指令，并由 BLE 主机发送至控制类节点，控制类节点根据指令执行控制操作，并反馈控制结果。

BLE 的远程设备控制有很多应用场景，如室内窗帘控制、家居灯光控制、鱼缸投食控制、花草自动浇水控制等。BLE 网络的远程设备控制应用场景众多，但要如何利用 BLE 网络实现控制类程序设计呢？控制类程序逻辑请参考 2.5.2 节。

控制类程序的逻辑如图 3.56 所示。

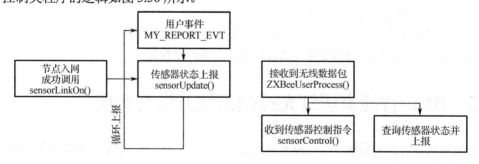

图 3.56　控制类程序的逻辑

2）BLE 控制类通信协议设计

一个完整的物联网综合系统，数据贯穿了感知层、网络层、服务层和应用层，数据在这四层之间层层传递，因此需要设计一种合适的通信协议完成数据的封装与通信。

这种通信协议在控制类节点中同样适用。在物联网系统中，远程设备和控制类节点分别处于通信的两端，要实现两者间的数据识别就需要约定通信协议，远程设备发送的控制指令和查询指令才能够控制类节点识别并执行。

为了实现对智能家居灯光控制系统的有效性测试，本项目采用继电器代替客厅中的环境灯进行控制，继电器在接收到控制指令后执行操作并反馈操作结果。为了实现对控制结果的识别，采用键值对的形式反馈控制结果。控制类程序通信协议如表 3.11 所示。

表 3.11　控制类程序通信协议

数据方向	协议格式	说明
上行（节点往应用层发送数据）	{controlStatus=X}	X 表示传感器状态
下行（应用层往节点发送指令）	{controlStatus=?}	查询传感器状态，返回{controlStatus=X}，X 表示传感器状态
下行（应用层往节点发送指令）	{cmd=X}	发送控制指令，X 表示控制指令，控制类节点根据指令进行相关操作

2．BLE 控制类程序接口分析

1）BLE 控制类传感器应用程序接口分析

要实现远程设备控制功能，就需要对整个功能细节进行分析。远程设备控制功能建立在无线传感器网络之上，在建立无线传感器网络后，先对控制类节点所携带的传感器进行初始化，然后初始化系统任务，接着等待远程设备发送控制指令，当控制类节点接收到控制指令时，通过约定的通信协议对数据内容进行解析，然后根据指令信息对相应的设备进行控制，待控制结束后将反馈信息通过通信协议打包发送给远程服务器，用户接收到反馈信息后知晓远程控制指令执行完成。

控制类传感器应用程序流程如图 3.57 所示。

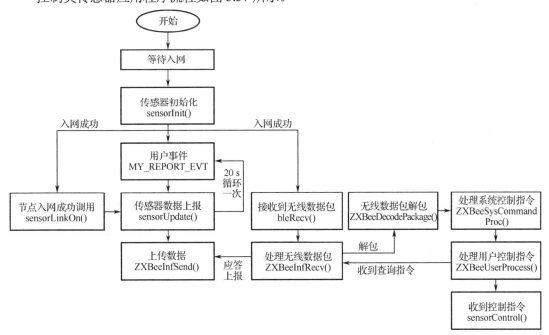

图 3.57　控制类传感器应用程序流程

上述应用程序流程中需要对无线传感器网络和用户任务进行配置，在用户任务配置的基础上还需要添加通信协议，整个过程较为复杂。

为了方便控制类传感器应用程序的开发，本项目使用智云框架，在此框架下程序开发会变得方便、快捷、易上手。

智云框架下传感器应用程序的开发是在 sensor.c 文件中进行的，传感器应用程序接口如表 3.12 所示。

表 3.12 传感器应用程序接口

函 数 名 称	函 数 说 明
sensorInit()	传感器初始化
sensorLinkOn()	节点入网成功后调用
sensorUpdate()	上报传感器实时数据
sensorControl()	传感器控制函数
ZXBeeUserProcess()	解析接收到的下行控制指令
MyEventProcess()	用户事件处理

在图 3.57 所示的流程中，省略了节点组网和用户任务创建的烦琐过程，直接调用 sensorInit()函数可以实现传感器的初始化，ZXBeeUserProcess()函数可用于指令的解析、执行和反馈，sensorControl()函数可用于对控制设备的操作。

通过以上函数即可实现远程设备控制，设备远程控制也可通过 BLE 工具在 Android 端设备上发送指令实现。

2）BLE 无线数据包收发

无线数据包收发处理是在 zxbee-inf.c 文件中实现的，见 2.4.2 节。

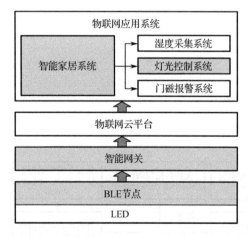

图 3.58 智能家居灯光控制系统的架构

3）BLE 无线数据包解析

针对特定的通信协议，需要对无线数据进行封包、解包操作，无线数据的封包、解包相关函数在 zxbee.c 文件中实现，详见 2.4.2 节。

4）BLE 智能家居灯光控制系统设计

智能家居灯光控制系统是智能家居系统中的一个子系统，主要实现对灯光（LED）的远程控制，实现对家庭灯光的管理。

智能家居灯光控制系统采用 BLE 技术，部署的携带了 BLE 节点通过智能网关组网并连接到物联网云平台，最终通过智能家居系统对 LED 进行远程控制。

智能家居灯光控制系统的架构如图 3.58 所示。

3.5.3 开发实践：智能家居灯光控制系统设计

1．开发设计

项目开发目标：在智能家居系统中，对环境调节设备的控制是重要环节，本节以智能家居灯光控制系统为例学习控制类传感器应用程序的开发。

为了满足对远程设备控制场景的模拟，智能家居灯光控制系统中的 BLE 节点携带了 LED。LED 直接与 CC2540 相连，由 CC2540 控制。根据前文对控制类程序逻辑的分析，需要定时上报 LED 状态，当远程设备发出控制指令时，节点能够执行指令并反馈控制结果。

智能家居灯光控制系统的实现可分为两个部分，分别为硬件功能设计和软件协议设计，下面对这两个部分分别进行分析。

1）硬件功能设计

根据前文的分析，为了实现对智能家居灯光控制系统的模拟，使用 LED 来模拟家庭的灯光，LED 由 CC2540 控制。灯光控制系统硬件框图如图 3.59 所示。

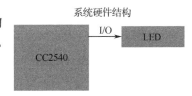

图 3.59　灯光控制系统硬件框图

2）软件协议设计

BLELight 工程实现了智能家居灯光控制系统，具有以下功能：

（1）节点入网后，每隔 20 s 上行上报一次 LED 状态。

（2）应用层可以下行发送查询指令查看 LED 状态。

（3）应用层可以下行发送控制指令让 LED 进行相应的控制操作。

BLELight 工程采用类 JOSN 格式的通信协议（{[参数]=[值],[参数]=[值]…}），如表 3.13 所示。

表 3.13　通信协议

数 据 方 向	协 议 格 式	说　　明
上行（节点往应用层发送数据）	{ledStatus=X}	X 为其他值表示 LED1、LED2 处于关闭状态，X 为 1 表示 LED1 处于打开状态，X 为 2 表示 LED2 处于打开状态
下行（应用层往节点发送指令）	{ledStatus=?}	查询当前 LED 状态，返回 {ledStatus =X}，X 为其他值表示 LED1、LED2 处于关闭状态，X 为 1 表示 LED1 处于打开状态，X 为 2 表示 LED3 处于打开状态
下行（应用层往节点发送指令）	{cmd=X}	控制指令，X 为其他值表示关闭 LED1、LED2，X 为 1 表示打开 LED1，X 为 2 表示打开 LED2

2．功能实现

1）智能家居灯光控制系统程序分析

BLELight 工程基于智云框架开发，实现了 LED 的远程控制、LED 当前状态的查询、LED 状态的循环上报、无线数据的封包和解包等功能。下面详细分析智能家居灯光控制系统的程序逻辑。

（1）传感器应用程序部分：在 sensor.c 文件中实现，包括传感器硬件初始化（sensorInit()）、节点入网调用函数（sensorLinkOn()）、传感器状态上报函数（sensorUpdate()）、传感器控制函数（sensorControl()）、处理下行的用户指令函数（ZXBeeUserProcess()）、用户事件处理函数（MyEventProcess()）。

（2）传感器驱动：在 led.c 文件中实现，实现 LED 硬件初始化、LED 打开、LED 关闭等功能。

（3）无线数据包收发处理：在 zxbee-inf.c 文件中实现，包括无线数据包的收发函数。

（4）无线数据的封包、解包：在 zxbee.c 文件中实现，封包函数为 ZXBeeBegin()、ZXBeeAdd(char* tag, char* val)、ZXBeeEnd(void)，解包函数为ZXBeeDecodePackage(char *pkg, int len)。

2）智能家居灯光控制系统应用设计

智能家居灯光控制系统属于控制类传感器应用，主要完成远程设备的控制。

（1）LED 硬件初始化。

在 BLE 协议栈初始化完成后，调用 ZXBeeBLEPeripheral.c 文件中的传感器初始化函数。

```
void zb_ simpleBLEPeripheral_Init (uint8 task_id )
{
    #ifndef CC2540_Serial
    sensorInit();                           //传感器初始化
    #endif
}
```

在 sensor.c 文件中的 sensorInit()函数中实现 LED 初始化。

```
void sensorInit(void)
{
    //初始化 LED 源代码
    led_init();                           //LED 初始化
    //启动定时器，触发事件 MY_REPORT_EVT
    osal_start_timerEx(simpleBLEPeripheral_TaskID, MY_REPORT_EVT, (uint16)((osal_rand()%10) * 1000));
}
/********************************************************************************
* 名  称: led_init()
* 功  能: LED 控制引脚初始化
********************************************************************************/
void led_init(void)
{
    P0SEL &= ~0x30;                        //配置控制引脚（P0_4 和 P0_5）为通用 I/O 模式
    P0DIR |= 0x30;                         //配置控制引脚（P0_4 和 P0_5）为输出模式

    LED1 = OFF;                            //初始状态为关闭
    LED2 = OFF;                            //初始状态为关闭
}
```

（2）LED 状态循环上报：控制类传感器在一定的时间间隔内上报一次当前的传感器状态，

保持设备的在线状态通知。在 sensor.c 文件中的 sensorInit()函数完成传感器初始化后，启动一个定时器来触发事件 MY_REPORT_EVT，在 MY_REPORT_EVT 事件触发后，调用 ZXBeeBLEPeripheral.c 文件中的 simpleBLEPeripheral_ProcessEvent()函数来处理用户事件，并调用 sensor.c 文件中的 MyEventProcess(event)函数，在该函数内调用 sensorUpdate()进行 LED 状态上报，并再次启动一个定时器来触发事件 MY_REPORT_EVT，实现 LED 状态的循环上报。

```
void MyEventProcess( uint16 event )
{
    if (event & MY_REPORT_EVT) {
        sensorUpdate();                    //传感器状态定时上报
        //启动定时器，触发事件 MY_REPORT_EVT
        osal_start_timerEx(simpleBLEPeripheral_TaskID, MY_REPORT_EVT, 20*1000);
    }
}
```

调用 sensor.c 文件中的 sensorUpdate()函数实现传感器的状态上报。

```
void sensorUpdate(void)
{
    char pData[16];
    char *p = pData;
    ZXBeeBegin();
    //更新 LED 状态
    sprintf(p, "%u", ledStatus);
    ZXBeeAdd("ledStatus", p);
    p = ZXBeeEnd();
    if (p != NULL) {
        ZXBeeInfSend(p, strlen(p));    //将需要上报的数据打包，并通过 zb_SendDataRequest()发送
    }
}
```

（3）节点入网处理：节点入网后，BLE 协议栈会调用 ZXBeeBLEPeripheral.c 文件中的 peripheralStateNotificationCB()函数进行入网确认处理，该函数调用 sensor.c 文件中的 sensorUpdate()函数进行入网后 LED 状态上报。

```
void sensorLinkOn(void)
{
    sensorUpdate();
}
```

（4）处理无线下行控制指令：当接收到发送过来的下行无线数据包时，BLE 协议栈会调用 ble.inf.c 文件中的 bleRecv()函数来接收数据，调用 zxbee-inf.c 文件中的 ZXBeeInfRecv()函数对无线数据包进行解包，并将解包后的数据发送给应用层。

```
void ZXBeeInfRecv(char *pkg, int len)
{
    char *p = ZXBeeDecodePackage(pkg, len);
    if (p != NULL) {
```

```
            ZXBeeInfSend(p, strlen(p));
      }
}
```

zxbee.c 文件中的 ZXBeeDecodePackage()函数用于对接收到的无线数据包进行指令解析，先调用 zxbee-sys-command.c 文件中的 ZXBeeSysCommandProc()函数进行系统指令处理，然后调用 sensor.c 文件中的 ZXBeeUserProcess()函数进行用户指令处理。

```
int ZXBeeUserProcess(char *ptag, char *pval)
{
    int val;
    int ret = 0;
    char pData[16];
    char *p = pData;

    //将字符串变量 pval 解析转换为整型变量赋值
    val = atoi(pval);
    //控制指令解析
    if (0 == strcmp("cmd", ptag)){                    //LED 控制指令
        sensorControl(val);
    }
    if (0 == strcmp("ledStatus", ptag)){              //查询执行指令编码
        if (0 == strcmp("?", pval)){
            ret = sprintf(p, "%u", ledStatus);
            ZXBeeAdd("ledStatus", p);
        }
    }
    return ret;
}
```

（5）LED 控制：在收到控制指令后，调用 sensor.c 文件中的 sensorControl()函数进行处理。

```
void sensorControl(uint8 cmd)
{
    //根据 cmd 参数处理对应的控制程序
    if(cmd & 0x02){                                   //LED2 灯的控制位：bit1
        LED2 = ON;                                    //开启 LED2
    }
    else{
        LED2 = OFF;                                    //关闭 LED2
    }
    if(cmd & 0x01){                                   //LED1 灯的控制位：bit0
        LED1 = ON;                                    //开启 LED1
    }
    else{
        LED1 = OFF;                                    //关闭 LED1
    }
    ledStatus = cmd;
}
```

3）智能家居灯光控制系统驱动设计

智能家居灯光控制系统通过 CC2540 对 LED 进行控制，LED 的硬件连接如图 3.60 所示。

图中 LED1 与 LED2 两个 LED 一端接电阻，另一端接在 CC2540 上，电阻的另一端连接在 3.3 V 的电源上，LED1 与 LED2 采用共阳极连接方式，当 P1_0 和 P1_1 引脚为高电平（3.3 V）时 LED1 与 LED2 两电压相同，无法形成压降，因此 LED1 与 LED2 不导通，LED1 与 LED2 熄灭；反之，当 P1_0 和 P1_1 引脚为低电平时，LED1 与 LED2 两端形成压降则 LED1 与 LED2 点亮。LED 控制驱动函数如表 3.14 所示。

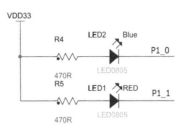

图 3.60　LED 的硬件连接

表 3.14　LED 控制驱动函数

函 数 名 称	函 数 说 明
led_init()	LED 初始化
led_on()	LED 打开
led_off()	LED 关闭

（1）LED 初始化。

```
//**********************************************************************
* 名　称：led_init()
* 功　能：LED 控制引脚初始化
**********************************************************************/
void led_init(void)
{
    P0SEL &= ~0x30;              //配置控制引脚（P0_4 和 P0_5）为通用 I/O 模式
    P0DIR |= 0x30;              //配置控制引脚（P0_4 和 P0_5）为输出模式
    LED1 = OFF;                 //初始状态为关闭
    LED2 = OFF;                 //初始状态为关闭
}
```

（2）打开 LED。

```
/**********************************************************************
* 名　称：led_on()
* 功　能：打开 LED 函数
* 参　数：led—LED 号，在 led.h 中宏定义为 LED1 和 LED2
* 返回值：0 表示打开 LED 成功；-1 表示参数错误
**********************************************************************/
signed char led_on(unsigned char led)
{
    if(led == LED1){                //如果要打开 LED1
        LED1 = ON;
        return 0;
    }
    if(led == LED2){                //如果要打开 LED2
```

```
        LED2 = ON;
        return 0;
    }
    return -1;                                      //参数错误，返回-1
}
```

（3）关闭 LED。

```
/**********************************************************************
* 名    称：led_off()
* 功    能：关闭 LED
* 参    数：led—LED 号，在 led.h 中宏定义为 LED1 和 LED2
* 返回值：0 表示成功关闭 LED；-1 表示参数错误
**********************************************************************/
signed char led_off(unsigned char led)
{
    if(led == LED1){                                //如果要关闭 LED1
        LED1 = OFF;
        return 0;
    }
    if(led == LED2){                                //如果要关闭 LED2
        LED2 = OFF;
        return 0;
    }
    return -1;                                      //参数错误，返回-1
}
```

3．开发验证

（1）运行 BLELight 工程，通过 IAR 集成开发环境的进行程序的开发、调试，设置断点可以帮助读者理解程序的调用关系。工程调试如图 3.61 所示。

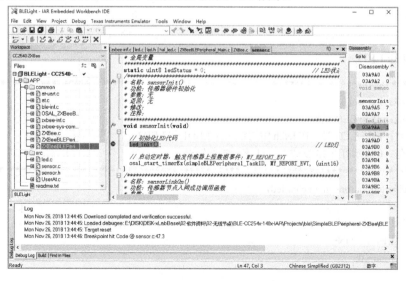

图 3.61　工程调试

（2）根据程序设定，节点每 20 s 上报一次 LED 状态到应用层。

（3）通过 ZCloudTools 工具发送 LED 状态查询指令（{ledStatus=?}），如图 3.62 所示，节点接收到响应后将会返回当前 LED 状态到应用层。

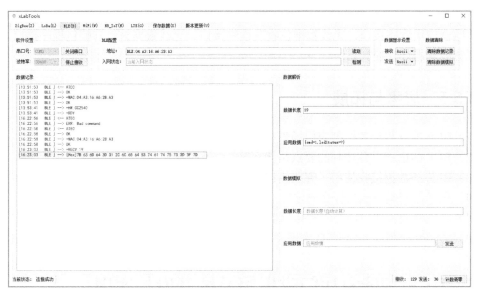

图 3.62　通过 ZCloudTools 工具发送 LED 状态查询指令

（4）通过 ZCloudTools 工具发送 LED 控制指令（打开 LED1 指令为{cmd=1}，打开 LED2 指令为{cmd=2}，关闭 LED1、LED2 指令为{cmd=其他值}），节点接收到指令后将会控制 LED 执行相应的动作。

验证效果如图 3.63 所示。

图 3.63　验证效果

3.5.4　小结

本节先介绍了 BLE 控制类程序的逻辑，以及通信协议的功能和数据格式，然后介绍了控制类传感器应用程序接口，无线数据包收发程序接口、无线数据封包与解包程序接口，最后构建了智能家居灯光控制系统。

3.5.5　思考与拓展

（1）BLE 的远程设备控制应用场景有哪些？
（2）BLE 的远程设备控制的要点是什么？
（3）BLE 的数据接收使用了哪些接口？
（4）思考控制类节点为什么要定时上报传感器状态。
（5）尝试修改程序，使控制类传感器在完成控制后立即返回一次新的传感器状态。
（6）尝试修改程序，使 LED 实现呼吸灯效果。

3.6　BLE 智能家居门磁报警系统开发与实现

智能门磁设备通常贴在门、窗、抽屉等位置，可实时监测其开关状态并同步到用户的智能手机上。当门、窗或抽屉异常打开时，可及时触发报警。智能门磁设备如图 3.64 所示。

图 3.64　智能门磁设备

本节主要讲述安防类程序的开发，通过设计 BLE 智能家居门磁报警系统，帮助读者理解 BLE 安防类程序的逻辑和接口，最后构建 BLE 智能家居门磁报警系统系统。

3.6.1　学习与开发目标

（1）知识目标：BLE 远程设备报警应用场景、BLE 数据接收与发送机制、BLE 数据接收与发送接口、BLE 安防类程序通信协议。
（2）技能目标：理解 BLE 远程设备报警应用场景，掌握 BLE 数据接收与发送接口的使用，掌握 BLE 安防类程序通信协议的设计。
（3）开发目标：构建 BLE 智能家居门磁报警系统。

3.6.2 原理学习：BLE 安防类程序接口

1．BLE 报警程序逻辑分析

1）BLE 安防类逻辑分析

BLE 网络的功能之一就是实现对监测信息的报警，BLE 节点将报警数据通过 BLE 网络在 BLE 主机上进行汇总，并为数据分析和处理提供数据支持。

BLE 远程设备报警有很多应用场景，如家居非法人员闯入报警、大棚环境参数超过阈值报警、城市低洼涵洞隧道内涝报警、桥梁振动位移报警、车辆内人员滞留报警等。BLE 网络的远程设备报警的应用场景众多，但要如何利用 BLE 网络实现远程设备报警的程序设计呢？安防类程序逻辑请参考 2.6.2 节。

安防类程序的逻辑如图 3.65 所示。

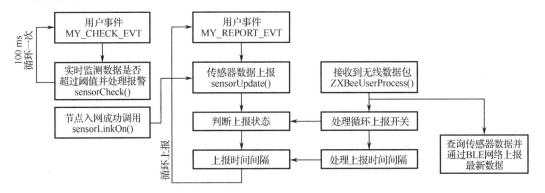

图 3.65　安防类程序的逻辑

2）BLE 安防类通信协议设计

一个完整的物联网综合系统，数据贯穿了感知层、网络层、服务层和应用层，数据在这四层之间层层传递，因此需要设计一种合适的通信协议来完成数据的封装与通信。

安防类节点要将报警信息打包上报，并能够让远程设备识别，或者远程设备向安防类节点发送的指令能够被响应就需要定义一套通信协议，这套通信协议对于安防类节点和远程设备都是约定好的，这样才能够建立和实现安防类节点与远程设备之间的数据交互。

为了实现智能家居门磁报警系统的有效性测试，本节采用霍尔传感器代替门磁。在安防类节点接收到查询指令后反馈操作结果，采用键值对的形式反馈操作结果。安防类程序通信协议如表 3.15 所示。

表 3.15　安防类程序通信协议

数据方向	协议格式	说　　明
上行（节点往应用层发送数据）	{sensorValue=X} {sensorStatus=Y}	X 表示传感器数据，Y 表示安防报警状态
下行（应用层往节点发送指令）	{sensorValue=?} {sensorStatus=?}	查询传感器数据，返回{sensorValue=X}，X 表示传感器数据；查询安防报警状态，返回{sensorStatus=Y}，Y 为 1 表示报警，Y 为 0 表示正常

2．BLE 安防类程序接口分析

1）BLE 安防类传感器应用程序接口分析

传感器应用程序部分是在 sensor.c 文件中实现的，包括传感器初始化函数（sensorInit()）、节点入网调用函数（sensorLinkOn()）、传感器数据和报警状态的上报函数（sensorUpdate()）、传感器报警实时监测并处理（sensorCheck()）、处理下行的用户指令函数（ZXBeeUserProcess()）、用户事件处理函数（MyEventProcess()），如表 3.16 所示。

表 3.16　传感器应用程序接口

函 数 名 称	函 数 说 明
sensorInit()	传感器初始化
sensorLinkOn()	节点入网成功后调用
sensorUpdate()	上报传感器实时数据和报警状态
sensorCheck()	实时监测传感器报警状态，并实时报警上报
ZXBeeUserProcess()	解析接收到的下行控制指令
MyEventProcess()	用户事件处理

安防类传感器的报警功能基于无线传感器网络，在建立无线传感器网络后进行传感器初始化，同时开启用户定时事件，进行传感器数据的循环上报实时监测。根据设计好的通信协议，节点将数据通过网关发送到物联网云平台进行数据处理，最终由应用系统调用服务接口进行应用交互。安防类传感器应用程序流程如图 3.66 所示。

2）BLE 无线数据包收发

无线数据包收发处理是在 zxbee-inf.c 文件中实现的，详见 2.4.2 节。

3）BLE 无线数据包解析

针对约定的通信协议，需要对无线数据进行封包、解包操作，无线数据的封包、解包函数是在 zxbee.c 文件中实现的，详见 2.4.2 节。

4）BLE 门磁报警系统设计

门磁报警系统是智能家居系统中的一个子系统，主要实现对家庭门磁状态检测，以及对家庭门磁报警的管理。

智能家居门磁报警系统采用 BLE 技术，通过携带有霍尔传感器的 BLE 节点与智能网关组网并连接到物联网云平台，最终在智能家居系统中对霍尔传感器进行检测。门磁报警系统的架构如图 3.67 所示。

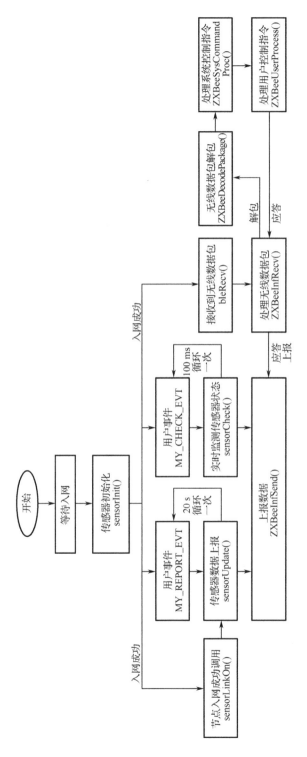

图3.66　安防类传感器应用程序流程

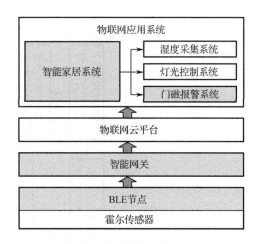

图 3.67　门磁报警系统的架构

3.6.3　开发实践：BLE 智能家居门磁报警系统设计

1. 开发设计

项目开发目标：在智能家居系统中，对家庭报警设备的监测是重要环节，本节以智能家居门磁报警系统为例学习安防类传感器应用程序的开发，学习并掌握安防类程序逻辑和安防类传感器应用程序接口的使用。

为了满足对远程设备报警的模拟，智能家居门磁报警系统中的 BLE 节点携带了霍尔传感器。霍尔传感器直接与 CC2540 相连，由 CC2540 控制。系统定时上报霍尔传感器状态，当远程设备发出查询指令时，节点能够执行指令并反馈传感器状态。

智能家居门磁报警系统的实现可分为两个部分，分别为硬件功能设计和软件协议设计。下面对这两个部分分别进行分析。

1）硬件功能设计

根据前文的分析，为了实现对智能家居门磁报警系统的模拟，使用霍尔传感器来模拟门磁的功能，霍尔传感器由 CC2540 控制。智能家居门磁报警系统硬件框图如图 3.68 所示。

从图 3.68 中可以得知，CC2540 直接驱动霍尔传感器，霍尔传感器的硬件连接如图 3.69 所示。

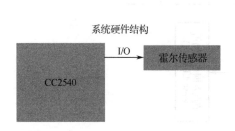

图 3.68　智能家居门磁报警系统硬件框图

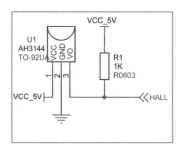

图 3.69　霍尔传感器的硬件连接

2）软件协议设计

BLEDoorAlarm 工程实现了智能家居门磁报警系统，具有以下功能：

（1）节点入网后，每 20 s 上行上报一次霍尔传感器的状态。

（2）应用层可以下行发送查询指令读取最新的霍尔传感器状态。

通信协议如表 3.17 所示。

表 3.17   通信协议

数 据 方 向	协 议 格 式	说　　明
上行（节点往应用层发送数据）	{doorStatus=X}	X 表示霍尔传感器状态
下行（应用层往节点发送指令）	{doorStatus =?}	查询霍尔传感器状态，返回 {doorStatus =Y}，X 为 0 时表示霍尔传感器处于打开状态，Y 为 1 时表示霍尔传感器处于关闭状态

2．功能实现

1）智能家居门磁报警系统程序分析

BLEDoorAlarm 工程基于智云框架开发，实现了霍尔传感器状态的实时监测、霍尔传感器状态的查询、霍尔传感器状态的循环上报、无线数据的封包与解包等功能。

（1）传感器应用程序部分：在 sensor.c 文件中实现，包括传感器初始化函数（sensorInit()）、节点入网调用函数（sensorLinkOn()）、传感器状态上报函数（sensorUpdate()）、传感器报警实时监测并处理（sensorCheck()）、处理下行的用户指令函数（ZXBeeUserProcess()）、用户事件处理函数（MyEventProcess()）。

（2）传感器驱动：在 hall.c 文件中实现，通过 CC2540 驱动霍尔传感器。

（3）无线数据包收发处理：在 zxbee-inf.c 文件中实现，包括 BLE 无线数据包的收发函数。

（4）无线数据的封包与解包：在 zxbee.c 文件中实现，封包函数为 ZXBeeBegin()、ZXBeeAdd(char* tag, char* val)、ZXBeeEnd(void)，解包函数为 ZXBeeDecodePackage(char *pkg, int len)。

2）智能家居门磁报警系统应用设计

智能家居门磁报警系统属于安防类传感器应用，主要完成远程设备报警的功能。

（1）传感器初始化：在 BLE 协议栈初始化完成后，调用 ZXBeeBLEPeripheral.c 文件中的传感器初始化函数。

```
void zb_ simpleBLEPeripheral_Init (uint8 task_id )
{
    #ifndef CC2540_Serial
    sensorInit();                                    //传感器初始化
    #endif
}
```

调用 sensor.c 文件中的 sensorInit() 函数实现霍尔传感器的初始化。

```
void sensorInit(void)
{
    //初始化 LED 源代码
    hall_init();                                     //霍尔传感器初始化
```

```
        //启动定时器，触发事件 MY_REPORT_EVT
        osal_start_timerEx(simpleBLEPeripheral_TaskID, MY_REPORT_EVT, (uint16)((osal_rand()%10) *
1000));
    }
```

（2）传感器状态循环上报：安防类传感器负责定时上报传感器状态，保持设备的在线状态通知。在 sensor.c 文件中的 sensorInit()函数初始化传感器后，启动一个定时器来触发事件 MY_REPORT_EVT ，然后调用 ZXBeeBLEPeripheral.c 文件中的 simpleBLEPeripheral_ProcessEvent()函数来处理用户事件，并调用 sensor.c 文件中的 MyEventProcess(event)函数，在该函数内调用 sensorUpdate()进行传感器状态的上报，并再次启动一个定时器来触发事件 MY_REPORT_EVT，实现传感器状态的循环上报。

```
/********************************************************************************
 * 名    称：MyEventProcess()
 * 功    能：自定义事件处理
 * 参    数：event—事件编号
 ********************************************************************************/
void MyEventProcess( uint16 event )
{
    if (event & MY_REPORT_EVT) {
        sensorUpdate();                                    //传感器数据定时上报
        //启动定时器，触发事件 MY_REPORT_EVT
        osal_start_timerEx(simpleBLEPeripheral_TaskID, MY_REPORT_EVT, 20*1000);
    }
    if (event & MY_CHECK_EVT) {
        sensorCheck();                                     //传感器状态实时监测
        //启动定时器，触发事件 MY_CHECK_EVT
        osal_start_timerEx(simpleBLEPeripheral_TaskID, MY_CHECK_EVT, 100);
    }
}
```

调用 sensor.c 文件中的 sensorUpdate()函数实现传感器的状态上报。

```
/********************************************************************************
 * 名    称：sensorUpdate()
 * 功    能：处理主动上报的数据
 ********************************************************************************/
void sensorUpdate(void)
{
    char pData[16];
    char *p = pData;

    //传感器状态更新
    updateDoorStatus();

    ZXBeeBegin();
```

```
//更新 doorStatus 的值
sprintf(p, "%u", doorStatus);
ZXBeeAdd("doorStatus", p);

p = ZXBeeEnd();
if (p != NULL) {
    //将需要上报的数据打包，并通过 zb_SendDataRequest()发送到协调器
    ZXBeeInfSend(p, strlen(p));
}
printf("sensor->sensorUpdate(): doorStatus=%u\r\n", doorStatus);
}
```

（3）传感器实时监测及报警处理：在 sensor.c 文件中的 sensorInit()函数中初始化完传感器后，会启动一个 100 ms 的定时器来触发事件 MY_CHECK_EVT，然后调用 ZXBeeBLEPeripheral.c 文件中的 simpleBLEPeripheral_ProcessEvent()函数来处理用户事件，并调用 sensor.c 文件中的 MyEventProcess(event)函数，在该函数内调用 sensorCheck()进行传感器状态的实时监测，并再次启动一个定时器来触发事件 MY_CHECK_EVT，实现传感器状态的循环监测。

```
/*****************************************************************************
* 名   称: sensorCheck()
* 功   能: 传感器状态监测
*****************************************************************************/
void sensorCheck(void)
{
    static char lastDoorStatus=0;
    static uint32 ct0=0;
    char pData[16];
    char *p = pData;

    //传感器状态采集
    updateDoorStatus();
    ZXBeeBegin();
    if (lastDoorStatus != doorStatus || (ct0 != 0 && osal_GetSystemClock() > (ct0+3000))) {
        sprintf(p, "%u", doorStatus);
        ZXBeeAdd("doorStatus", p);
        ct0 = osal_GetSystemClock();
        if (doorStatus == 0) {
            ct0 = 0;
        }
        lastDoorStatus = doorStatus;
    }
    p = ZXBeeEnd();
    if (p != NULL) {
        int len = strlen(p);
        ZXBeeInfSend(p, len);
    }
}
```

（4）节点入网处理：节点入网后，BLE 协议栈会调用 ZXBeeBLEPeripheral.c 文件中的
peripheralStateNotificationCB()函数进行入网确认处理，该函数会调用 sensor.c 文件中的
sensorUpdate()函数进行传感器状态的上报。

```
/*******************************************************************************
* 名    称：sensorLinkOn()
* 功    能：传感器节点入网成功调用函数
*******************************************************************************/
void sensorLinkOn(void)
{
    sensorUpdate();
}
```

（5）处理无线下行控制指令：当节点接收到发送过来的无线数据包时，会调用 bleinf.c
文件中的 bleRecv()函数进行处理，然后调用 zxbee-inf.c 文件中的 ZXBeeInfRecv()函数对无线
数据包进行解包，并将解包后的数据发送给应用层。

```
/*******************************************************************************
* 名    称：ZXBeeInfRecv()
* 功    能：节点接收到无线数据包
* 参    数：*pkg—接收到的无线数据包；len—无线数据包长度
*******************************************************************************/
void ZXBeeInfRecv(char *pkg, int len)
{
    char *rdat = ZXBeeDecodePackage(pkg, len);
    if (rdat != NULL) {
        ZXBeeInfSend(rdat, strlen(rdat));
    }
}
```

zxbee.c 文件中的 ZXBeeDecodePackage()函数用于对接收到的无线数据包进行指令解析，
先调用 zxbee-sys-command.c 文件中的 ZXBeeSysCommandProc()函数进行系统指令处理，然
后调用 sensor.c 文件中的 ZXBeeUserProcess()函数进行用户指令处理。

```
/*******************************************************************************
* 名    称：ZXBeeUserProcess()
* 功    能：解析接收到的控制指令
* 参    数：*ptag—控制指令名称；*pval—控制指令参数
* 返回值：ret—pout 字符串长度
*******************************************************************************/
int ZXBeeUserProcess(char *ptag, char *pval)
{
    int ret = 0;
    char pData[16];
    char *p = pData;

    //控制指令解析
    if (0 == strcmp("doorStatus", ptag)){                    //查询执行指令编码
```

```
        if (0 == strcmp("?", pval)){
            updateDoorStatus();
            ret = sprintf(p, "%u", doorStatus);
            ZXBeeAdd("doorStatus", p);
        }
    }
    return ret;
}
```

3）智能家居门磁报警系统驱动设计

智能家居门磁报警系统采用 CC2540 驱动霍尔传感器，霍尔传感器驱动函数如表 3.18 所示。

表 3.18　霍尔传感器驱动函数

函 数 名 称	函 数 说 明
hall_init()	霍尔传感器初始化
get_hall_status()	获得霍尔传感器状态

（1）霍尔传感器初始化。

```
/*****************************************************************
* 名    称：hall_init()
* 功    能：霍尔传感器初始化
*****************************************************************/
void hall_init(void)
{
    P0SEL &= ~0x04;                    //配置引脚为通用 I/O 模式
    P0DIR &= ~0x04;                    //配置控制引脚为输入模式
}
```

（2）获得霍尔传感器状态。

```
/*****************************************************************
* 名    称：unsigned char get_hall_status(void)
* 功    能：获取霍尔传感器状态
*****************************************************************/
unsigned char get_hall_status(void)
{
    if(P0_2)                           //霍尔传感器引脚状态
    return 0;                          //没有监测到信号返回 0
    else
    return 1;                          //检测到信号返回 1
}
```

3. 开发验证

（1）运行 BLEDoorAlarm 工程，通过 IAR 集成开发环境的进行程序的开发、调试，设置断点可以帮助读者理解程序的调用关系。工程调试如图 3.70 所示。

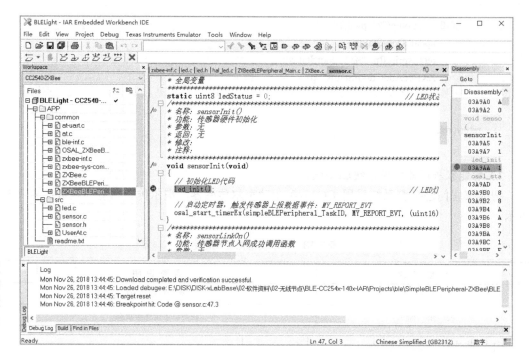

图 3.70　工程调试

（2）根据程序设定，节点每 20 s 上报一次传感器的状态到应用层。

（3）通过 ZCloudTools 工具发送传感器状态查询指令（{doorStatus =?}），如图 3.71 所示，程序接收到查询指令后将会返回传感器的当前状态到应用层。

（4）通过使用磁铁接触传感器观察其状态，在 ZCloudTools 工具中每 3 s 收到传感器状态（{doorStatus =? }）。

验证效果如图 3.72 所示。

图 3.71　通过 ZCloudTools 工具发送传感器状态查询指令

图 3.72　验证效果

3.6.4　小结

本节先介绍了 BLE 安防类程序逻辑事件，以及通信协议的功能和格式，然后介绍了安防类传感器应用程序接口、无线数据包收发程序接口、无线数据封包与解包程序接口，最后构建了 BLE 智能家居门磁报警系统。

3.6.5　思考与拓展

（1）BLE 远程设备报警应用场景有哪些？

（2）BLE 远程设备报警为何要定义通信协议？

（3）BLE 远程设备报警使用了哪些接口？

（4）尝试修改项目程序，实现火焰传感器的报警。

（5）尝试修改项目程序，将程序中安全信息监测事件触发的时间间隔设置为 200 ms。

第4章

Wi-Fi 无线通信技术应用开发

本章通过 Wi-Fi 无线通信技术在智能家居中的应用，帮助读者掌握 Wi-Fi 的开发和应用，并设计了智能家居的一些应用场景，实现家居环境的自动监控。

本章讲解基于 Wi-Fi 无线通信技术的智能家居系统，共分 6 个模块：

（1）Wi-Fi 无线通信技术开发基础，分析 Wi-Fi 网络的特点、应用、架构。

（2）Wi-Fi 无线通信技术开发平台与开发工具，分析 Wi-Fi 网络的常用芯片 CC3200，以及 CC3200 的开发环境安装使用、工程创建、常用工具使用。

（3）Wi-Fi 协议栈解析与应用开发，分析 Wi-Fi 协议栈流程，Wi-Fi 协议栈与智云框架。

（4）Wi-Fi 智能家居温湿度采集系统开发与实现，分析 Wi-Fi 采集程序逻辑、采集类传感器应用程序接口，构建 Wi-Fi 智能温湿度采集系统。

（5）Wi-Fi 智能家居饮水机系统开发与实现，分析 Wi-Fi 控制类程序逻辑、控制类传感器应用程序接口，构建 Wi-Fi 智能家居饮水机系统。

（6）Wi-Fi 智能家居安防系统开发与实现，分析 Wi-Fi 安防类程序逻辑、安防类传感器应用程序接口，构建 Wi-Fi 智能家居安防系统。

4.1　Wi-Fi 无线通信技术开发基础

Wi-Fi 是 Wireless Fidelity 的缩写，是一种商业认证，同时也是一种短距离无线通信技术，常用于办公室和家庭中。同蓝牙技术相比，它具备更高的数据传输速率，更远的传输距离，已经广泛应用于笔记本电脑、手机、汽车和智能家居等领域中。智能家居系统示意如图 4.1 所示。

本节主要讲述 Wi-Fi 技术的原理，Wi-Fi 网络的架构、组网过程和应用场景，最后构建 Wi-Fi 智能家居系统。

图 4.1　智能家居系统示意

4.1.1　学习与开发目标

（1）知识目标：Wi-Fi 网络特征、Wi-Fi 网络架构。

（2）技能目标：了解 Wi-Fi 网络特征和应用场景。

（3）开发目标：构建 Wi-Fi 智能家居系统。

4.1.2 原理学习：Wi-Fi 无线通信技术原理

1. Wi-Fi 网络

1）Wi-Fi 网络概述

Wi-Fi 是一种允许电子设备连接到一个无线局域网（WLAN）的技术，使用 2.4 GHz 的 UHF 或 5 GHz 的 SHF ISM 射频频段。Wi-Fi 网络的目的是改善基于 IEEE 802.11 标准的无线局域网产品之间的互通性。

Wi-Fi 网络是由无线接入点（Access Point，AP）、站点（Station）等组成的。无线 AP 一般充当传统的有线局域网络与 WLAN 之间的桥梁，任何一台装有无线网卡的 PC 均可通过无线 AP 去分享有线局域网络甚至广域网络的资源。无线 AP 的工作原理相当于一个内置无线发射器的 HUB 或路由器，而无线网卡则是负责接收由无线 AP 所发射信号的客户端设备。

2）Wi-Fi 标准的发展历程

IEEE 802.11 是针对 Wi-Fi 技术制定的一系列标准，第一个版本发表于 1997 年，其中定义了介质访问接入控制层和物理层。物理层定义了工作在 2.4 GHz 的 ISM 频段上的两种无线调频方式和一种红外传输的方式，总的数据传输速率设计为 2 Mbps。1999 年加上了两个补充版本：IEEE 802.11a 定义了一个在 5 GHz 的 ISM 频段上的数据传输速率可达 54 Mbps 的物理层，IEEE 802.11b 定义了一个在 2.4 GHz 的 ISM 频段上但数据传输速率高达 11 Mbps 的物理层。IEEE 802.11g 在 2003 年 7 月被通过，其载波的频率为 2.4 GHz（跟 IEEE 802.11b 相同），数据传输速率达 54 Mbps。IEEE 802.11g 的设备向下与 IEEE 802.11b 兼容。IEEE 802.11n 于 2009 年 9 月正式获批，最大数据传输速率理论值为 600 Mbps，并且能够传输更远的距离。IEEE 802.11ac 是一个正在发展中的 IEEE 802.11 标准，它通过 5 GHz 频带进行无线局域网（WLAN）通信，在理论上，它能够提供高达 1 Gbps 的数据传输速率，进行多站式无线局域网（WLAN）通信。以下是几种标准简述。

（1）IEEE 802.11b 标准。IEEE 802.11b 标准于 1999 年被 IEEE 通过，该技术规范也被称为 Wi-Fi，它工作在 2.45 GHz，最大数据传输速率达 11 Mbps，使用直接序列扩频传输技术。在数据链路层的 MAC 子层，IEEE 802.11b 使用 CSMA/CA 协议。

它有两种运作模式：特殊（Ad-hoc）模式和基础（Infrastructure）模式。Ad-hoc 模式也称为点对点模式，在该模式下无线客户端直接相互通信不使用无线 AP。使用 Ad-hoc 模式通信的两个或多个无线客户端就形成了一个独立基础服务集，该模式可以用于两个设备之间点对点的通信。

在 Infrastructure 模式下，至少存在一个无线 AP 和一个无线客户端。无线客户端通过无线 AP 访问有线网络或其他无线网络的资源。被访问的网络可以是一个机构的 Intranet 或 Internet，具体情况取决于无线 AP 的布置。

（2）IEEE 802.11a 标准。IEEE 802.11a 标准和 IEEE 802.11b 同年推出，它工作于 5 GHz，采用正交频分复用（OFDM）技术。OFDM 通过使用不同数量的子信道来实现上行和下行的非对称性传输。

（3）IEEE 802.11g 标准。IEEE 802.11g 于 2003 年推出，同 IEEE 802.11b 一样，工作于 2.4 GHz，并且与已经得到广泛使用的 IEEE 802.11b 兼容。IEEE 802.11g 是对 IEEE 802.11b 的一种高速物理层扩展，但采用了直接序列扩频及补码键控技术，可以实现最高 54 Mbps 的数据传输速率。

（4）IEEE 802.11n 标准。IEEE 802.11n 标准于 2009 年 9 月被 IEEE 审批通过成为正式标准，它可以工作在双频率，即同时兼容 IEEE 802.11a 的 5 GHz 和 IEEE 802.11b/g 的 2.4 GHz，采用将 MIMO（多入多出）与 OFDM（正交频分复用）技术相结合的 MIMO-OFDM 技术，如图 4.2 所示，该技术利用多个天线或者天线阵列，构成无线 MIMO 系统，将需要传输的数据先进行多重切割，然后利用多重天线进行同步传输。

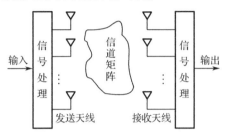

图 4.2   MIMO-OFDM 技术

（5）IEEE 802.11ac。IEEE 802.11ac 采用并扩展了源自 IEEE 802.11n 的空中接口概念，包括高达 160 MHz 的射频带宽，最多 8 个 MIMO 空间流以及 256QAM 的调制方式。

（6）IEEE 802.11ad。IEEE 的一个工作组 TGad 与无线千兆比特联盟联合提出 IEEE 802.11ad 的标准，该标准主要用于家庭内部无线高清音/视频信号的传输，为家庭多媒体应用带来更完备的高清视频解决方案。IEEE 802.11ad 抛弃了拥挤的 2.4 GHz 和 5 GHz，使用 60 GHz 的高频载波。由于 60 GHz 在大多数国家有大段的频率可供使用，因此 IEEE 802.11ad 可以在 MIMO 技术的支持下实现多信道传输。Wi-Fi 标准如图 4.3 所示，Wi-Fi 数据传输速率如图 4.4 所示。

	IEEE 802.11	IEEE 802.11b	IEEE 802.11g	IEEE 802.11a	IEEE 802.11n	IEEE 802.11ac
频段/GHz	2.4	2.4	2.4	5	2.4/5	5
调制技术	FHSS/DSSS	CCK/DSSS	CCK/OFDM	OFDM	OFDM	OFDM
数据传输速率/Mbps	1/2	1/2/5.5/11	6/9/12/18/24/36/48/54	6/9/12/18/24/36/48/54	高达 600	高达 1000 以上
信道带宽	N/A	22 MHz	20 MHz	20 MHz	20 MHz 40 MHz	20 MHz 40 MHz 80 MHz 160 MHz
数据子载波/导频个数	N/A	N/A	52/4	52/4	108/6	108/6 234/8
空间流	1	1	1	1	1～4	1～8

图 4.3   Wi-Fi 标准

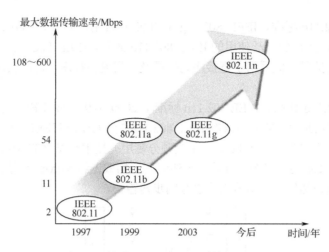

图 4.4　　Wi-Fi 数据传输速率

3）Wi-Fi 关键技术

（1）载波侦听多址访问/冲突避免（CSMA/CA）协议。为了尽量减少数据的传输碰撞和重试发送，防止各站点无序地争用信道，无线局域网中采用了 CSMA/CA 协议。CSMA/CA 协议将时间域的划分与帧格式紧密联系起来，保证某一时刻只有一个站点发送，实现了网络系统的集中控制。在发送数据前先侦听媒体状态，等待没有站点使用媒体并维持一段时间后，再等待一段随机的时间后依然没有站点使用，才发送数据。由于每个站点采用的随机时间不同，所以可以减少冲突的机会。

（2）高速直接序列扩频（HR/DSSS）技术。HR/DSSS 技术是 IEEE 802.11b 标准采取的调制技术。HR/DSSS 技术使用 11 位的 Chipping-Barker 序列来编码数据并发送数据。发送端通过 Spreader（扩频设备）把 Chips（一串的二进制码）添加入要传输的比特流中，称为编码；然后在接收端用同样的 Chips 进行解码，就可以得到原始数据了。在相同的吞吐量下，HR/DSSS 技术需要比跳频技术更多的能量，但也能达到比跳频技术更高的吞吐量，IEEE 802.11b 标准能达到 5.5 Mbps 和 11 Mbps 就是因为采用了 HR/DSSS 技术。

（3）正交频分复用（OFDM）技术。OFDM 是一种基于正交多载波的频分复用技术，它是 IEEE 802.11a/g/n/ac 标准都采取的调制技术，它将高速串行数据流经串/并转换后，分割成大量的低速数据流，每路数据采用独立载波调制并叠加发送，接收端依据正交载波特性分离多路信号。

（4）扩展绑定技术。扩展绑定技术是 IEEE 802.11n 标准所引入的新技术，并在 IEEE 802.11ac 标准中得以继承和发展，它能够提高所用频谱的宽度从而提高数据传输速率。IEEE 802.11a/g 标准使用的带宽是 20 MHz，而 IEEE 802.11n 标准支持将相邻两个带宽绑定为 40 MHz 来使用。当带宽是 20 MHz 时，为了减少相邻信道的干扰，在其两侧预留了一小部分的带宽边界。通过 40 MHz 扩展绑定技术，这些预留的带宽也可以用来通信，可以将子载体从 104（52×2）提高到 108。IEEE 802.11ac 将标准带宽进一步扩展到 80 MHz 和 160 MHz，使得数据传输速率得到进一步的提升。

（5）多输入多输出（MIMO）技术。MIMO 是 IEEE 802.11n 标准和 IEEE 802.11ac 标准采用的关键技术。在传统单输入单输出（Single Input Single Output，SISO）技术中，接收端无线信号中携带的信息量的多少取决于接收信号的强度超过噪声强度的多少，即信噪比。信噪比越大，信号能承载的信息量就越多，在接收端复原的信息量也越多。MIMO技术可同时在多个天线上发送出不同的信号，而接收端则通过不同的天线将在不同的射频链路的信号独立地解码出来。空间流数是决定最高数据传输速率的参数，在IEEE 802.11n标准中定义了最高的空间流数为4，空间流数越多数据传输速率就越高。在IEEE 802.11n标准中，在其他参数确定后，最高数据传输速率按空间流的倍数变化，如1个独立空间流最高可达150 Mbps，4个独立空间流可达600 Mbps。

（6）智能天线技术。智能天线技术也是IEEE 802.11n标准采用的一个新的技术，通过多组独立天线组成的天线阵列，可以动态调整波束，保证让WLAN用户接收到稳定的信号，并可以减少其他信号的干扰，因此其覆盖范围可以扩大到好几平方千米，使WLAN移动性得到了极大提高。在兼容性方面，IEEE 802.11n标准采用了软件无线电技术，它是一个完全可编程的硬件平台，不同系统的基站和终端都可以通过这一平台的不同软件实现互通和兼容，使得WLAN的兼容性得到了极大改善。这意味着WLAN将不但能实现IEEE 802.11n标准向前/后兼容，而且可以实现WLAN与无线广域网络的结合。

2．Wi-Fi网络优势

（1）建设便捷。因为Wi-Fi是一种短距离无线通信技术，所以在组建网络时免去了布线工作，只需一个或多个无线AP即可满足一定范围的上网需求，可以节省安装成本、缩短安装时间。ADSL、光纤等有线网络到户后，只需连接到无线AP，再在计算机中安装无线网卡即可。

（2）无线电波覆盖范围广，Wi-Fi网络覆盖半径可达300 m左右。

（3）数据传输速率快。

（4）业务可集成。Wi-Fi技术在OSI参考模型的数据链路层上与以太网完全一致，所以可以利用已有的有线接入资源迅速部署无线网络，形成无缝覆盖。

（5）较低门槛。在机场、长途客运站、酒店、图书馆等人员较密集的地方设置无线网络热点，可与高速互联网连接。只要用户的无线上网设备处于热点覆盖的区域内，即可高速接入互联网。根据无线网卡使用标准的不同，网络接入速率也有所不同。其中IEEE 802.11b标准最高为11 Mbps，IEEE 802.11a/g标准为54 Mbps，IEEE 802.11n标准为300 Mbps。

（6）组建方法简单。组建无线网络只需要使用无线网卡、无线AP和有线架构，费用和复杂度远远低于有线网络。

3．Wi-Fi网络架构

构成Wi-Fi网络的组件之间的关系如图4.5所示。

（1）站点（Station，STA），是指具有Wi-Fi通信功能并且连接无线网络的终端设备，如手机、平板电脑、笔记本电脑等。

（2）接入点（Access Point，AP），也称为基站，即平常所说的Wi-Fi热点或无线路由器。当需要从互联网上获取数据到手机上显示时，接入点就相当于一个转发器，将互联网上其他服务器上的数据转发到手机上。

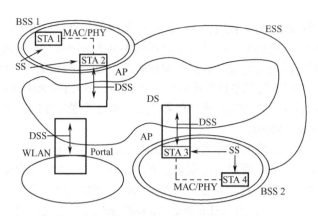

图 4.5 构成 Wi-Fi 网络的组成元件之间的关系

（3）基本服务集（Basic Service Set，BSS），基本服务集的组成情况有两种：①由一个接入点和若干个站点组成；②由若干个站点组成，最少 2 个。有接入点的称为基础结构型基本服务集（Infrastructure BSS）；无接入点的称为独立型基本服务集（Independent BSS，IBSS）。

（4）服务集识别码（Service Set Identifier，SSID），Wi-Fi 账号就是 SSID，SSID 是通过接入点广播出来的。在设置无线路由器时，可修改 SSID 的名称。AP 每 100 ms 都会将 SSID 用 Beacons（信号台）封包广播一次，Beacons 封包的数据传输速率是 1 Mbps，并且长度相当短，所以这个广播动作对网络效率的影响不大。

（5）分布式系统（Distribution System，DS），它通过基站将多个基本服务集连接起来。DS 属于 IEEE 802.11 的逻辑元件，当帧传送至 DS 时，随即会被发送至正确的基站，然后由基站转送至目的 STA。DS 必须负责追踪 STA 实际的位置，以及帧的传输。若要传输帧给某个移动式 STA，DS 必须负责将之传输给服务该移动式 STA 的基站。DS 是基站间传送帧的骨干网络，通常称为骨干网络。

（6）扩展服务集（Extented Service Set，ESS），由一个或者多个 BSS 通过 DS 串连在一起就构成了 ESS。通过 ESS，可以扩大无线网络的覆盖范围。

（7）门桥（Portal），门桥是 IEEE 802.11 定义的新名词，其作用相当于网桥，用于将无线局域网和有线局域网或者其他网络连接起来。所有非 IEEE 802.11 局域网的数据都要通过门桥才能进入 IEEE 802.11 的网络。

网络类型主要是在 BSS 中进行分类的，如独立型基本服务集（Independent BSS）和基础结构型基本服务集（Infrastructure BSS）。

（1）独立型基本服务集。独立型基本服务集如图 4.6（a）所示。在 IBSS 中，每个 STA 不需要通过 AP 就可以与相同 IBSS 下的任何其他 STA 建立通信，两个 STA 的距离必须在可以直接通信的范围内。通常，IBSS 是由少数几个 STA 针对特定目的而组成的临时性网络，最小的 IBSS 是由两个 STA 组成的。IBSS 有时被称为特设网络。

（2）基础结构型基本服务集。基础结构型基本服务集如图 4.6（b）所示。判断是否为基础结构型基本服务集，只要检查是否有基站参与其中即可。基站负责基础结构型基本服务集所有的传输，包括同一服务区域中所有移动式 STA 之间的通信。位于基础结构型基本服务集的移动式 STA，若需要和其他移动式 STA 通信，必须经过两个步骤：首先，由开始对话的 STA 将帧传输给基站；其次，由基站将此帧转送至目的 STA。由于所有通信都必须通过基站，基础结构型基本服务集所对应的服务区域就相当于基站的传输范围。

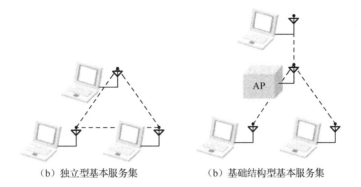

（b）独立型基本服务集　　　　　（b）基础结构型基本服务集

图 4.6　独立型基本服务集和基础结构型基本服务集

4.1.3　开发实践：构建 Wi-Fi 智能家居系统

1．开发设计

Wi-Fi 网络在物联网系统中扮演无线传感器网络的角色，用于获取传感器数据和控制电气设备。

本项目使用 Wi-Fi 网络构建智能家居系统，根据用户对智能家居功能的需求，整合最基本的家居控制功能，如环境数据采集、智能设备控制、防盗报警、煤气泄漏等，对基于 Wi-Fi 网络的物联网系统架构建立直观的认知。智能家居系统架构如图 4.7 所示。

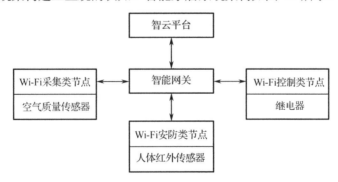

图 4.7　智能家居系统架构

2．功能实现

1）设备选型

根据智能家居的应用场景，选择智能网关、Wi-Fi 节点、相关传感器；准备 1 个 Mini4418 Android 智能网关，3 个 LiteB 节点，选择智能家居相关的传感器，如采集类传感器 Sensor-A（空气质量传感器）、控制类传感器 Sensor-B（继电器）、安防类传感器 Sensor-C（人体红外传感器）。

2）设备配置

正确连接硬件，通过软件工具为网关固化默认程序，通过 Flash Programmer 软件固化节点程序；正确配置 Wi-Fi 网络参数和智能网关服务，正确设置智能网关的智云服务配置工具，将 Wi-Fi 网络接入物联网云平台（智云平台）。

3）设备组网

构建 Wi-Fi 网络，并让传感器节点正确接入网络，启动智能网关和节点系统，观察节点正确入网；通过综合测试软件查看设备网络拓扑结构，通过软件工具观察节点组网状况。

4）设备演示

通过综合测试软件和传感器进行互动，对传感器进行数据采集和远程控制。

3. 开发验证

结合 Wi-Fi 网络特征，进行网络配置和组网，最终汇集到云端进行应用交互。部分验证截图如图 4.8 所示。

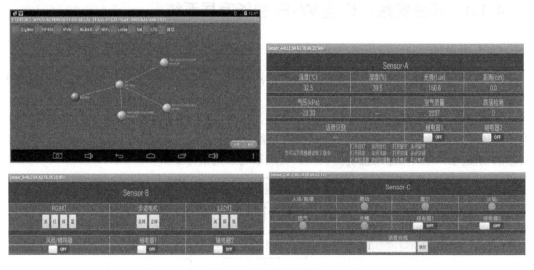

图 4.8　验证效果截图

4.1.4　小结

本节先介绍了 Wi-Fi 的关键技术、网络架构、Wi-Fi 网络优势等内容，然后通过开发实践，使用 Wi-Fi 网络构建智能家居系统，在智能家居系统中将传感器采集的数据通过智能网关发送至远程服务器（智云平台），通过终端 App 实现对数据的实时获取。通过本节的学习，读者可以理解并掌握 Wi-Fi 网络特征，能够熟练掌握 Wi-Fi 设备的选型、Wi-Fi 网络设置及组网过程。

4.1.5　思考与拓展

（1）简述 Wi-Fi 网络的特征及应用。

（2）简述 Wi-Fi 组建物联网的结构。

（3）实现更大的网络并进行相关测试。

（4）测试通信距离，以及网络断开后的自愈问题。

4.2 Wi-Fi 无线通信技术开发平台与开发工具

Wi-Fi 网络在日常生活中有着广泛的应用。由于 Wi-Fi 网络工作在 TCP/IP 协议下，单纯地使用 Wi-Fi 进行物联网项目开发，操作复杂、项目开发难度大。为了降低项目的开发难度，设备厂商为 Wi-Fi 模块提供了协议栈，使用 Wi-Fi 进行物联网的项目开发只需要在 Wi-Fi 协议栈下进行即可。

本节通过构建 Wi-Fi 网络来对 Wi-Fi 协议栈、Wi-Fi 网络特征和开发工具进行分析和学习。

4.2.1 学习与开发目标

（1）知识目标：了解 CC3200 和 Wi-Fi 协议栈，掌握各种 Wi-Fi 开发工具。

（2）技能目标：了解 CC3200 功能属性和 Wi-Fi 协议栈的结构，掌握 Wi-Fi 协议栈功能和 Wi-Fi 开发工具的使用。

（3）开发目标：构建 Wi-Fi 网络。

4.2.2 原理学习：CC3200 及其 Wi-Fi 协议栈

1. Wi-Fi 与 CC3200

1）CC3200 简介

CC3200 采用 Cortex-M4 内核，其运算处理能力要比基于 51 内核的 CC2530 和 CC2540 芯片强大很多，适用于大数据流和快速计算的物联网场景。

Cortex-M4 内核是由 ARM 公司开发的嵌入式微处理器内核，该内核在 Cortex-M3 的基础上强化了运算能力，新加了浮点数、DSP、并行计算等，其高效的信号处理能力与 Cortex-M 系列微处理器的低功耗、低成本和易于使用的优点相结合，为电机控制、汽车、电源管理、嵌入式音频和工业自动化等领域提供了灵活的解决方案。CC3200 引脚如图 4.9 所示。

2）CC3200 软/硬件系统

CC3200 是 TI 公司推出的 Wi-Fi 芯片，该芯片包含多种外设，提供最大可达 256 KB 的 RAM，带引导加载程序和外设驱动程序的 ROM，集成了 Wi-Fi 网络处理子系统（该子系统包括一个 IEEE 802.11b/g/n 无线电模块、基带和 MAC），带有强大的加密引擎（可实现 256 位加密，实现安全的互联网连接）。CC3200 支持 STA、AP 和 Wi-Fi Direct 模式，支持 WPA2 个人和企业安全。CC3200 与 Wi-Fi 片上系统的框图如图 4.10 所示。

CC3200 在 Cortex-M4 内核的基础上添加了计时器、Wi-Fi 模块、电源管理等外围电路，由应用微处理器、Wi-Fi 网络处理器子系统和电源管理子系统组成。

CC3200 架构如图 4.11 所示。

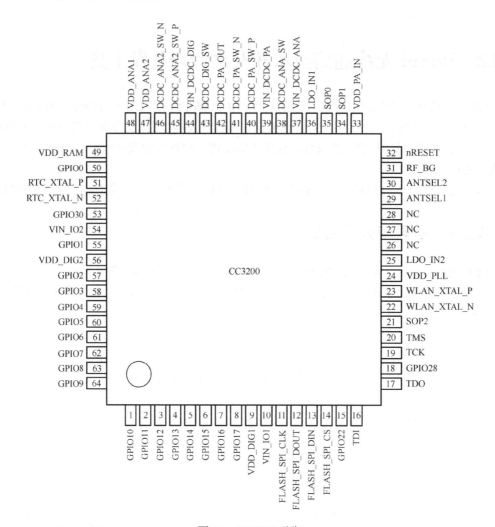

图 4.9　CC3200 引脚

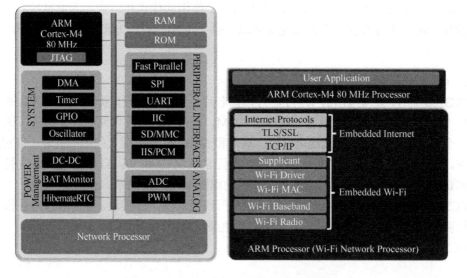

图 4.10　CC3200 与 Wi-Fi 片上系统的框图

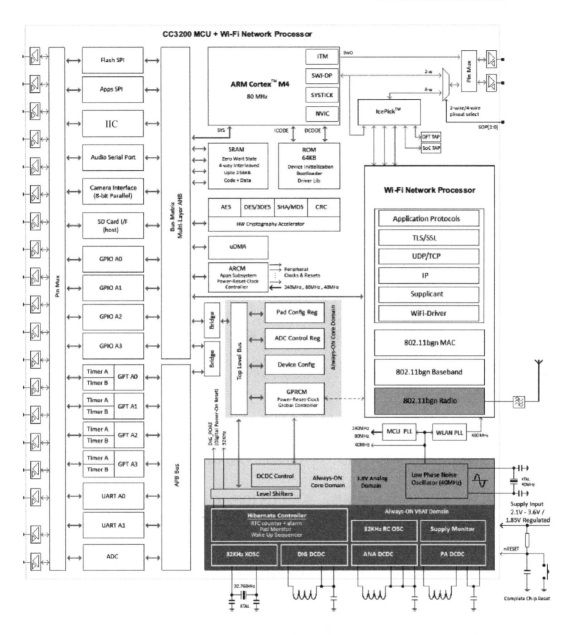

图 4.11　CC3200 架构

（1）应用微处理器。应用微处理器采用 ARM Cortex-M4 内核，运行频率为 80 MHz，具有 64 KB 的 Flash 及 128 KB/256 KB 的 SRAM，片内具有丰富的外设接口，如 UART、SPI、IIC、SD/MMC、8 位并行摄像头接口、1 个多通道音频串口、2 个 IIS 通道、4 个支持 16 位脉宽调制输出的通用定时器、独立的 32 位看门狗定时器、4 通道 12 位 ADC、26 个独立可编程、复用的 GPIO 引脚。

（2）Wi-Fi 网络处理器子系统。Wi-Fi 网络处理器子系统包含一个额外的专用 ARM 微处理器，用以减轻应用微处理器的负担。该子系统支持 IEEE 802.11b/g/n 协议标准、256 位 AES 加密及 WPA2 加密，支持 STA、AP 和 Wi-Fi Direct 模式，内部集成 IPv4 TCP/IP

协议栈、HTTP 服务器等多种网络协议，实现 IEEE 802.11b/g/n 协议的无线数据收发、PHY 层及 MAC 层。

（3）电源管理子系统。电源管理子系统集成 DC-DC 转换器，支持两种电源配置：宽范围电压模式（2.1～3.6 V）及预稳压的 1.85 V 模式（由经过预稳压的 1.85 V 电源供电）。除了运行模式，还支持睡眠、深度睡眠、低功耗深度睡眠，以及冬眠等高级低功耗模式，能大幅降低芯片的工作电流。

CC3200 是一颗定位为网关的芯片，在外设资源上，包含丰富的接口资源，具有两个微处理器，其中网络处理微处理器专门负责 Wi-Fi 数据的传输，在 Wi-Fi 网络处理器子系统中嵌入了 Wi-Fi 驱动程序和 TCP/IP 相关的协议栈；而另外一颗微处理器则承担运行操作系统的任务。这种将无线模块与控制模块分离的架构，类似于当前正处在发展初期的软件定义网络（SDN）架构。SDN 架构不再使用传统的 OSI 架构，而是采用转发层、控制层和应用层三层架构。在 SDN 架构下，硬件的性能可以得到更加极致的发挥，因为不同模块的硬件更加专注于主要业务，"上升"了控制负载，"下沉"了业务负载。同时，用户只需要在应用层调用各类 API，在基于 CC3200 的网络开发过程中，并不需要进行寄存器的操作。

CC3200 广泛应用于互联网网关、家庭自动化、工业控制、智能插座、仪表计量、访问控制、无线音频、安防系统、IP 网络传感器节点等领域。

2．CC3200 SDK

1）CC3200 SDK 介绍

CC3200 SDK 即 SimpleLink Wi-Fi CC3200 SDK，它包含 CC3200 的驱动程序、40 个以上的示例应用，以及使用该解决方案所需的文档；它还包含 Flash 编程器，这是一款命令行工具，用于配置网络和软件参数（SSID、接入点通道、网络配置文件等）、系统文件以及用户文件。

CC3200 SDK 提供各种各样的支持，具有 CCS IDE，Cortex-M4 支持 CC3200 SDK 中的所有示例应用。此外，有些应用还支持 IAR、GCC、免费 RTOS 和 TI 公司的 RTOS。

2）CC3200 SDK 的安装

CC3200 SDK 的安装包名为 CC3200-1.0.0-SDK.exe，双击此安装包可直接安装，默认的安装路径为"C:\Texas Instruments\CC3200-1.0.0-SDK"。该路径下有 14 个文件夹或文件，分别是 docs、driverlib、example、inc、middleware、netapps、oslib、simplelink、simplelink_extlib、third_party、ti_rtos、tools、zonesion 和 readme.txt 文件。SDK 文件夹目录如图 4.12 所示。

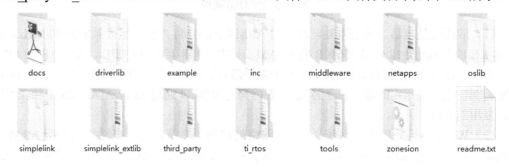

图 4.12　SDK 文件夹目录

（1）docs：此文件夹中存放的是文档，如 SDK 的 API 指南、SDK 用户手册、例程、TI 公司的 RTOS 用户手册等。

（2）driverlib：驱动库，存放的是 CC3200 的驱动，若要使用 CC3200 的某种功能，如 ADC 功能，可以将 adc.c 添加到工程中，并在头文件路径中包含 adc.h 所在的路径，即可调用 ADC 相关的 API 了。

（3）example：例程，存放了 40 多个 CC3200 的例程，如 ADC、camera_application、email、file_download 等。

（4）inc：头文件文件夹。

（5）middleware：中间件文件夹。

（6）netapps：网络应用文件夹，里面存放的是网络应用工程。

（7）oslib：操作系统库文件夹。

（8）simplelink：SimpleLink 例程文件夹。

（9）simplelink_extlib：扩展库文件夹。

（10）third_party：操作系统源文件夹。

（11）ti_rtos：TI 公司操作系统配置例程文件夹。

（12）tools：工具文件夹。

（13）zonesion：用户文件夹，用户编写的程序源代码和工程都放在其中。

（14）readme.txt：SDK 说明文件。

本章所说的 SDK 中的文件或者协议栈中的文件均指 "C:\Texas Instruments\CC3200-1.0.0-SDK" 路径下的文件。

3）CC3200 工程结构

SDK 中的 zonesion 文件夹下有两个文件夹，分别是 common 和 template 文件夹，其中 common 文件夹用于存放工程所需要的公共文件，template 文件夹中存放的是工程的模板，可以在工程模板的基础上进行修改。template 文件夹下有三个文件夹，分别为 gcc、ewarm 和 ccs，gcc、ccs 文件夹存放的是开发环境，由于本书所使用的是 IAR 集成开发环境，因此进入 ewarm 文件夹后双击 template.eww。本章后面的内容中提到的工程模板即此工程模板。

图 4.13 所示为 CC3200 工程目录结构。

CC3200 工程目录主要分为 4 大部分，分别是 common、sensor、dev 和 Output。common 文件夹下存放的是工程共同的文件，包括主函数和硬件配置等，一般情况下不需要修改；sensor 文件夹下存放的是传感器驱动文件，传感器驱动的开发在此文件中进行；dev 文件夹下存放的是芯片接口驱动文件；Output 文件夹下存放的是系统自带输出。

3. CC3200 网络特征

CC3200 SDK 提供了一组参考应用程序，这些参考应用程序对 CC3200 的关键特性进行了示例。这些参考应用程序是模块化的，供开发人员参考。下面列出了 AP 模式与 STA 模式的示例程序。

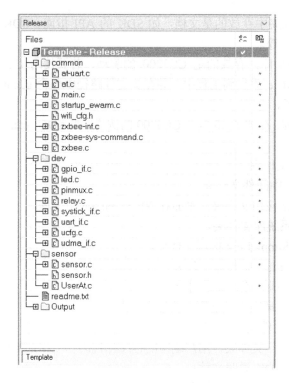

图 4.13　CC3200 工程目录结构

1）CC3200 STA 模式示例程序

Getting started with wLAN Station：STA 模式示例程序。无线网卡和手机通常都工作在 STA 模式，但是当手机处于 Wi-Fi 热点共享的状态时，便处于 AP 模式。

在 STA 模式下，CC3200 作为 Wi-Fi 网络中的一个站点使用，开发人员和用户在编写应用程序时可以引用 STA 模式示例程序中的函数。当站点成功连接到 AP（AP 配置以宏的形式存储在应用程序中）后，它将尝试获取"www.ti.com"的 IP 地址，然后 ping 到 IP 地址，返回 0 代表成功，返回其他值表示 Internet 连接不可用或者没有 ping 成功。STA 模式示例程序的源代码关键文件如表 4.1 所示。

表 4.1　STA 模式示例程序的源代码关键文件

文　件　名	说　　明
main.c	main.c 文件用于创建 SimpleLink 任务，该任务处理大多数与网络相关的操作，STA 模式的任务会调用 SimpleLink 库中与网络相关的 API
startup_ewarm.c	中断 IAR 的专用向量表
pinmux.c	引脚配置文件
uart_if.c	串口文件
gpio_if.c	LED 接口文件

关键源代码如下：

```
void WlanStationMode( void *pvParameters )
{
```

```
        long lRetVal = -1;
        InitializeAppVariables();                      //初始化应用变量
        lRetVal = ConfigureSimpleLinkToDefaultState(); //配置 SimpleLink 为默认状态（STA 模式）
        if(lRetVal < 0)
        {
            if (DEVICE_NOT_IN_STATION_MODE == lRetVal)
            {
                UART_PRINT("Failed to configure the device in its default state\n\r");
            }
            LOOP_FOREVER();
        }
        UART_PRINT("Device is configured in default state \n\r");
        lRetVal = sl_Start(0, 0, 0);                    //开启 SimpleLink 设备
        if (lRetVal < 0 || ROLE_STA != lRetVal)
        {
            UART_PRINT("Failed to start the device \n\r");
            LOOP_FOREVER();
        }
        UART_PRINT("Device started as STATION \n\r");
        lRetVal = WlanConnect();                        //连接到 AP
        if(lRetVal < 0)
        {
            UART_PRINT("Failed to establish connection w/ an AP \n\r");
            LOOP_FOREVER();
        }
        lRetVal = CheckLanConnection();                 //检查当前连接
        if(lRetVal < 0)
        {
            UART_PRINT("Device couldn't ping the gateway \n\r");
            LOOP_FOREVER();
        }
        GPIO_IF_LedOn(MCU_EXECUTE_SUCCESS_IND);
        lRetVal = CheckInternetConnection();            //检查 Internet 连接
        if(lRetVal < 0)
        {
            UART_PRINT("Device couldn't ping the external host \n\r");
            LOOP_FOREVER();
        }
        GPIO_IF_LedOn(MCU_ORANGE_LED_GPIO); //Internet 连接成功，打开网络灯
        UART_PRINT("Device pinged both the gateway and the external host \n\r");
        UART_PRINT("WLAN STATION example executed successfully \n\r");
        lRetVal = sl_Stop(SL_STOP_TIMEOUT);             //停止 SimpleLink 设备

        LOOP_FOREVER();
    }
    static long WlanConnect()
    {
```

```
        SlSecParams_t secParams = {0};
        long lRetVal = 0;

        secParams.Key = (signed char*)SECURITY_KEY;              //密码
        secParams.KeyLen = strlen(SECURITY_KEY);
        secParams.Type = SECURITY_TYPE;                          //安全类型
        lRetVal = sl_WlanConnect((signed char*)SSID_NAME, strlen(SSID_NAME), 0, &secParams, 0);
        ASSERT_ON_ERROR(lRetVal);

        //Wait for WLAN Event
        while((!IS_CONNECTED(g_ulStatus)) || (!IS_IP_ACQUIRED(g_ulStatus)))   //等待连接完成
        {
            //Toggle LEDs to Indicate Connection Progress
            GPIO_IF_LedOff(MCU_IP_ALLOC_IND);
            MAP_UtilsDelay(800000);
            GPIO_IF_LedOn(MCU_IP_ALLOC_IND);
            MAP_UtilsDelay(800000);
        }
        return SUCCESS;
    }
    static long CheckLanConnection()
    {
        SlPingStartCommand_t pingParams = {0};
        SlPingReport_t pingReport = {0};
        long lRetVal = -1;
        CLR_STATUS_BIT(g_ulStatus, STATUS_BIT_PING_DONE);
        g_ulPingPacketsRecv = 0;

        pingParams.PingIntervalTime = PING_INTERVAL;
        pingParams.PingSize = PING_PKT_SIZE;
        pingParams.PingRequestTimeout = PING_TIMEOUT;
        pingParams.TotalNumberOfAttempts = NO_OF_ATTEMPTS;
        pingParams.Flags = 0;
        pingParams.Ip = g_ulGatewayIP;
        //Check for LAN connection
        lRetVal = sl_NetAppPingStart((SlPingStartCommand_t*)&pingParams, SL_AF_INET,
                                (SlPingReport_t*)&pingReport, SimpleLinkPingReport);
        ASSERT_ON_ERROR(lRetVal);
        return SUCCESS;
    }
```

STA 模式下编程的三个步骤为：①通过调用 sl_Start()函数来启动 SimpleLink 设备；②通过调用 sl_WlanConnect()函数来连接 AP；③通过调用 sl_NetAppPingStart()函数来连接 AP 和外部主机。

2）CC3200 AP 模式示例程序

Getting started with wLAN AP：AP 模式示例程序。AP 模式可提供无线接入服务，允许其他无线设备接入，提供数据访问，无线路由器和网桥通常工作在 AP 模式下。AP 和 AP 之间允许相互连接，STA 类似于无线终端，STA 本身并不接收无线设备的接入，它可以连接到 AP。当 AP 接入 Internet 后，STA 可以通过 AP 访问 Internet，最典型的应用就是手机连接无线路由器。

在 AP 模式下，CC3200 作为 Wi-Fi 网络中的 AP 使用，开发人员和用户在编写应用程序时可以引用 AP 模式示例程序中的函数。当 CC3200 作为 AP 使用时，会等待一个连接它的站点（STA），如果连接成功，它就连接到那个站点，返回 0 代表成功，返回其他值表示站点连接不成功或者没有 ping 成功。AP 模式示例程序的源代码关键文件如表 4.2 所示。

表 4.2 AP 模式示例程序的源代码关键文件

文 件 名	说 明
main.c	main.c 文件用于创建 SimpleLink 任务，该任务处理大多数与网络相关的操作，AP 模式的任务会调用 SimpleLink 库中与网络相关的 API
startup_ewarm.c	中断 IAR 的专用向量表
pinmux.c	引脚配置文件
uart_if.c	串口文件
gpio_if.c	LED 接口文件

关键源代码如下：

```
oid WlanAPMode( void *pvParameters )
{
    int iTestResult = 0;
    unsigned char ucDHCP;
    long lRetVal = -1;

    InitializeAppVariables();                      //初始化应用变量
    lRetVal = ConfigureSimpleLinkToDefaultState();  //配置 SimpleLink 到初始状态
    if(lRetVal < 0)
    {
        if (DEVICE_NOT_IN_STATION_MODE == lRetVal)
        UART_PRINT("Failed to configure the device in its default state \n\r");
        LOOP_FOREVER();
    }
    lRetVal = sl_Start(NULL,NULL,NULL);            //启动 SimpleLink 设备

    if (lRetVal < 0)
    {
        UART_PRINT("Failed to start the device \n\r");
        LOOP_FOREVER();
    }
    UART_PRINT("Device started as STATION \n\r");
    if(lRetVal != ROLE_AP)                         //如果不是 AP 模式
    {
```

```
        if(ConfigureMode(lRetVal) != ROLE_AP)      //配置为 AP 模式，如果失败，则进入无限循环
        {
            UART_PRINT("Unable to set AP mode, exiting Application...\n\r");
            sl_Stop(SL_STOP_TIMEOUT);
            LOOP_FOREVER();
        }
    }
    while(!IS_IP_ACQUIRED(g_ulStatus))
    {
        //循环，直到获得 IP 为止
    }
    unsigned char len = sizeof(SlNetCfgIpV4Args_t);
    SlNetCfgIpV4Args_t ipV4 = {0};
    //获取网络配置
    lRetVal = sl_NetCfgGet(SL_IPV4_AP_P2P_GO_GET_INFO,&ucDHCP,&len, (unsigned char *)&ipV4);
    if (lRetVal < 0)
    {
        UART_PRINT("Failed to get network configuration \n\r");
        LOOP_FOREVER();
    }

    UART_PRINT("Connect a client to Device\n\r");
    while(!IS_IP_LEASED(g_ulStatus))
    {
        //等待站点连接
    }
    UART_PRINT("Client is connected to Device\n\r");

    iTestResult = PingTest(g_ulStaIp);
    if(iTestResult < 0)
    {
        UART_PRINT("Ping to client failed \n\r");
    }
    UNUSED(ucDHCP);
    UNUSED(iTestResult);
    //revert to STA mode
    lRetVal = sl_WlanSetMode(ROLE_STA);
    if(lRetVal < 0)
    {
        ERR_PRINT(lRetVal);
        LOOP_FOREVER();
    }
    //Switch off Network processor
    lRetVal = sl_Stop(SL_STOP_TIMEOUT);
```

```
        UART_PRINT("Application exits\n\r");
        while(1);
}
static int ConfigureMode(int iMode)
{
        char      pcSsidName[33];
        long      lRetVal = -1;
        UART_PRINT("Enter the AP SSID name: ");
        GetSsidName(pcSsidName,33);
        //设置网络模式
        lRetVal = sl_WlanSetMode(ROLE_AP);
        ASSERT_ON_ERROR(lRetVal);
        //设置 SSID 名称
        lRetVal = sl_WlanSet(SL_WLAN_CFG_AP_ID, WLAN_AP_OPT_SSID, strlen(pcSsidName),
                            (unsigned char*)pcSsidName);
        ASSERT_ON_ERROR(lRetVal);
        UART_PRINT("Device is configured in AP mode\n\r");
        /* Restart Network processor */
        lRetVal = sl_Stop(SL_STOP_TIMEOUT);
        CLR_STATUS_BIT_ALL(g_ulStatus);
        return sl_Start(NULL,NULL,NULL);
}
```

AP 模式下编程有两个步骤：①通过调用 sl_Start()函数来启动 SimpleLink 设备；②获得 IP 地址。

当 CC3200 以 AP 模式启动后，遵循以下步骤可以确保 CC3200 作为 AP 使用：①等待站点连接到 AP；②ping 站点。

4．Wi-Fi 开发工具

1）IAR 集成开发环境

TI 官方提供的 Wi-Fi 协议栈安装包使用的是 IAR 集成开发环境，因此 Wi-Fi 的相关程序开发同样需要在 IAR 的集成开发环境中进行。

IAR 集成开发环境是一个专门用于开发嵌入式设备程序的开发环境，相关使用方法请参考第 1 章的内容。

2）PortHelper 工具

CC3200 的 Wi-Fi 开发工具使用的是 PortHelper 工具，PortHelper 是一款功能强大的程序调试工具，该工具除了基本的串口调试功能，还集成了串口监视器、USB 调试器、网络调试器、网络服务器、蓝牙调试器以及一些辅助的源代码开发工具。在 CC3200 的项目开发中使用到的是 PortHelper 的网络调试功能和串口调试功能。PortHelper 网络调试界面如图 4.14 所示。

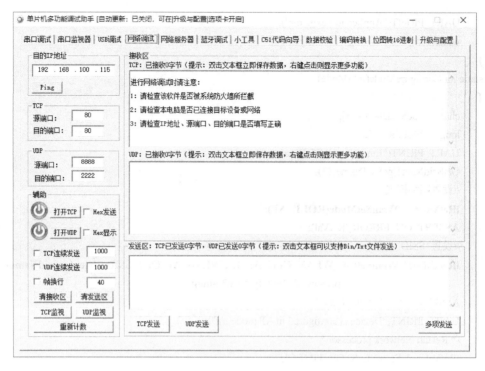

图 4.14　PortHelper 网络调试界面

PortHelper 串口调试界面如图 4.15 所示。

图 4.15　PortHelper 串口调试界面

3）xLabTools 工具

xLabTooLs 工具可以在 PC 端对 Wi-Fi 传输的数据进行解析，并且可以修改 Wi-Fi 节点的相关参数，操作步骤如下。

（1）双击桌面上 xLabTooLs 的快捷方式，选择"WiFi（W）"，用 USB 串口线连接 Wi-Fi 节点，"串口号"选择为"COM3"，"波特率"选择为"38400"，xLabTooLs 工具界面如图 4.16 所示。

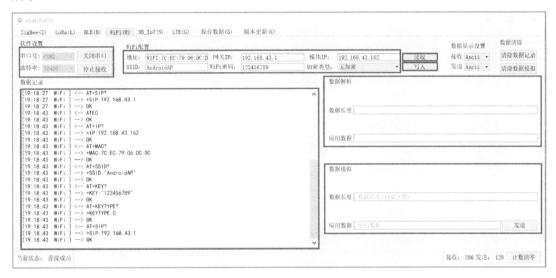

图 4.16　xLabTooLs 工具界面

（2）在 Wi-Fi 节点组网后单击"读取"按钮可查看 Wi-Fi 节点的基本组网信息；在修改"网关 IP""模块 IP""SSID""WiFi 密码""加密类型"后单击"写入"按钮，可修改 Wi-Fi 节点的组网配置。

4）ZCloudTools 工具

ZCloudTools 是一款无线传感器网络综合分析测试工具，可提供网络拓扑结构、数据包分析、传感器数据采集和控制、传感器历史数据查询等功能。ZCloudTools 工具界面如图 4.17 所示。

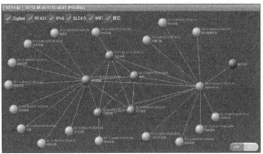

图 4.17　ZCloudTools 工具界面

PC 端工具为 ZCloudWebTools，该工具可直接在 PC 端的浏览器上运行，功能与

ZCloudTools 工具类似。ZCloudWebTools 工具界面如图 4.18 所示。

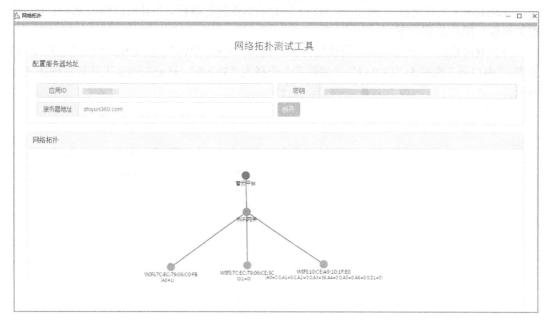

图 4.18　ZCloudWebTools 工具界面

4.2.3　开发实践：构建 Wi-Fi 网络

1. 开发设计

为了方便开发人员加快开发速度，方便开发人员对程序进行调试，TI 公司提供了 Wi-Fi 调试工具，包括开发环境、网络调试、协议分析等。

本项目基于 Wi-Fi 网络构建智能家居系统，通过各种工具进行程序开发、网络调试和系统运维。

本项目使用 xLab 未来开发平台中的安装有 Wi-Fi 无线模组的 LiteB 节点，以及 Sensor-A、Sensor-B 和 Sensor-C 传感器板对项目进行模拟。

本项目主要包括以下工具的学习：

● IAR 集成开发环境：主要用于程序开发、调试。
● UniFlash 工具：主要用于程序的烧写、固化。
● ZCloudTools 工具：主要用于网络拓扑结构和应用层数据包的分析。
● xLabTools 工具：主要用于网络参数的修改、节点数据包的分析和模拟。

2. 功能实现

1）IAR 集成开发环境

安装 Wi-Fi 协议栈后，节点的示例工程将存放在协议栈目录中。通过 IAR 集成开发环境（见图 4.19）打开节点工程，可完成工程源代码的分析、调试、运行和下载。

可通过修改 wifi_cfg.h 文件来修改 Wi-Fi 的名称和密码。

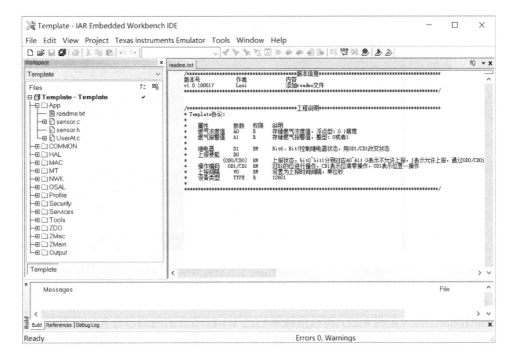

图 4.19　IAR 集成开发环境

2）UniFlash 工具

UniFlash 工具（见图 4.20）可以对节点程序进行烧写、固化。

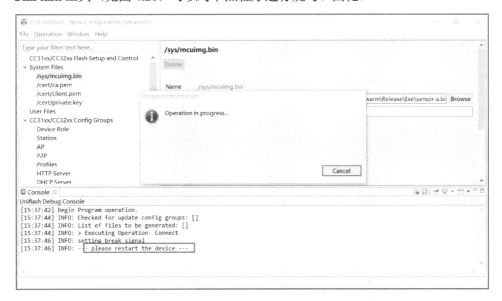

图 4.20　UniFlash 工具

3）ZCloudTools 工具

ZCloudTools 工具可以完成 Wi-Fi 网络拓扑结构的监测，通过修改 Wi-Fi 协议栈工程和相关源代码即可完成组网。通过 ZCloudTools 工具查看网络拓扑结构如图 4.21 所示。

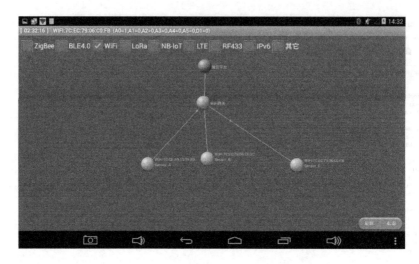

图 4.21　通过 ZCloudTools 工具查看网络拓扑结构

4）xLabTools 工具

xLabTools 工具（见图 4.22）可以读取和修改 Wi-Fi 节点的网络参数和加密类型，可以读取节点收到的数据包并解析数据包，可以通过连接的节点发送自定义的数据包到应用层。通过连接 Wi-Fi 节点，xLabTools 工具可以分析节点接收的数据，并可发送数据进行调试。

图 4.22　xLabTools 工具

3．开发验证

通过 IAR 集成开发环境和 UniFlash 工具可以完成节点程序的开发、调试、运行和下载；通过 xLabTools 和 ZCloudTools 工具可以完成节点数据的分析和调试，如图 4.23 所示。

调试效果如图 4.24 所示。

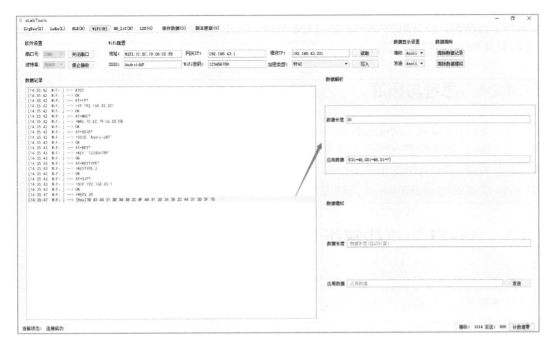

图 4.23　节点数据的分析和调试

图 4.24　调试效果

4.2.4　小结

本节先介绍了 CC3200 的特点、功能和软/硬件系统，然后介绍了 CC3200 SDK 协议栈的安装与工程结构，CC3200 网络特征，以及 Wi-Fi 的开发与调试工具介绍与使用，最后通过 Wi-Fi 网络构建智能家居系统。

4.2.5 思考与拓展

（1）Wi-Fi 协议栈的功能是什么？

（2）Wi-Fi 网络配置有哪些关键参数？

（3）Wi-Fi 节点入网的依据是什么？

（4）尝试通过 xLabTools 工具修改 SSID 和 Wi-Fi 密码，测试重新组网现象。

4.3 Wi-Fi 协议栈解析与应用开发

环境温度的感知与智能控制是智能家居中非常重要的一个功能，智能家居系统可通过温湿度传感器感知环境数据，通过智能处理中心记录、分析并控制相关设备联动操作。智能温控设备如图 4.25 所示。

图 4.25 智能温控设备

本节主要基于 CC3200 来学习 Wi-Fi 协议栈程序开发，重点学习 Wi-Fi 组网、无线数据收发和处理等应用，最后构建 Wi-Fi 智能家居系统。

4.3.1 学习与开发目标

（1）知识目标：Wi-Fi 协议栈的工作流程、执行原理和关键接口。

（2）技能目标：了解 Wi-Fi 协议栈的工作流程，掌握 Wi-Fi 协议栈执行原理和关键接口的使用。

（3）开发目标：构建 Wi-Fi 智能家居系统。

4.3.2 原理学习：Wi-Fi 协议栈

1. CC3200 协议源工作流程分析

Wi-Fi 协议栈是一个用于实现 Wi-Fi 网络功能的完整系统。Wi-Fi 协议栈需要初始化硬件平台和软件架构所需要的各种模块，为操作系统的运行做准备，主要有板载初始化、系统时钟初始化、DMA 初始化、引脚复用配置、各个硬件模块初始化、串口初始化、启动 SimpleLink

设备、AT 指令初始化、传感器初始化、连接 Wi-Fi 设备、传感器定时触发等。Wi-Fi 协议栈流程和对应的函数如图 4.26 所示。

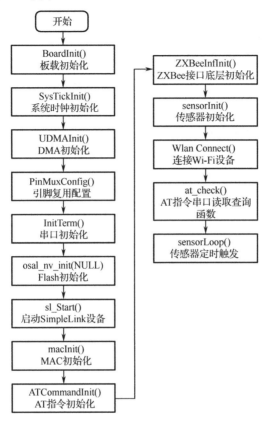

图 4.26　Wi-Fi 协议栈流程和对应的函数

其对应的具体函数源代码如下：

```
void main()
{
    long lRetVal = -1;
    //Board Initialization
    BoardInit();                                    //板载初始化
    SysTickInit();                                  //系统时钟初始化
    //Initialize the uDMA
    UDMAInit();                                     //DMA 初始化
    //Configure the pinmux settings for the peripherals exercised
    PinMuxConfig();                                 //引脚复用配置
    LEDInit();                                      //LED 初始化
    //Configuring UART
    InitTerm();                                     //串口初始化
    DisplayBanner(APPLICATION_NAME);                //显示应用名称
    InitializeAppVariables();                       //初始化应用
    lRetVal = ConfigureSimpleLinkToDefaultState();  //配置 SimpleLink 为默认状态
    if(lRetVal < 0)                                 //如果配置失败
```

```
{
    if (DEVICE_NOT_IN_STATION_MODE == lRetVal)
    DebugMsg("Failed to configure the device in its default state \n\r");
    LEDOn(3);
    LOOP_FOREVER();                          //无限循环
}
lRetVal = sl_Start(0, 0, 0);                 //启动 SimpleLink 设备
if (lRetVal < 0)                             //如果启动失败
{
    LEDOn(3);
    DebugMsg("Failed to start the device \n\r");
    LOOP_FOREVER();                          //无限循环
}
ucfg_read();
DebugMsg("cfg ssid: %s\r\n", cfg.ssid);
DebugMsg("cfg skey: %s\r\n", cfg.skey);
DebugMsg("cfg stype: %d\r\n", cfg.stype);
DebugMsg("cfg sip: %u.%u.%u.%u\r\n", cfg.sip[0],cfg.sip[1],cfg.sip[2],cfg.sip[3]);
DebugMsg("cfg sport: %u\r\n", cfg.sport);
//DebugMsg("cfg lport: %u\r\n", cfg.lport);
int mode = 1; //0 trans, 1 at mode
int at_ret = 0;
macInit();
ATCommandInit();
ZXBeeInfInit();                              //获取网络配置
#ifndef CC3200_Serial
sensorInit();                               //传感器初始化
#endif
while (1) {
    if (led2_tm != 0) {
        if ((((long)UTUtilsGetSysTime() - (long)led2_tm) > 50)) {
            led2_tm = 0;
            LEDOff(2);
        }
    }
    if ((IS_CONNECTED(g_ulStatus)) && (IS_IP_ACQUIRED(g_ulStatus))) {
        LEDOn(1);
        //DebugMsg("check at ret %d\r\n",at_ret);
        if (iSockID < 0) {
            SocketInit();
        } else if (at_ret <= 0){
            int ret = SocketCheck();
            if (ret > 0) {
                SocketRecvMessage(SockBuf, ret);
            }
        }
    } else {
        static char s = 0;
        static unsigned long led_tm = 0, conn_tm = 0;
        unsigned long t = UTUtilsGetSysTime();
```

```
            if (t - led_tm > 200) {
                if (s) LEDOff(1);
                else LEDOn(1);
                s = !s;
                led_tm = t;
            }
            if (conn_tm == 0 || t - conn_tm > 60*1000) {
                InitializeAppVariables();
                if (strlen(cfg.ssid) > 0) {
                    WlanConnect();                    //连接到 Wi-Fi 设备
                }
                conn_tm = t;
            }
        }
        if (mode == 1) {
            at_ret = at_check();
        }
#ifndef CC3200_Serial
        sensorLoop();                                //传感器定时触发
#endif
        _SlNonOsMainLoopTask();
    }
}
```

main 函数是程序入口函数，程序由此开始执行。在上述源代码中，首先对硬件进行了初始化，包括板载初始化、系统时钟初始化、DMA 初始化、引脚复用配置、串口初始化，有些初始化函数是用户可以自行改写的，如系统时钟初始化，其源代码完全可见；有些初始化函数是由 TI 公司提供的，用户不能看到源代码，如在板载初始化中的 MCU 初始化函数 PRCMCC3200MCUInit()，只能找到函数的声明，并不能找到函数的定义。这个函数到底在哪里呢？

打开模板工程，在菜单栏选中"Project→Options"，在左侧"Category"栏下选择"Linker"选项，在右侧选项卡中选择"Library"即可找到.a 文件，如图 4.27 所示。

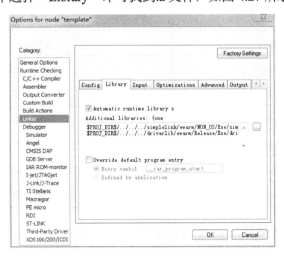

图 4.27　查找.a 文件的方法

在 Additional libraries 栏下有两行语句，分别是：

```
$PROJ_DIR$/../../../simplelink/ewarm/NON_OS/Exe/simplelink.a
$PROJ_DIR$/../../../driverlib/ewarm/Release/Exe/driverlib.a
```

这两行语句的意思是在链接时使用了格式为.a 的文件，分别是 simplelink.a 和 driverlib.a。.a 文件为静态链接库文件，所谓静态链接，是指把要调用的函数或者过程链接到可执行文件中，成为可执行文件（这里为 bin 文件）的一部分。在这里可以简单地理解为那些在工程中只有声明而找不到定义的函数是在.a 文件中。

硬件初始化完成后，开始配置 SimpleLink 设备。如果硬件初始化失败，程序就进入无限循环。如果 SimpleLink 配置成功，程序接下来启动 SimpleLink 设备，启动失败则进入无限循环。成功启动 SimpleLink 设备后，读取配置文件，初始化 MAC，获取发送节点信息，然后初始化 AT 指令。接下来，程序将执行 sensorInit()函数来进行传感器初始化，之后进入 while 循环。如果连接上 Wi-Fi 设备，则初始化与远程服务器通信的套接字，检查套接字是否有数据需要接收，如果有数据，则通过套接字接收数据，最后定时触发传感器上报数据。

程序进行硬件初始化之后，接下来分别进行配置协议栈、启动 SimpleLink 设备、连接 Wi-Fi 设备操作，每一个操作失败，程序都会进入无限循环；操作成功，串口就会显示相应的信息，并进入下一个操作。成功连接 Wi-Fi 设备后，程序会调用 sensorLoop()函数来定时触发传感器上报数据。

2. 传感器应用程序接口分析

1）智云框架

智云框架是在传感器应用程序接口的基础上搭建起来的，通过合理调用这些接口，可以使 Wi-Fi 的开发形成一套系统的开发逻辑。传感器应用程序接口是在 sensor.c 文件中实现的，包括传感器初始化函数、节点入网成功操作函数、传感器控制函数、传感器数据上报函数、传感器报警监测及处理函数等。传感器应用程序接口如表 4.3 所示。

表4.3　传感器应用程序接口

函 数 名 称	函 数 说 明
sensorInit()	传感器初始化
sensorLinkOn()	节点入网成功操作函数
sensorUpdate()	传感器数据上报
sensorControl()	传感器控制函数
sensorCheck()	传感器报警监测及处理函数
ZXBeeInfRecv()	解析接收到的传感器控制指令函数
sensorLoop()	定时触发传感器上报数据

2）智云传感器程序解析

传感器应用程序流程如图 4.28 所示。

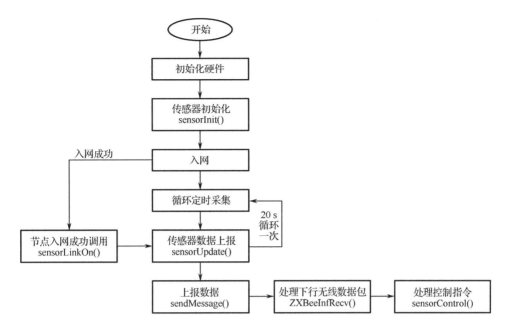

图 4.28　传感器应用程序流程

本节以 Wi-FiApiTest 工程为例进行讲解。智云框架为 Wi-Fi 协议栈的上层应用提供了分层的软件设计结构，将传感器的私有操作部分封装在 sensor.c 文件中，用户任务中的事件和节点类型选择则在 sensor.h 文件中处理。sensor.h 文件中事件的宏定义如下：

```
#ifndef SENSOR_H
#define SENSOR_H
/**********************************************************************
* 宏定义
**********************************************************************/
#define t4ms              UTUtilsGetSysTime
#define t4exp(x)          (((((signed long)UTUtilsGetSysTime()-(signed long)(x))>=0)?1:0)
#define clock_time        UTUtilsGetSysTime
#define NODE_NAME "601"
#define NODE_TYPE 3
/**********************************************************************
* 函数原型
**********************************************************************/
extern void sensorInit(void);
extern void sensorLinkOn(void);
extern void sensorUpdate(void);
extern void sensorCheck(void);
extern void sensorControl(unsigned char cmd);
extern void sensorLoop(void);
#endif //SENSOR_H
```

sensor.h 文件定义了定时循环事件，用于对传感器采集的数据进行上报。该文件还定义了节点属性 NODE_NAME 与节点类型 NODE_TYPE，同时还声明了智云框架下的传感器应用文件 sensor.c 中的函数。

sensorInit()函数用于对传感器进行初始化，相关源代码如下：

```
/*************************************************************************
* 名  称：sensorInit()
* 功  能：传感器初始化
*************************************************************************/
void sensorInit(void)
{
    DebugMsg("sensor->sensorInit(): Sensor init!\r\n");
    //温湿度传感器初始化
    relay_init();                                                //继电器初始化
}
```

节点入网成功后调用 sensorLinkOn()函数进行相关的操作，相关源代码如下：

```
/*************************************************************************
* 名  称：sensorLinkOn()
* 功  能：节点入网成功调用函数
*************************************************************************/
void sensorLinkOn(void)
{
    printf("sensor->sensorLinkOn(): Sensor Link on!\r\n");
    sensorUpdate();        //节点入网成功后上报一次传感器数据
}
```

sensorUpdate()函数用于对传感器数据进行打包上报，相关源代码如下：

```
/*************************************************************************
* 名  称：sensorUpdate()
* 功  能：处理主动上报的数据
*************************************************************************/
void sensorUpdate(void)
{
    char pData[32];
    char *p = pData;
    //温度采集（0～40 之间的随机数）
    temperature = (uint16)(rand()%40);
    //更新温度数据
    sprintf(p, "temperature=%.1f", temperature);
    sendMessage(p, strlen(p));
    DebugMsg("sensor->sensorUpdate(): temperature=%.1f\r\n", temperature);
}
```

sensorLoop()函数用于定时触发传感器上报数据，相关源代码如下：

```
/*************************************************************************
* 名  称：sensorLoop()
* 功  能：定时触发功能
*************************************************************************/
void sensorLoop(void)
{
    static unsigned long ct_update = 0;
    if (t4exp(ct_update)) {
        sensorUpdate();
```

```
        ct_update = t4ms()+20*1000;
    }
}
```

ZXBeeInfRecv()函数用于对节点接收到的无线数据包进行处理，相关源代码如下：

```
/***********************************************************************
* 名   称：ZXBeeInfRecv()
* 功   能：节点接收无线数据包并进行处理
* 参   数：*pkg—收到的无线数据包；len—无线数据包的长度
***********************************************************************/
void ZXBeeInfRecv(char *pkg, int len)
{
    uint8 val;
    char pData[16];
    char *p = pData;
    char *ptag = NULL;
    char *pval = NULL;
    DebugMsg("sensor->ZXBeeInfRecv(): Receive Wi-Fi Data!\r\n");
    ptag = pkg;
    p = strchr(pkg, '=');
    if (p != NULL) {
        *p++ = 0;
        pval = p;
    }
    val = atoi(pval);
    //控制指令解析
    if (0 == strcmp("cmd", ptag)){                    //对 D0 位进行操作，CD0 表示位清 0 操作
        sensorControl(val);
    }
}
```

sensorControl()函数用于对控制设备进行操作，相关源代码如下：

```
/***********************************************************************
* 名   称：sensorControl()
* 功   能：传感器控制
* 参   数：cmd—控制指令
***********************************************************************/
void sensorControl(uint8 cmd)
{
    //根据 cmd 参数处理对应的控制程序
    relay_control(cmd);
}
```

通过 sensor.c 文件中的具体函数可快速地完成 Wi-Fi 项目的开发。

4.3.3 开发实践：构建 Wi-Fi 智能家居系统

1. 开发设计

本项目通过构建 Wi-Fi 智能家居系统，帮助读者了解 Wi-Fi 协议栈的工作原理和关键接

口，学习和掌握 Wi-Fi 协议栈接口的使用，掌握传感器应用程序接口的使用。

为了满足对传感器应用程序接口的充分使用，本项目中的 Wi-Fi 节点携带了两种传感器，一种为温湿度传感器，另一种为继电器。其中温湿度传感器可以采集室内的温度数据，继电器可作为受控设备来模拟排风扇开关。

Wi-Fi 智能家居系统的实现可分为两个部分，分别为硬件功能设计和软件逻辑设计。下面对这两个部分分别进行分析。

系统硬件结构

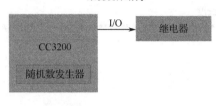

图 4.29　硬件架构

1）硬件功能设计

Wi-Fi 智能家居系统使用两种传感器，其中的温湿度传感器用于采集温度数据，由于本节重点分析传感器应用程序接口的使用，因此温度数据是通过 CC3200 的随机数发生器产生的；继电器可作为受控设备来模拟排风扇开关。硬件架构如图 4.29 所示。

继电器的硬件连接电路如图 4.30 所示。

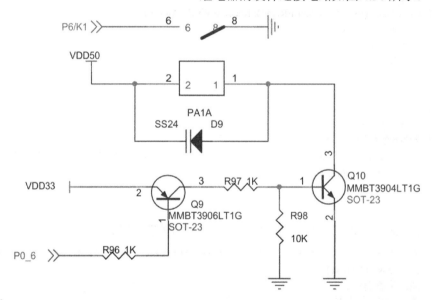

图 4.30　继电器的硬件连接电路

继电器由 CC3200 的 P0_6 引脚控制，P0_6 引脚为低电平时继电器闭合，P0_6 引脚为高电平时继电器断开。

2）软件逻辑设计

软件逻辑设计应符合 Wi-Fi 协议栈流程，Wi-Fi 节点首先进行入网操作，入网完成后进行传感器和用户任务的初始化。当定时循环事件触发时，更新传感器数据并上报。当节点接收到传感器数据时，如果接收数据为继电器控制指令，则执行继电器控制操作。

Wi-FiApiTest 工程是基于 Wi-Fi 协议栈开发的，基于 Wi-Fi 协议栈的开发流程如图 4.31 所示。

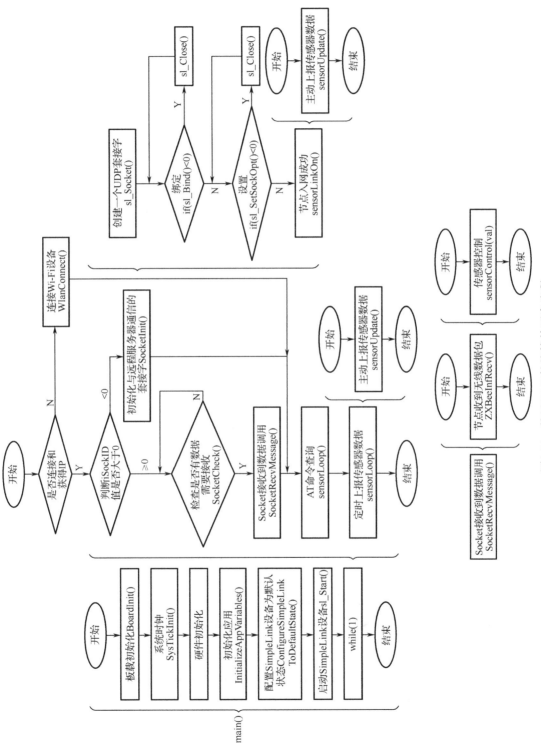

图4.31　基于Wi-Fi协议栈的开发流程

为了能够远程与本地识别 Wi-Fi 节点的数据，需要约定一套通信协议，如表 4.4 所示。

表 4.4　通信协议

数 据 方 向	协 议 格 式	说　　明
上行（节点往应用层发送数据）	temperature =X	X 表示采集的温度数据
下行（应用层往节点发送指令）	cmd=X	X 为 0 表示关闭继电器，X 为 1 表示开启继电器

2．功能实现

Wi-FiApiTest 工程的源代码文件 sensor.c 可以帮助读者理解传感器应用程序的设计，具体如下。

（1）传感器初始化函数，源代码如下：

```
/************************************************************************
* 名　称：sensorInit()
* 功　能：传感器初始化
************************************************************************/
void sensorInit(void)
{
    DebugMsg("sensor->sensorInit(): Sensor init!\r\n");
    //温湿度传感器初始化
    relay_init();                                      //继电器初始化
}
```

（2）节点入网成功后调用函数，源代码如下：

```
/************************************************************************
* 名　称：sensorLinkOn()
* 功　能：节点入网成功调用函数
************************************************************************/
void sensorLinkOn(void)
{
    DebugMsg("sensor->sensorLinkOn(): Sensor Link on!\r\n");
    sensorUpdate();
}
```

（3）传感器数据上报函数，源代码如下：

```
/************************************************************************
* 名　称：sensorUpdate()
* 功　能：处理主动上报的数据
************************************************************************/
void sensorUpdate(void)
{
    char pData[32];
    char *p = pData;
```

```
//温度采集（0～40 之间随机数）
temperature = (uint16)(rand()%40);

//更新温度数据
sprintf(p, "temperature=%.1f", temperature);
sendMessage(p, strlen(p));
DebugMsg("sensor->sensorUpdate(): temperature=%.1f\r\n", temperature);
}
```

（4）处理收到的无线数据包函数，源代码如下：

```
/******************************************************************
* 名    称：ZXBeeInfRecv()
* 功    能：节点收到无线数据包
* 参    数：*pkg—收到的无线数据包；len—无线数据包的长度
******************************************************************/
void ZXBeeInfRecv(char *pkg, int len)
{
    uint8 val;
    char pData[16];
    char *p = pData;
    char *ptag = NULL;
    char *pval = NULL;

    DebugMsg("sensor->ZXBeeInfRecv(): Receive Wi-Fi Data!\r\n");

    ptag = pkg;
    p = strchr(pkg, '=');
    if (p != NULL) {
        *p++ = 0;
        pval = p;
    }
    val = atoi(pval);

    //控制指令解析
    if (0 == strcmp("cmd", ptag)){                    //对 D0 位进行操作，CD0 表示位清 0 操作
        sensorControl(val);
    }
}
```

（5）传感器控制函数，源代码如下：

```
/******************************************************************
* 名    称：sensorControl()
* 功    能：传感器控制
* 参    数：cmd—控制指令
******************************************************************/
```

```
void sensorControl(uint8 cmd)
{
    //根据 cmd 参数处理对应的控制程序
    relay_control(cmd);
}
```

（6）定时触发传感器数据上报函数，源代码如下：

```
/****************************************************************************
* 名    称：sensorLoop()
* 功    能：定时触发功能
****************************************************************************/
void sensorLoop(void)
{
    static unsigned long ct_update = 0;

    if (t4exp(ct_update)) {
        sensorUpdate();
        ct_update = t4ms()+20*1000;
    }
}
```

3. 开发验证

根据程序设定，Wi-Fi 节点会每 20 s 上报一次传感器数据到应用层，同时通过 ZCloudTools
工具发送继电器控制指令（cmd=1 表示开启继电器，cmd=0 表示关闭继电器），如图 4.32 所
示。通过 xLabTools 和 ZCloudTools 工具可以完成节点数据的分析和调试。

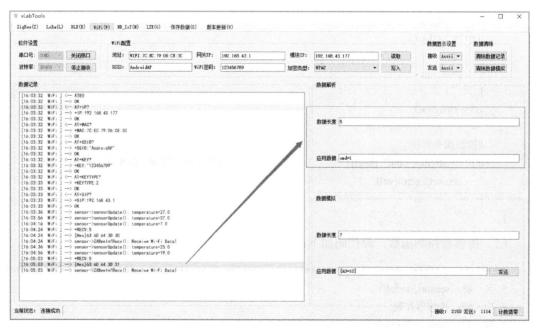

图 4.32　通过 ZCloudTools 工具发送继电器控制指令

验证效果如图 4.33 所示。

图 4.33　验证效果

4.3.4　小结

本节先介绍了 Wi-Fi 协议栈工作流程和关键接口，然后介绍了智云框架、传感器应用程序接口，最后构建了 Wi-Fi 智能家居系统。

4.3.5　思考与拓展

（1）简述 Wi-Fi 协议栈的工作流程。
（2）简述 Wi-Fi 的初始化流程。
（3）Wi-Fi 的 UDP 连接需要配置哪些参数?

4.4　Wi-Fi 智能家居环境信息采集系统开发与实现

Wi-Fi 智能家居环境信息采集系统能将监测到的环境信息变化同控制设备联动，是智能家居的重要组成部分。智能家居环境信息监测器如图 4.34 所示。

本节主要讲述物联网采集类程序的开发，通过设计 Wi-Fi 智能家居环境信息采集系统，帮助读者理解 Wi-Fi 采集类程序逻辑、采集类传感器应用程序开发接口，实现对采集类传感器应用程序接口的学习与开发实践。

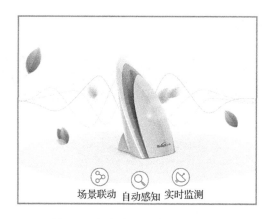

图 4.34　智能家居环境信息监测器

4.4.1　学习与开发目标

（1）知识目标：Wi-Fi 远程数据采集应用场景、Wi-Fi 数据传输机制、Wi-Fi 数据传输接口、Wi-Fi 采集类程序通信协议。

（2）技能目标：理解 Wi-Fi 远程数据采集应用场景，掌握 Wi-Fi 数据传输接口的使用和 Wi-Fi 采集类程序通信协议的设计。

（3）开发目标：构建 Wi-Fi 智能家居环境信息采集系统。

4.4.2　原理学习：Wi-Fi 采集类程序接口

1．Wi-Fi 采集类程序逻辑分析和通信协议设计

1）Wi-Fi 采集类程序逻辑分析

Wi-Fi 网络的功能之一是能够实现远程数据采集，通过 Wi-Fi 网络将节点采集到的数据传输到协调器汇总，为数据分析和处理提供支持。

Wi-Fi 远程数据采集有很多应用场景，如室内温湿度信息采集、光照度信息采集、智能家居燃气监测、花草环境监测、智能家居空气质量采集等。Wi-Fi 远程数据采集的应用场景众多，但要如何实现 Wi-Fi 采集类程序设计呢？下面将对采集类程序的逻辑进行分析。

采集类程序可以归纳为三种逻辑事件，详见 2.4.2 节。

2）Wi-Fi 采集类通信协议设计

一个完整的物联网综合系统，数据贯穿了感知层、网络层、服务层和应用层，数据在这四层之间层层传输，因此需要设计一种合适的通信协议完成数据的封装与通信。

采集类节点要将采集的数据进行打包上报，并能够让远程的设备识别，或者远程设备向节点发送信息能够被节点响应，就需要定义一套通信协议，这套通信协议对于节点和远程设备都是约定好的。只有在这样一套协议下，才能够实现节点与远程设备之间的数据交互。

采集类程序通信协议设计采用类 JSON 数据包格式，格式为{[参数]=[值],[参数]=[值]…}。

（1）每条数据以"{"作为起始字符。

（2）"{}"内的多个参数以","分隔。

（3）数据上行格式为{value=12,status=1}。

（4）数据下行查询指令的格式为{value=?,status=?}，程序返回{value=12,status=1}。

采集类程序通信协议如表 4.5 所示。

表 4.5　采集类程序通信协议

数 据 方 向	协 议 格 式	说　明
上行（节点往应用层发送数据）	{sensorValue=X}	X 表示采集到的传感器数据
下行（应用层往节点发送指令）	{sensorValue=?}	查询传感器数据，返回{sensorValue =X}，X 表示采集到的传感器数据

2．Wi-Fi 采集类程序接口分析

1）Wi-Fi 传感器应用程序接口

传感器应用程序接口是在 sensor.c 文件中实现的，包括传感器初始化函数（sensorInit()）、节点入网调用函数（sensorLinkOn()）、传感器数据上报函数（sensorUpdate()）、处理下行的用户指令函数（ZXBeeUserProcess()）、定时触发传感器数据上报函数（sensorLoop()）等，如表 4.6 所示。

表 4.6　传感器应用程序接口

函 数 名 称	函 数 说 明
sensorInit()	传感器初始化
sensorLinkOn()	节点入网成功后调用
sensorUpdate()	上报传感器实时数据
ZXBeeUserProcess()	解析接收到的下行控制指令
sensorLoop()	定时触发传感器上报数据

具体的源代码如下：

```
/***************************************************************************
* 全局变量
***************************************************************************/
static float temperature = 0.0;                                    //存储温度数据
/***************************************************************************
* 名　称：updateTemperature()
* 功　能：更新温度数据
***************************************************************************/
void updateTemperature(void)
{
    //读取温度数据并更新
    temperature = (htu21d_get_data(TEMP)/100.0f);
}
/***************************************************************************
* 名　称：sensorInit()
* 功　能：传感器初始化
***************************************************************************/
void sensorInit(void)
```

```
{
    //初始化传感器源代码
    htu21d_init();
}
/***************************************************************************
* 名    称: sensorLinkOn()
* 功    能: 节点入网成功调用函数
***************************************************************************/
void sensorLinkOn(void)
{
    sensorUpdate();
}
/***************************************************************************
* 名    称: sensorUpdate()
* 功    能: 处理主动上报的数据
***************************************************************************/
void sensorUpdate(void)
{
    char pData[16];
    char *p = pData;

    //采集温度数据
    updateTemperature();
    ZXBeeBegin();                                          //帧头
    //上报温度数据
    sprintf(p, "%.1f", temperature);
    ZXBeeAdd("temperature", p);

    p = ZXBeeEnd();                                        //帧尾
    if (p != NULL) {
        ZXBeeInfSend(p, strlen(p));
    }
    DebugMsg("sensor->sensorUpdate(): temperature=%.1f\r\n", temperature);
}
/***************************************************************************
* 名    称: ZXBeeUserProcess()
* 功    能: 解析收到的控制指令
* 参    数: *ptag—控制指令名称; *pval—控制指令参数
* 返回值: <0 表示不支持指令, >=0 表示指令已处理
***************************************************************************/
int ZXBeeUserProcess(char *ptag, char *pval)
{
    int ret = 0;
    char pData[16];
    char *p = pData;

    //控制指令解析
    if (0 == strcmp("temperature", ptag)){                 //查询执行指令编码
        if (0 == strcmp("?", pval)){
            updateTemperature();
```

```
            ret = sprintf(p, "%.1f", temperature);
            ZXBeeAdd("temperature", p);
        }
    }

    return ret;
}
/***************************************************************************
* 名   称：sensorLoop()
* 功   能：定时触发功能
***************************************************************************/
void sensorLoop(void)
{
    static unsigned long ct_update = 0;

    if (t4exp(ct_update)) {
        sensorUpdate();
        ct_update = t4ms()+20*1000;
    }
}
```

　　远程数据采集功能建立在无线传感器网络之上，在建立无线传感器网络后，先进行节点所携带的传感器的初始化，然后初始化用户任务，此后每次执行任务都会采集一次传感器数据，并将传感器数据填入设计好的通信协议中，等待数据通过 Wi-Fi 网络发送至协调器，最终通过服务器和互联网被用户使用。为了保证数据的实时更新，还需要设置传感器数据上报的时间间隔，如每 20 s 上报一次传感器数据等。

　　采集类传感器应用程序流程如图 4.35 所示。

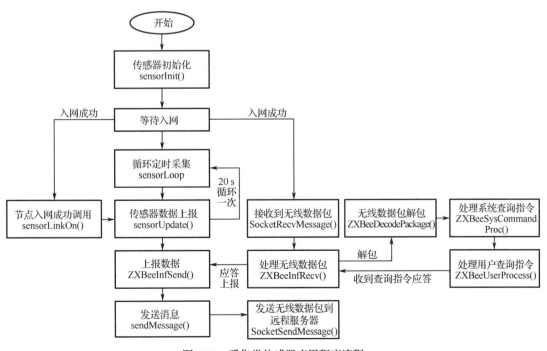

图 4.35　采集类传感器应用程序流程

2）Wi-Fi 无线数据包收发

无线数据包收发处理是在 zxbee-inf.c 文件中实现的，包括 ZigBee 无线数据包的收发函数，如表 4.7 所示。

表 4.7　无线数据包的收发函数

函 数 名 称	函 数 说 明
ZXBeeInfSend()	节点发送无线数据包给汇聚节点
ZXBeeInfRecv()	处理节点收到无线数据包

（1）ZXBeeInfSend() 函数。

```
/**********************************************************************
* 名    称：ZXBeeInfSend()
* 功    能：节点发送无线数据包给汇聚节点
* 参    数：*p—要发送的无线数据包；len—无线数据包的长度
**********************************************************************/
void   ZXBeeInfSend(char *p, int len)
{
    sendMessage(p, len);
}

/**********************************************************************
* 名    称：sendMessage
* 功    能：发送无线数据包
**********************************************************************/
int sendMessage(char *buf, int len)
{
    led2_tm = UTUtilsGetSysTime();
    LEDOn(2);
    for (int i=0; i<len; i++) {
        msgTx[EXT_HEAD_LEN+i] = buf[i];
    }
    SocketSendMessage(msgTx, len+EXT_HEAD_LEN);
    return len;
}

/**********************************************************************
* 名    称：SocketSendMessage
* 功    能：发送无线数据包到远程服务器
**********************************************************************/
int SocketSendMessage(char *buf, int len)
{
    SlSockAddrIn_t   sAddr;
    int   iAddrSize;
    int ret;
```

```
        if (iSockID < 0) return -1;
        LEDOn(2);
        //filling the UDP server socket address
        #if DEBUG
        DebugMsg("<<< ");
        for (int i=0; i<len; i++) {
            DebugMsg("%02X ", buf[i]);
        }
        DebugMsg("\r\n");
        #endif

        sAddr.sin_family = SL_AF_INET;
        sAddr.sin_port = sl_Htons((unsigned short)cfg.sport);
        sAddr.sin_addr.s_addr = sl_Htonl(cfg.sip[0]<<24 | cfg.sip[1]<<16 | cfg.sip[2]<<8 | cfg.sip[3]);
        iAddrSize = sizeof(SlSockAddrIn_t);
        ret = sl_SendTo(iSockID, buf, len, 0, (SlSockAddr_t *)&sAddr, iAddrSize);
        //UTUtilsDelay( 30000);
        LEDOff(2);
        return ret;
}
```

（2）ZXBeeInfRecv()函数。

```
/********************************************************************************
* 名    称：ZXBeeInfRecv()
* 功    能：节点收到无线数据包
* 参    数：*pkg—收到的无线数据包；len—无线数据包的长度
********************************************************************************/
void ZXBeeInfRecv(char *pkg, int len)
{
    char *p = ZXBeeDecodePackage(pkg, len); //对接收到的无线数据包进行解析，并返回应答的数据
    if (p != NULL) {
        ZXBeeInfSend(p, strlen(p));          //将返回的应答数据发送给汇聚节点
    }
}
```

3）Wi-Fi 无线数据包解析

针对特定的通信协议，需要对无线数据进行封包、解包操作，无线数据的封包、解包相关函数是在zxbee.c文件中实现的，封包函数为ZXBeeBegin()、ZXBeeAdd(char* tag, char* val)、ZXBeeEnd(void)，解包函数为ZXBeeDecodePackage(char *pkg, int len)，如表 4.8 所示。

表 4.8　无线数据包解析函数

函 数 名 称	函 数 说 明
ZXBeeBegin()	增加 ZXBee 通信协议的帧头 "{"
ZXBeeEnd()	增加 ZXBee 通信协议的帧尾 "}"，并返回封包后的指针
ZXBeeAdd()	在无线数据包中添加数据
ZXBeeDecodePackage()	对接收到的无线数据包进行解包

（1）ZXBeeBegin()函数的源代码如下：

```
/**************************************************************************
* 名    称：ZXBeeBegin()
* 功    能：增加 ZXBee 通信协议的帧头 "{"
**************************************************************************/
int8 ZXBeeBegin(void)
{
    wbuf[0] = '{';                          //增加帧头 "{"
    wbuf[1] = '\0';
    return 1;
}
```

（2）ZXBeeEnd()函数的源代码如下：

```
/**************************************************************************
* 名    称：ZXBeeEnd()
* 功    能：增加 ZXBee 通信协议的帧尾 "}"，并返回封包后的指针
**************************************************************************/
char* ZXBeeEnd(void)
{
    int a = strlen(msgTx);
    msgTx[a-1] = '}';
    if (a > 2) {
        return msgTx;
    }
    return NULL;
}
```

（3）ZXBeeAdd()函数的源代码如下：

```
/**************************************************************************
* 名    称：ZXBeeAdd()
* 功    能：在无线数据包中添加数据
* 参    数：pt—传感器标识；pv—要添加的数据
* 返回值：val—传感器数据
**************************************************************************/
void ZXBeeAdd(char* pt, char*pv)
{
    int a = strlen((char*)msgTx);
    int b = strlen(pt);
    int c = strlen(pv);

    strcpy(&msgTx[a], pt);
    a += b;
    msgTx[a++] = '=';
    msgTx[a] = '\0';
    strcpy(&msgTx[a], pv);
    a += c;
```

```
    msgTx[a++] = ',';
    msgTx[a] = '\0';
}
```

（4）ZXBeeDecodePackage()函数的源代码如下：

```
/*****************************************************************************
* 名   称：ZXBeeDecodePackage()
* 功   能：对接收到的无线数据包进行解包
* 参   数：buf—数据；len—数据长度
*****************************************************************************/
char* ZXBeeDecodePackage(char *buf, int len)
{
    if (buf[0] == '{' && buf[len-1] == '}') {
        char *p = &buf[1];
        char *ptag, *pval;
        buf[len-1] = '\0';
        ZXBeeBegin();
        while (p != NULL && *p != '\0') {
            ptag = p;
            p = strchr(p, '=');
            if (p != NULL) {
                *p++ = '\0';
                pval = p;
                p = strchr(p, ',');
                if (p != NULL) *p++ = '\0';
                if (ZXBeeSysCommandProc(ptag, pval)<0) {
                    #ifndef CC3200_Serial
                    ZXBeeUserProcess(ptag, pval);
                    #endif
                }
            }
        }
        return ZXBeeEnd();
    }
    return NULL;
}
/*****************************************************************************
* 名   称：ZXBeeUserProcess()
* 功   能：解析接收到的控制指令
* 参   数：*ptag—控制指令名称；*pval—控制指令参数
* 返回值：<0 表示不支持指令，>=0 表示指令已处理
*****************************************************************************/
int ZXBeeUserProcess(char *ptag, char *pval)
{
    int ret = 0;
    char pData[16];
```

```
        char *p = pData;

        //控制指令解析
        if (0 == strcmp("temperature", ptag)){              //查询执行指令编码
            if (0 == strcmp("?", pval)){
                updateTemperature();
                ret = sprintf(p, "%.1f", temperature);
                ZXBeeAdd("temperature", p);
            }
        }
        return ret;
    }
/****************************************************************************
* 名   称：updateTemperature()
* 功   能：更新温度数据
****************************************************************************/
void updateTemperature(void)
{
    //读取温度数据并更新
    temperature = (htu21d_get_data(TEMP)/100.0f);
}
```

4）模块公共指令处理

```
/****************************************************************************
* 名   称：ZXBeeSysCommandProc
* 功   能：模块公共指令处理
****************************************************************************/
int ZXBeeSysCommandProc(char* ptag, char* pval)
{
    int ret = -1;
    if (memcmp(ptag, "ECHO", 4) == 0) {
        ZXBeeAdd(ptag, pval);
        return 1;
    }
    #ifndef CC3200_Serial
    if (memcmp(ptag, "TYPE", 4) == 0) {
        if (pval[0] == '?') {
            char buf[16];
            sprintf(buf, "%d2%s", NODE_TYPE, NODE_NAME);
            ZXBeeAdd("TYPE", buf);
            return 1;
        }
    }
    #endif
    return ret;
}
```

5）Wi-Fi 智能家居环境信息采集系统的架构

环境信息采集系统是 Wi-Fi 智能家居系统的一个子系统，主要实现对室内环境信息的采集，如温度。

Wi-Fi 智能家居环境信息采集系统采用 Wi-Fi 技术，通过部署携带温湿度传感器的 Wi-Fi 节点，将采集到的数据通过智能网关发送到物联网云平台，最终通过 Wi-Fi 智能家居环境信息采集系统进行温度数据的采集和数据展现。

Wi-Fi 智能家居环境信息采集系统的架构如图 4.36 所示。

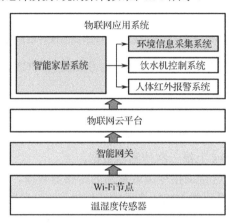

图 4.36　Wi-Fi 智能家居环境信息采集系统的架构

4.4.3　开发实践：Wi-Fi 智能家居环境信息采集系统设计

1．开发设计

为了满足对远程数据采集应用场景的模拟，Wi-Fi 智能家居环境信息采集系统的 Wi-Fi 节点携带了 HTU21D 型温湿度传感器，该传感器通过 IIC 总线和 CC3200 通信。系统定时采集温度数据并上报，当远程控制设备发出查询指令时，节点能够执行指令并反馈采集的温度数据信息。

整个 Wi-Fi 智能家居环境信息采集系统的实现可分为两个部分，分别为硬件功能设计和软件协议设计。下面对这两个部分分别进行分析。

1）硬件功能设计

Wi-Fi 智能家居环境信息采集系统使用 HTU21D 型温湿度传感器采集温度数据，通过传感器定时采集温度数据并上报来完成数据的发送。CC3200 和 HTU21D 型温湿度传感器的连接框图如图 4.37 所示。

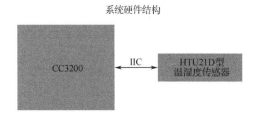

图 4.37　CC3200 和 HTU21D 型温湿度传感器的连接框图

HTU21D 型温湿度传感器通过 IIC 总线与 CC3200 进行通信。HTU21D 型温湿度传感器的硬件连接电路如图 4.38 所示。

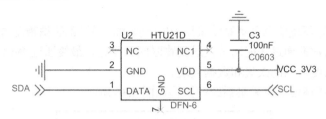

图 4.38　HTU21D 型温湿度传感器的硬件连接电路

图 4.38 中，HTU21D 型温湿度传感器的 SCL 引脚连接 CC3200 的 P0_0 引脚，SDA 引脚连接 CC3200 的 P0_1 引脚。

2）软件协议设计

Wi-FiTemperature 工程实现了环境信息采集系统，具有以下功能：

（1）节点入网后，每 20 s 上报一次传感器数据。

（2）应用层可以下行发送查询指令读取最新的传感器数据。

Wi-FiTemperature 工程采用类 JOSN 格式的通信协议（{[参数]=[值],[参数]=[值]…}），如表 4.9 所示。

表 4.9　温度传感器通信协议

数据方向	协议格式	说　明
上行（节点往应用层发送数据）	{temperature =X}	X 表示采集的温度数据
下行（应用层往节点发送指令）	{temperature =?}	查询温度数据，返回{temperature =X}，X 表示采集的温度数据

2. 功能实现

1）Wi-Fi 智能家居环境信息采集系统程序分析

Wi-FiTemperature 工程基于智云框架开发，实现了传感器数据的定时上报、传感器数据的查询、无线数据的封包和解包等功能。下面详细分析家居环境信息采集系统的程序逻辑。

（1）传感器应用程序：在 sensor.c 文件中实现，包括传感器初始化函数（sensorInit()）、节点入网调用函数（sensorLinkOn()）、传感器数据上报函数（sensorUpdate()）、处理下行的用户指令函数（ZXBeeUserProcess()）、定时触发传感器上报数据（sensorLoop()）。

（2）传感器驱动：在 htu21d.c 文件中实现，通过 IIC 总线来获取传感器采集的数据。

（3）无线数据包收发处理：在 zxbee-inf.c 文件中实现，包括 Wi-Fi 无线数据包的收发函数。

（4）无线数据的封包、解包：在 zxbee.c 文件中实现，封包函数为 ZXBeeBegin()、ZXBeeAdd(char* tag, char* val)、ZXBeeEnd(void)，解包函数为 ZXBeeDecodePackage(char *pkg, int len)。

2）传感器应用程序设计

Wi-Fi 智能家居环境信息采集系统属于采集类传感器应用，主要完成传感器数据的循环上报。

（1）传感器初始化：在 Wi-Fi 协议栈初始化完成后，调用 main.c 文件中的 main 函数进行传感器初始化。

```
void main()
{
    long lRetVal = -1;
    //Board Initialization
    BoardInit();                        //板载初始化
    SysTickInit();                      //系统时钟初始化
    //Initialize the uDMA
    UDMAInit();                         //DMA 初始化
    …
    #ifndef CC3200_Serial
    sensorInit();
    #endif
    …
    #ifndef CC3200_Serial
    sensorLoop();
    #endif
    _SlNonOsMainLoopTask();
}
```

sensor.c 文件中的 sensorInit()函数用于实现传感器的初始化。

```
void sensorInit(void)
{
    //初始化传感器
    htu21d_init();                      //HTU21D 型温湿度传感器初始化
}
```

（2）传感器数据循环上报：采集类传感器负责定时上报所采集的数据，调用 sensor.c 文件中的 sensorInit()函数完成传感器初始化后，启动一个定时器来触发上报事件，每隔一定的时间调用一次 sensor.c 文件中的 sensorLoop()函数，该函数内调用 sensorUpdate()函数进行传感器数据的上报，从而实现传感器数据的循环上报。

```
void sensorLoop(void)
{
    static unsigned long ct_update = 0;

    if (t4exp(ct_update)) {
        sensorUpdate();
        ct_update = t4ms()+20*1000;
    }
}
```

sensor.c 文件中的 sensorUpdate()函数用于实现传感器的数据上报，该函数调用 updateTemperature()函数更新温度数据，并通过 ZXBeeBegin()、ZXBeeAdd(char* tag, char* val)、ZXBeeEnd(void)函数对数据进行封包，最后调用 zxbee-inf.c 文件中的 ZXBeeInfSend(char

*p, int len)函数将无线数据包发送给应用层。

```
void sensorUpdate(void)
{
    char pData[16];
    char *p = pData;
    //采集温度数据
    updateTemperature();
    ZXBeeBegin();
    //上报温度数据
    sprintf(p, "%.1f", temperature);
    ZXBeeAdd("temperature", p);
    p = ZXBeeEnd();
    if (p != NULL) {
        ZXBeeInfSend(p, strlen(p));
    }
    DebugMsg("sensor->sensorUpdate(): temperature=%.1f\r\n", temperature);
}
```

（3）节点入网处理：节点入网后，Wi-Fi 协议栈会调用 main.c 文件中的 SocketInit()函数进行入网确认处理，该函数内部调用 sensor.c 文件中的 sensorUpdate()函数进行传感器数据的上报。

```
void sensorLinkOn(void)
{
    sensorUpdate();
}
```

（4）处理无线下行控制指令：当 Wi-Fi 协议栈接收到发送过来的下行数据包后会调用 main.c 文件中的 SocketRecvMessage()函数进行处理，接着调用 zxbee-inf.c 文件中的 ZXBeeInfRecv()函数对无线数据包进行解包，并将解包后的数据发送给应用层。

```
void ZXBeeInfRecv(char *buf, int len)
{
    char *p = ZXBeeDecodePackage(buf, len);
    if (p != NULL) {
        ZXBeeInfSend(p, strlen(p));
    }
}
```

zxbee.c 文件中的 ZXBeeDecodePackage()函数用于对接收到的无线数据包进行指令解析，先调用 zxbee-sys-command.c 文件中的 ZXBeeSysCommandProc()函数进行系统指令处理，然后调用 sensor.c 文件中的 ZXBeeUserProcess()函数进行用户指令处理。

```
int ZXBeeUserProcess(char *ptag, char *pval)
{
    int ret = 0;
    char pData[16];
    char *p = pData;
```

```
            //控制指令解析
            if (0 == strcmp("temperature", ptag)){          //查询执行指令编码
                if (0 == strcmp("?", pval)){
                    updateTemperature();
                    ret = sprintf(p, "%.1f", temperature);
                    ZXBeeAdd("temperature", p);
                }
            }
            return ret;
        }
```

3）传感器驱动设计

（1）传感器初始化：HTU21D 型温湿度传感器通过 IIC 总线与 CC3200 通信，传感器初始化主要是进行 IIC 总线初始化。

```
/**********************************************************************
* 名   称：htu21d_init()
* 功   能：HTU21D 型温湿度传感器初始化
**********************************************************************/
void htu21d_init(void)
{
    iic_init();                             //IIC 总线初始化
    iic_start();                            //启动 IIC 总线
    iic_write_byte(HTU21DADDR&0xfe);        //写 HTU21D 型温湿度传感器的 IIC 总线地址
    iic_write_byte(0xfe);
    iic_stop();                             //停止 IIC 总线
    //delay(600);                           //时延
}/*********************************************************************
* 名   称：iic_init()
* 功   能：IIC 总线初始化函数
**********************************************************************/
void iic_init(void)
{
    P0SEL &= ~0x03;                         //设置 P0_0 和 P0_1 为普通 I/O 模式
    P0DIR |= 0x03;                          //设置 P0_0 和 P0_1 为输出模式
    SDA = 1;                                //拉高数据线
    iic_delay_us(10);                       //时延 10 μs
    SCL = 1;                                //拉高时钟线
    iic_delay_us(10);                       //时延 10 μs
}
```

（2）获取传感器数据。

```
/**********************************************************************
* 名   称：htu21d_get_data()
* 功   能：获取 HTU21D 型温湿度传感器数据
* 参   数：order—指令
* 返回值：temperature—温度数据；humidity—湿度数据
```

```
*********************************************************************************/
int htu21d_get_data(unsigned char order)
{
    float temp = 0,TH = 0;
    unsigned char MSB,LSB;
    unsigned int humidity,temperature;
    iic_start();                                    //IIC 总线开始
    if(iic_write_byte(HTU21DADDR & 0xfe) == 0){     //写 HTU21D 型温湿度传感器的 IIC 总线地址
        if(iic_write_byte(order) == 0){             //写寄存器地址
            do{
                delay(30);
                iic_start();
            }
            while(iic_write_byte(HTU21DADDR | 0x01) == 1);  //发送读信号
            MSB = iic_read_byte(0);                 //读取数据高 8 位
            delay(30);                              //时延
            LSB = iic_read_byte(0);                 //读取数据低 8 位
            iic_read_byte(1);
            iic_stop();                             //IIC 总线停止
            LSB &= 0xfc;                            //取出数据有效位
            temp = MSB*256+LSB;                     //数据合并
            if (order == 0xf3){                     //触发开启温度检测
                TH=(175.72)*temp/65536-46.85;       //温度：T= -46.85 + 175.72 * ST/2^16
                temperature =(unsigned int)(fabs(TH)*100);
                if(TH >= 0)
                flag = 0;
                else
                flag = 1;
                return temperature;
            }else{
                TH = (temp*125)/65536-6;
                humidity = (unsigned int)(fabs(TH)*100);  //湿度：RH%= -6 + 125 * SRH/2^16
                return humidity;
            }
        }
    }
    iic_stop();
    return 0;
}
```

（3）通过 IIC 总线获取传感器数据。

```
/*********************************************************************************
* 名    称：htu21d_read_reg()
* 功    能：读取 HTU21D 型温湿度传感器寄存器
* 参    数：cmd—寄存器地址
* 返回值：data—寄存器数据
```

```
***************************************************************/
unsigned char htu21d_read_reg(unsigned char cmd)
{
    unsigned char data = 0;
    iic_start();                                        //IIC 总线开始
    if(iic_write_byte(HTU21DADDR & 0xfe) == 0){         //写 HTU21D 型温湿度传感器的 IIC 总线地址
        if(iic_write_byte(cmd) == 0){                   //写寄存器地址
            do{
                delay(30);                              //时延 30 ms
                iic_start();                            //开启 IIC 总线通信
            }
            while(iic_write_byte(HTU21DADDR | 0x01) == 1);  //发送读信号
            data = iic_read_byte(0);                    //读取一字节数据
            iic_stop();                                 //IIC 总线停止
        }
    }
    return data;
}
```

3．开发验证

（1）根据程序设定，传感器节点每 20 s 上报一次数据到应用层，同时通过 ZCloudTools 工具发送查询指令（{temperature =?}），如图 4.39 所示，程序接收到响应后会返回实时温度数据到应用层。

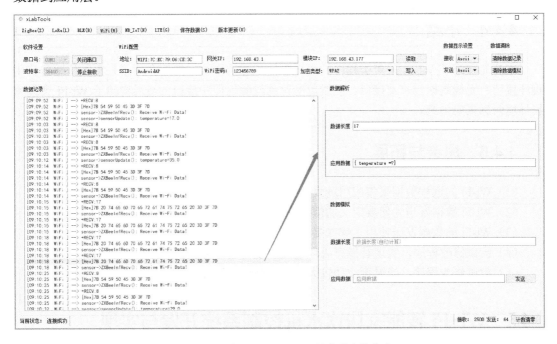

图 4.39　通过 ZCloudTools 工具发送查询指令

（2）通过触摸传感器可以改变温度数据。

（3）修改程序中传感器数据循环上报的时间间隔，记录传感器温度数据的变化。

验证效果如图 4.40 所示。

图 4.40　验证效果

4.4.4　小结

本节先介绍了 Wi-Fi 采集类程序的逻辑事件和通信协议，然后介绍了采集类传感器应用程序接口、无线数据包收发接口、无线数据封包与解包程序接口，最后构建了 Wi-Fi 智能家居环境信息采集系统。

4.4.5　思考与拓展

（1）Wi-Fi 的远程数据采集应用场景有哪些？

（2）Wi-Fi 数据发送为何要定义通信协议？

（3）Wi-Fi 的数据发送使用了哪些接口？

（4）尝试修改程序，实现智能家居环境光照度传感器数据的采集。

（5）尝试修改程序，当温度波动较大时才上报传感器数据。

4.5　Wi-Fi 智能家居饮水机控制系统开发与实现

饮水机存在于大多数家庭中，通过控制饮水机的烧水，在需要喝热水时，可以提前遥控控制饮水机开始烧水，这样就可以及时喝上刚烧热的新鲜的水，还可以有效避免能源浪费。智能饮水机如图 4.41 所示。

图 4.41　智能饮水机

本节主要介绍控制类程序的开发，通过设计基于 Wi-Fi 智能家居饮水机控制系统，帮助读者理解 Wi-Fi 控制类程序的逻辑、传感器应用程序接口，实现对 Wi-Fi 控制类传感器程序接口的学习与开发实践。

4.5.1　学习与开发目标

（1）知识目标：Wi-Fi 远程设备控制的应用场景、Wi-Fi 数据接收与发送机制、Wi-Fi 数据接收与发送接口、Wi-Fi 控制类程序通信协议。

（2）技能目标：理解 Wi-Fi 远程设备控制的应用场景，掌握 Wi-Fi 数据接收与发送接口的使用，以及掌握 Wi-Fi 控制类程序通信协议的设计。

（3）开发目标：构建 Wi-Fi 智能家居饮水机控制系统。

4.5.2　原理学习：Wi-Fi 控制类程序接口

1．Wi-Fi 控制类程序逻辑分析和通信协议设计

1）Wi-Fi 控制类程序逻辑分析

Wi-Fi 网络的功能之一是能够实现远程设备控制。对远程设备进行控制需要用户发送控制指令，控制指令经由协调器发送至控制类节点，控制类节点通过处理相关的指令信息后执行相应操作，并反馈控制结果。

Wi-Fi 远程设备控制有很多应用场景，如室内窗帘控制、智能家居环境灯光控制、无人飞行器控制、鱼缸投食控制、花草自动浇水控制等。Wi-Fi 远程设备控制应用场景众多，但要如何利用 Wi-Fi 实现远程设备控制程序设计呢？需要对控制类程序逻辑进行分析，详见 2.5.2 节。

2）Wi-Fi 控制类程序通信协议设计

一个完整的物联网综合系统，数据贯穿了感知层、网络层、服务层和应用层，数据在这

四层之间层层传递，因此需要设计一种合适的通信协议完成数据的封装与通信。

这种通信协议在控制类程序中同样适用。在物联网系统中，远程设备和控制类节点分别处于通信的两端，要实现两者间的数据识别就需要约定通信协议，通过指定的通信协议，远程设备发送的控制指令和查询指令才能够被控制类节点识别并执行。

本系统采用继电器模拟饮水机的开关，在接收到控制指令后执行操作并反馈控制结果。为了实现对控制结果的识别，采用键值对的形式反馈控制结果。控制类程序通信协议如表 4.10 所示。

表 4.10　控制类程序通信协议

数 据 方 向	协 议 格 式	说　　明
上行（节点往应用层发送数据）	{controlStatus=X}	X 表示传感器状态
下行（应用层往节点发送指令）	{controlStatus=?}	查询传感器状态，返回 {controlStatus=X}，X 表示传感器状态
下行（应用层往节点发送指令）	{cmd=X}	发送控制指令，X 表示控制指令，控制类节点根据设置进行相关操作

2. Wi-Fi 控制类程序接口分析

1）传感器应用程序接口

传感器应用程序接口是在 sensor.c 文件中实现的，包括传感器初始化函数（sensorInit()）、节点入网调用函数（sensorLinkOn()）、传感器状态上报函数（sensorUpdate()）、传感器控制函数（sensorControl()）、处理下行的用户指令函数（ZXBeeUserProcess()）、定时循环触发传感器状态上报函数（sensorLoop()），如表 4.11 所示。

表 4.11　传感器应用程序接口

函 数 名 称	函 数 说 明
sensorInit()	传感器初始化
sensorLinkOn()	节点入网成功后调用
sensorUpdate()	上报传感器状态
sensorControl()	传感器控制函数
ZXBeeUserProcess()	解析接收到的下行控制指令
sensorLoop()	定时循环触发传感器上报状态

具体源代码如下：

```
/******************************************************************************
* 名  称：sensorInit()
* 功  能：传感器初始化
******************************************************************************/
void sensorInit(void)
******************************************************************************/
void sensorInit(void)
{
    //初始化传感器
```

```
    relay_init();                                           //继电器初始化
}
/*******************************************************************************
* 名   称：sensorLinkOn()
* 功   能：节点入网成功调用函数
*******************************************************************************/
void sensorLinkOn(void)
{
    sensorUpdate();
}
/*******************************************************************************
* 名   称：sensorUpdate()
* 功   能：传感器状态上报
*******************************************************************************/
void sensorUpdate(void)
{
    char pData[16];
    char *p = pData;

    ZXBeeBegin();

    sprintf(p, "%u", switchStatus);                         //上报控制指令编码
    ZXBeeAdd("switchStatus", p);

    p = ZXBeeEnd();                                         //帧尾
    if (p != NULL) {
        //将需要上报的状态（数据）打包并通过 zb_SendDataRequest()发送到协调器
        ZXBeeInfSend(p, strlen(p));
    }
}
/*******************************************************************************
* 名   称：sensorControl()
* 功   能：传感器控制
* 参   数：cmd—控制指令
*******************************************************************************/
void sensorControl(uint8 cmd)
{
    //根据 cmd 参数处理对应的控制程序
    relay_control(cmd);
}
/*******************************************************************************
* 名   称：ZXBeeUserProcess()
* 功   能：解析收到的控制指令
```

```
*  参    数：*ptag—控制指令名称；*pval—控制指令参数
*  返回值：ret—字符串长度
****************************************************************************************/
int ZXBeeUserProcess(char *ptag, char *pval)
{
    int val;
    int ret = 0;
    char pData[16];
    char *p = pData;
    //将字符串变量 pval 解析转换为整型变量赋值
    val = atoi(pval);
    //控制指令解析
    if (0 == strcmp("cmd", ptag)){                              //控制指令
        sensorControl(val);
    }
    if (0 == strcmp("switchStatus", ptag)){                     //查询执行指令编码
        if (0 == strcmp("?", pval)){
            ret = sprintf(p, "%u", switchStatus);
            ZXBeeAdd("switchStatus", p);
        }
    }
    return ret;
}
/****************************************************************************************
*  名    称：sensorLoop()
*  功    能：定时循环触发传感器状态上报
****************************************************************************************/
void sensorLoop(void)
{
    static unsigned long ct_update = 0;

    if (t4exp(ct_update)) {
        sensorUpdate();
        ct_update = t4ms()+20*1000;
    }
}
```

　　远程设备控制功能建立在无线传感器网络之上，在建立无线传感器网络之后，先进行节点所携带的传感器的初始化，接着初始化系统任务，然后等待远程设备发送控制指令，当节点接收到控制指令时，通过约定的通信协议对无线数据包进行解包，解包完成后根据指令信息对相应的传感器设备进行操作，待操作结束后将反馈指令通过通信协议发送给远程服务器，用户接收到反馈指令后即可知晓控制指令是否完成。

　　控制类传感器应用程序流程如图 4.42 所示。

　　2）无线数据包收发

　　无线数据包收发处理是在 zxbee-inf.c 文件中实现的，详见 4.4.2 节。

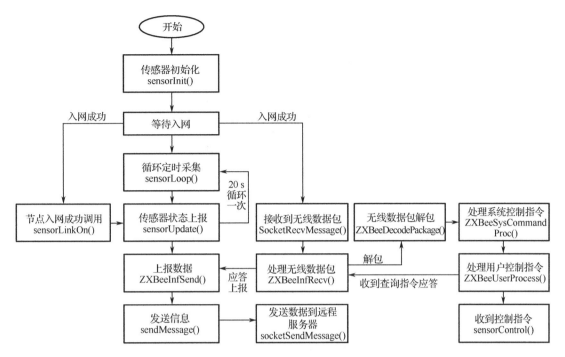

图 4.42 控制类传感器应用程序流程

3）无线数据包解析

针对特定的通信协议，需要对无线数据进行封包、解包操作，无线数据的封包、解包相关函数是在 zxbee.c 文件中实现的，详见 4.4.2 节。

4）Wi-Fi 智能家居饮水机控制系统的架构

饮水机控制系统是智能家居系统的一个子系统，主要实现对饮水机的远程控制。

Wi-Fi 智能家居饮水机控制系统采用 Wi-Fi 技术，通过部署携带继电器的 Wi-Fi 节点与智能网关组网，并连接到物联网云平台，最终通过智能家居系统对饮水机进行远程控制。Wi-Fi 智能家居饮水机控制系统的架构如图 4.43 所示。

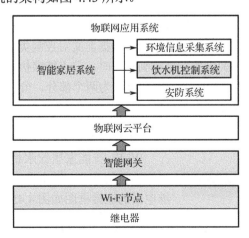

图 4.43 Wi-Fi 智能家居饮水机控制系统的架构

3．继电器

电磁继电器是常用的一类继电器，是利用电磁铁控制工作电路通断的一组开关，其工作原理如图 4.44 所示。

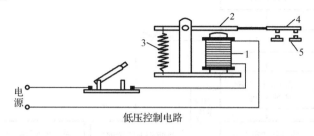

1—电磁铁；2—衔铁；3—弹簧；4—动触点；5—静触点

图 4.44　电磁继电器的工作原理

电磁继电器一般由电磁铁、衔铁、触点、弹簧等组成。只要在线圈两端施加一定的电压，线圈中就会流过一定的电流，从而产生电磁效应，衔铁就会在电磁力吸引的作用下克服弹簧的拉力吸向铁芯，从而带动衔铁的动触点与静触点（常开触点）吸合。当线圈断电后，电磁力也随之消失，衔铁就会在弹簧的反作用力返回原来的位置，使动触点与原来的静触点（常闭触点）释放。从而达到了在电路中的导通、切断的目的。

常开、常闭触点：电磁继电器线圈未起电时处于断开状态的静触点，称为常开触点；处于接通状态的静触点称为常闭触点。

4.5.3　开发实践：Wi-Fi 智能家居饮水机控制系统设计

1．开发设计

在 Wi-Fi 智能家居饮水机控制系统中，对调节设备的控制是本项目实现的重要环节，本节以 Wi-Fi 智能家居饮水机控制系统为例学习控制类程序的逻辑和传感器应用程序接口的使用。

为了满足对远程设备控制应用场景的模拟，本系统使用继电器来模拟饮水机的开关，继电器直接与 CC3200 相连，由 CC3200 控制。根据前文对控制类程序逻辑的分析，系统定时上报继电器状态，当远程控制设备发出控制指令时，节点能够执行指令并反馈控制结果。

Wi-Fi 智能家居饮水机控制系统的实现可分为两个部分，分别为硬件功能设计和软件协议设计。下面对这两个部分分别进行分析。

1）硬件功能设计

Wi-Fi 智能家居饮水机控制系统采用继电器来模拟饮水机的开关，继电器由 CC3200 控制。CC3200 和继电器的连接框图如图 4.45 所示。

2）软件协议设计

Wi-FiRelay 工程实现了 Wi-Fi 智能家居饮水机控制系统，具有以下功能：

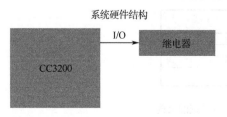

图 4.45　CC3200 和继电器的连接框图

（1）节点入网后，每 20 s 上报一次传感器状态。

（2）应用层可以下行发送查询指令查看传感器状态。

（3）应用层可以下行发送控制指令让传感器进行对应的操作。

Wi-FiRelay 工程采用类 JOSN 格式的通信协议（{[参数]=[值],[参数]=[值]…}），如表 4.12 所示。

表 4.12　通信协议

数 据 方 向	协 议 格 式	说　　　明
上行（节点往应用层发送数据）	{switchStatus=X}	X 为 0 表示关闭，X 为 1 表示打开
下行（应用层往节点发送指令）	{switchStatus=?}	查询当前传感器状态，返回{switchStatus =X}，X 为 0 表示关闭，X 为 1 表示打开
下行（应用层往节点发送指令）	{cmd=X}	传感器控制指令，X 为 0 表示关闭，X 为 1 表示打开

2. 功能实现

1）Wi-Fi 智能家居饮水机控制系统程序分析

Wi-FiRelay 工程基于智云框架开发，实现了传感器的初始化、传感器当前状态的查询、传感器状态的循环上报、无线数据的封包、解包等功能。

（1）传感器应用程序部分：在 sensor.c 文件中实现，包括传感器硬件初始化（sensorInit()）、节点入网调用函数（sensorLinkOn()）、传感器状态上报函数（sensorUpdate()）、传感器控制函数（sensorControl()）、处理下行的用户指令函数（ZXBeeUserProcess()）、循环定时触发传感器状态上报函数（sensorLoop()）。

（2）传感器驱动：在 relay.c 文件中实现，用于实现传感器初始化。

（3）无线数据包收发处理：在 zxbee-inf.c 文件中实现，包括无线数据包的收发函数。

（4）无线数据的封包、解包：在 zxbee.c 文件中实现，封包函数为 ZXBeeBegin()、ZXBeeAdd(char* tag, char* val)、ZXBeeEnd(void)，解包函数为 ZXBeeDecodePackage(char *pkg, int len)。

2）Wi-Fi 智能家居饮水机控制系统应用设计

Wi-Fi 智能家居饮水机控制系统属于控制类传感器应用，主要完成远程设备控制。

（1）传感器初始化：在 Wi-Fi 协议栈初始化完成后，在 main.c 文件中的 main 函数中调用传感器初始化函数。

```
void main()
{
    long lRetVal = -1;
    //Board Initialization
    BoardInit();            //板载初始化
    SysTickInit();          //系统时钟初始化
    //Initialize the uDMA
    UDMAInit();             //DMA 初始化
    ……
    #ifndef CC3200_Serial
```

```
        sensorInit();
    #endif
    ……
    #ifndef CC3200_Serial
        sensorLoop();
    #endif
    _SlNonOsMainLoopTask();
}
```

在 sensor.c 文件中的 sensorInit()函数中实现传感器（继电器）初始化。

```
void sensorInit(void)
{
    //初始化传感器
    relay_init();                                          //继电器初始化
}
```

（2）传感器状态循环上报：控制类传感器定时上报传感器状态，在 sensor.c 文件中的 sensorInit()函数初始化传感器后，启动一个定时器来触发传感器状态上报，每隔一定的时间调用一次 sensor.c 文件中的 sensorLoop()函数，该函数内调用 sensorUpdate()进行传感器状态上报，从而实现传感器状态的循环上报。

```
void sensorLoop(void)
{
    static unsigned long ct_update = 0;
    if (t4exp(ct_update)) {
        sensorUpdate();
        ct_update = t4ms()+20*1000;
    }
}
```

sensor.c 文件中的 sensorUpdate()函数用于实现传感器的数据上报，通过 ZXBeeBegin()、ZXBeeAdd(char* tag, char* val)、ZXBeeEnd(void)函数可对数据进行封包，最后调用 zxbee-inf.c 文件中的 ZXBeeInfSend(char *p, int len)函数将无线数据包发送给应用层。

```
void sensorUpdate(void)
{
    char pData[16];
    char *p = pData;
    ZXBeeBegin();
    sprintf(p, "%u", switchStatus);                        //上报控制指令编码
    ZXBeeAdd("switchStatus", p);
    p = ZXBeeEnd();
    if (p != NULL) {
        //将需要上报的数据打包，并通过 zb_SendDataRequest()发送到协调器
        ZXBeeInfSend(p, strlen(p));
    }
}
```

（3）节点入网处理：节点入网后，Wi-Fi 协议栈会调用 main.c 文件中的 sensorLinkOn()
函数进行入网确认处理，该函数调用 sensor.c 文件中的 sensorUpdate()函数进行入网后传感器
状态上报。

```
void sensorLinkOn(void)
{
    sensorUpdate();
}
```

（4）处理无线下行控制指令：当 Wi-Fi 协议栈接收到发送过来的下行数据包时，先调用
main.c 文件中的 SocketRecvMessage()函数进行处理，然后调用 zxbee-inf.c 文件中的
ZXBeeInfRecv()函数对无线数据包进行解包，并将解包后的数据发送给应用层。

```
void ZXBeeInfRecv(char *buf, int len)
{
    char *p = ZXBeeDecodePackage(buf, len);
    if (p != NULL) {
        ZXBeeInfSend(p, strlen(p));
    }
}
```

zxbee.c 文件中的 ZXBeeDecodePackage()函数用于对接收到的无线数据包进行指令解析，
先调用 zxbee-sys-command.c 文件中的 ZXBeeSysCommandProc()函数进行系统指令处理，然
后调用 sensor.c 文件中的 ZXBeeUserProcess()函数进行用户指令处理。

```
/***********************************************************************
* 名    称：ZXBeeUserProcess()
* 功    能：解析收到的控制指令
* 参    数：*ptag—控制指令名称；*pval—控制指令参数
* 返回值：ret—字符串长度
***********************************************************************/
int ZXBeeUserProcess(char *ptag, char *pval)
{
    int val;
    int ret = 0;
    char pData[16];
    char *p = pData;

    //将字符串变量 pval 解析转换为整型变量赋值
    val = atoi(pval);
    //控制指令解析
    if (0 == strcmp("cmd", ptag)){                    //传感器的控制指令
        sensorControl(val);
    }
    if (0 == strcmp("switchStatus", ptag)){           //查询执行指令编码
        if (0 == strcmp("?", pval)){
            ret = sprintf(p, "%u", switchStatus);
            ZXBeeAdd("switchStatus", p);
```

```
        }
    }
    return ret;
}
```

（5）传感器控制指令：在收到控制指令后，调用 sensor.c 文件中的 sensorControl() 函数进行处理。

```
/*****************************************************************************
* 名  称：sensorControl()
* 功  能：传感器控制
* 参  数：cmd—控制指令
*****************************************************************************/
void sensorControl(uint8 cmd)
{
    //根据 cmd 参数处理对应的控制程序
    relay_control(cmd);
}
```

3）Wi-Fi 智能家居饮水机控制系统驱动设计

Wi-Fi 智能家居饮水机控制系统采用继电器来模拟对饮水机的控制。

（1）继电器初始化。

```
/*****************************************************************************
* 名  称：relay_init()
* 功  能：继电器初始化
*****************************************************************************/
void relay_init(void)
{
    PRCMPeripheralClkEnable(PRCM_GPIOA0, PRCM_RUN_MODE_CLK);        //使能时钟
    PinTypeGPIO(PIN_08,PIN_MODE_0,0);                              //选择引脚为 GPIO 模式（GPIO17）
    GPIODirModeSet(GPIOA2_BASE, G17_UCPINS, GPIO_DIR_MODE_OUT); //设置 GPIO17 为输出模式

    PRCMPeripheralClkEnable(PRCM_GPIOA3, PRCM_RUN_MODE_CLK);        //使能时钟
    PinTypeGPIO(PIN_18,PIN_MODE_0,0);                              //选择引脚为 GPIO 模式（GPIO28）
    GPIODirModeSet(GPIOA3_BASE, G28_UCPINS, GPIO_DIR_MODE_OUT);//设置 GPIO28 为输出模式

    GPIOPinWrite(GPIOA2_BASE, G17_UCPINS, 0xFF);
    GPIOPinWrite(GPIOA3_BASE, G28_UCPINS, 0xFF);        //初始化断开继电器
}
```

（2）控制继电器开。

```
/*****************************************************************************
* 名  称：relay_on()
* 功  能：继电器开
* 参  数：cmd
*****************************************************************************/
signed int relay_on(char cmd)
```

```
{
    if(cmd & 0x01){
        GPIOPinWrite(GPIOA2_BASE, G17_UCPINS, 0x00);
    }
    if(cmd & 0x02){
        GPIOPinWrite(GPIOA3_BASE, G28_UCPINS, 0x00);
    }
    return 0;
}
```

（3）控制继电器关。

```
/*********************************************************************
* 名  称：relay_off()
* 功  能：继电器关
* 参  数：cmd
*********************************************************************/
signed int relay_off(char cmd)
{
    if(cmd & 0x01){
        GPIOPinWrite(GPIOA2_BASE, G17_UCPINS, 0xff);
    }
    if(cmd & 0x02){
        GPIOPinWrite(GPIOA3_BASE, G28_UCPINS, 0xff);
    }
    return 0;
}
```

（4）控制继电器开关。

```
/*********************************************************************
* 名  称：relay_control()
* 功  能：继电器开关
* 参  数：cmd
*********************************************************************/
void relay_control(char cmd)
{
    relay_on(cmd);
    relay_off((~cmd)&0x03);
}
```

3. 开发验证

（1）根据程序设定，节点每20 s上报一次传感器状态到应用层。

（2）通过 ZCloudTools 工具发送状态查询指令（{switchStatus =?}），如图 4.46 所示，程序接收到响应后将返回当前传感器状态到应用层。

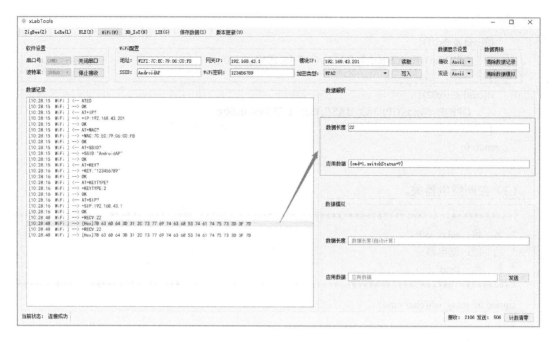

图 4.46　通过 ZCloudTools 工具发送状态查询指令

（3）通过 ZCloudTools 工具发送控制指令（关闭指令为{cmd=0}，打开指令为{cmd=1}程序接收到响应后将控制传感器执行相应的动作。

验证效果如图 4.47 所示。

图 4.47　验证效果

4.5.4 小结

本节先介绍了 Wi-Fi 控制类程序的逻辑和通信协议，然后介绍了控制类传感器应用程序接口、无线数据包收发程序接口、无线数据封包与解包程序接口，最后构建了 Wi-Fi 智能家居饮水机控制系统。

4.5.5 思考与拓展

（1）Wi-Fi 远程设备控制的要点是什么？
（2）Wi-Fi 的数据接收使用了哪些接口？
（3）尝试修改程序，实现智能家居排风扇控制系统。
（4）为什么控制类节点要定时上报传感器状态？

4.6 Wi-Fi 智能家居安防系统开发与实现

智能家居安防系统既可以实现家居安防报警点的等级布防，还可以避免系统误报警，又可实现 Wi-Fi 网络远程布防、撤防。智能安防设备如图 4.48 所示。

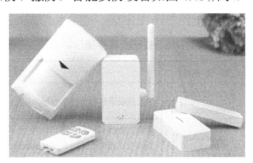

图 4.48 智能安防设备

本节主要介绍安防类程序的开发，通过 Wi-Fi 智能家居安防系统，帮助读者理解 Wi-Fi 安防类程序的逻辑和接口，最后构建 Wi-Fi 智能家居安防系统，实现对 Wi-Fi 安防类传感器应用程序接口的学习与开发实践。

4.6.1 学习与开发目标

（1）知识目标：Wi-Fi 远程设备报警的应用场景、Wi-Fi 数据接收与发送机制、Wi-Fi 数据接收与发送接口、Wi-Fi 安防类程序通信协议。
（2）技能目标：了解 Wi-Fi 远程设备报警的应用场景，掌握 Wi-Fi 数据接收与发送接口的使用，以及 Wi-Fi 安防类程序通信协议的设计。
（3）开发目标：构建 Wi-Fi 智能家居安防系统。

4.6.2 原理学习：Wi-Fi 安防类程序接口

1. Wi-Fi 安防类程序逻辑分析和通信协议设计

1）Wi-Fi 安防类程序逻辑分析

物联网 Wi-Fi 网络的功能之一是能够实现对监测设备的报警，通过 Wi-Fi 网络将报警数据在 Wi-Fi 主机上进行汇总，并为数据分析和处理提供支持。

Wi-Fi 远程设备报警有很多应用场景，如家居非法人员闯入报警、环境参数超过阈值报警、城市低洼涵洞隧道内涝报警、桥梁振动位移报警、车辆内人员滞留报警等。Wi-Fi 远程设备报警的应用场景众多，但要如何利用 Wi-Fi 网络实现远程设备报警的程序设计呢？需要对安防类程序的逻辑进行分析，详见 2.6.2 节。

2）Wi-Fi 安防类程序通信协议设计

一个完整的物联网综合系统，数据贯穿了感知层、网络层、服务层和应用层，数据在这四层之间层层传递，因此需要设计一种合适的通信协议完成数据的封装与通信。

安防类节点要将报警信息进行打包上报，并能够让远程的设备识别，或者远程设备发送的信息能够被响应，就需要定义一套通信协议，这套通信协议对于安防类节点和远程设备都是约定好的。只有在这样一套通信协议下，才能够建立和实现安防类节点与远程设备之间的数据交互。安防类程序通信协议如表 4.13 所示。

表 4.13　安防类程序通信协议

数 据 方 向	协 议 格 式	说　　　明
上行（节点往应用层发送数据）	{sensorValue=X} {sensorStatus=Y}	X 表示采集的传感器数据，Y 表示安防报警状态
下行（应用层往节点发送指令）	{sensorValue=?} {sensorStatus=?}	查询传感器数据，返回 {sensorValue=X}，X 表示采集的传感器数据；查询安防报警状态，返回 {sensorStatus=Y}，Y 为 1 表示报警，Y 为 0 表示正常

2. Wi-Fi 安防类程序接口分析

1）Wi-Fi 传感器应用程序接口

传感器应用程序是在 sensor.c 文件中实现的，包括传感器初始化函数（sensorInit()）、节点入网调用函数（sensorLinkOn()）、传感器数据和报警状态的上报函数（sensorUpdate()）、传感器报警实时监测并处理函数（sensorCheck()）、处理下行的用户指令函数（ZXBeeUserProcess()）、定时循环触发传感器数据上报函数（sensorLoop()），如表 4.14 所示。

表 4.14　传感器应用程序接口

函 数 名 称	函 数 说 明
sensorInit()	传感器初始化
sensorLinkOn()	节点入网成功后调用
sensorUpdate()	传感器数据和报警状态上报

函 数 名 称	函 数 说 明
sensorCheck()	实时监测传感器报警状态，并实时上报报警状态
ZXBeeUserProcess()	解析接收到的下行控制指令
sensorLoop()	定时循环触发传感器数据上报

具体源代码如下：

```
/*********************************************************************
* 名  称：updateInfraredStatus()
* 功  能：更新传感器报警状态
*********************************************************************/
void updateInfraredStatus(void)
{
    static uint32 ct = 0;

    //更新人体红外传感器报警状态
    infraredStatus = get_infrared_status();
    if (infraredStatus != 0) {
        ct = clock_time();
    } else if (clock_time() > ct+1000) {
        ct = 0;
        infraredStatus = 0;
    } else {
        infraredStatus = 1;
    }
}
/*********************************************************************
* 名  称：sensorInit()
* 功  能：传感器初始化
*********************************************************************/
void sensorInit(void)
{
    //初始化传感器
    infrared_init();                                //人体红外传感器初始化
}
/*********************************************************************
* 名  称：sensorLinkOn()
* 功  能：节点入网成功调用函数
*********************************************************************/
void sensorLinkOn(void)
{
    sensorUpdate();
}
/*********************************************************************
* 名  称：sensorUpdate()
```

```
 * 功  能：传感器数据和报警状态上报
 ***************************************************************************/
void sensorUpdate(void)
{
    char pData[16];
    char *p = pData;

    //传感器报警状态更新
    updateInfraredStatus();

    ZXBeeBegin();                                            //帧头
    //更新 infraredStatus 的值
    sprintf(p, "%u", infraredStatus);
    ZXBeeAdd("infraredStatus", p);

    p = ZXBeeEnd();                                          //帧尾
    if (p != NULL) {
        ZXBeeInfSend(p, strlen(p));
    }
    DebugMsg("sensor->sensorUpdate(): infraredStatus=%u\r\n", infraredStatus);
}
/***************************************************************************
 * 名  称：sensorCheck()
 * 功  能：传感器报警实时监测并处理
 ***************************************************************************/
void sensorCheck(void)
{
    static char lastinfraredStatus=0;
    static uint32 ct0=0;
    char pData[16];
    char *p = pData;

    //传感器报警状态更新
    updateInfraredStatus();

    ZXBeeBegin();
    if (lastinfraredStatus != infraredStatus || (ct0 != 0 && clock_time() > (ct0+3000)))
    {
        //人体红外传感器报警状态监测
        sprintf(p, "%u", infraredStatus);
        ZXBeeAdd("infraredStatus", p);
        ct0 = clock_time();
        if (infraredStatus == 0) {
            ct0 = 0;
        }
        lastinfraredStatus = infraredStatus;
    }
```

```
        p = ZXBeeEnd();
        if (p != NULL) {
            int len = strlen(p);
            ZXBeeInfSend(p, len);
        }
}
/*******************************************************************************
* 名    称：ZXBeeUserProcess()
* 功    能：解析收到的控制指令
* 参    数：*ptag—控制指令名称；*pval—控制指令参数
* 返回值：ret—字符串长度
*******************************************************************************/
int ZXBeeUserProcess(char *ptag, char *pval)
{
    int ret = 0;
    char pData[16];
    char *p = pData;

    //控制指令解析
    if (0 == strcmp("infraredStatus", ptag)){          //查询执行指令编码
        if (0 == strcmp("?", pval)){
            updateInfraredStatus();
            ret = sprintf(p, "%u", infraredStatus);
            ZXBeeAdd("infraredStatus", p);
        }
    }
    return ret;
}
/*******************************************************************************
* 名    称：sensorLoop()
* 功    能：定时触发功能
*******************************************************************************/
void sensorLoop(void)
{
    static unsigned long ct_update = 0;
    static unsigned long ct_check = 0;

    if (t4exp(ct_update)) {
        sensorUpdate();
        ct_update = t4ms()+20*1000;
    }
    if (t4exp(ct_check)) {
        sensorCheck();
        ct_check = t4ms()+100;
    }
}
```

远程设备报警功能基于无线传感器网络，在建立无线传感器网络后，先进行传感器的初始化，同时定时循环触发传感器数据上报，将传感器数据通过智能网关发送到物联网云平台进行数据处理。

安防类传感器应用程序流程如图 4.49 所示。

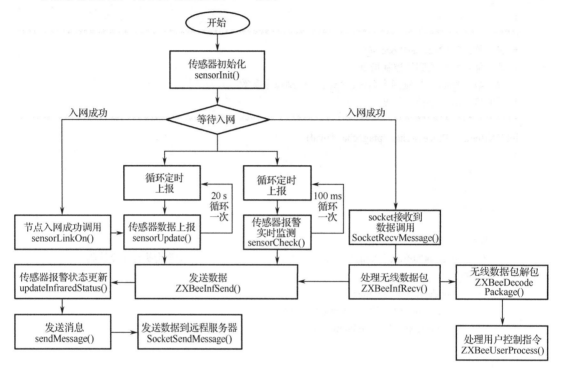

图 4.49　安防类传感器应用程序流程

2）Wi-Fi 无线数据包收发

无线数据包收发处理是在 zxbee-inf.c 文件中实现的，详见 4.4.2 节。

3）Wi-Fi 无线数据包解析

针对特定的通信协议，需要对无线数据进行封包、解包操作，无线数据的封包、解包相关函数是在 zxbee.c 文件中实现的，详见 4.4.2 节。

4）Wi-Fi 家居智能安防系统的架构

安防系统是 Wi-Fi 智能家居中的一个子系统，主要实现远程设备报警功能，通过部署携带人体红外传感器的 Wi-Fi 节点，将传感器报警状态通过智能网关发送到物联网云平台，最终由智能家居系统进行处理。Wi-Fi 智能家居安防系统的架构如图 4.50 所示。

3. 安防类传感器

本系统中的人体红外传感器采用 AS312 型热释电人体红外传感器，如图 4.51 所示。

AS312 型热释电人体红外传感器将数字智能控制电路与人体探测敏感元件集成在电磁屏蔽罩内，人体探测敏感元件将感应到的人体移动信号通过其高阻抗差分输入电路耦合到数字智能控制电路中，然后经 ADC 将信号转化成 15 位数字信号，当 PIR 信号超过设定的阈值时就会有 LED 动态输出，以及具有定时时间的 REL 电平输出。灵敏度和时间参数通过电阻设置，所有的信号处理都在芯片上完成。AS312 型热释电人体红外传感器的内部框图如图 4.52 所示。

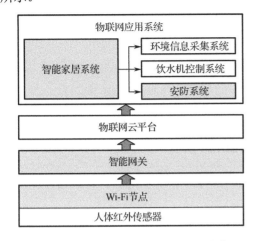

图 4.50　Wi-Fi 智能家居安防系统的架构　　　　图 4.51　AS312 型热释电人体红外传感器

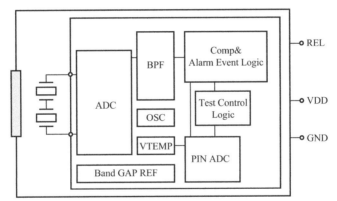

图 4.52　AS312 型热释电人体红外传感器的内部框图

4.6.3　开发实践：智能家居安防系统设计

1. 开发设计

本节以智能家居安防系统为例学习传感器应用程序的开发，以及安防类程序的逻辑和传感器应用程序接口的使用。

Wi-Fi 智能家居安防系统的 Wi-Fi 节点携带了 AS312 型热释电人体红外传感器，当远程设备发出查询指令时，节点能够执行指令并反馈传感器报警状态。

Wi-Fi 智能家居安防系统的实现可分为两个部分，分别为硬件功能设计和软件协议设计。下面对这两个部分分别进行分析。

1）硬件功能设计

根据前文的分析，为了实现对 Wi-Fi 智能家居安防系统的模拟，在硬件中使用 AS312 型热释电人体红外传感器作为人体红外信息的来源，并完成报警状态的上报。CC3200 和 AS312 型热释电人体红外传感器的连接框图如图 4.53 所示。

系统硬件结构

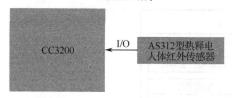

图 4.53　CC3200 和 AS312 型热释电人体红外传感器的连接框图

AS312 型热释电人体红外传感器的硬件连接如图 4.54 所示。

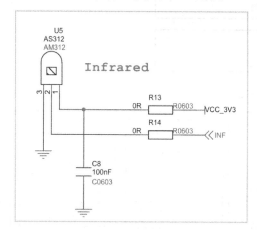

图 4.54　AS312 型热释电人体红外传感器的硬件连接

2）软件协议设计

Wi-FiInfrared 工程实现了 Wi-Fi 智能家居安防系统，具有以下功能：

（1）节点入网后，每 20 s 上报一次传感器的报警状态。

（2）程序每 100 ms 检测一次传感器的报警状态。

（3）应用层可以下行发送查询指令来读取最新的传感器报警状态。

Wi-FiInfrared 工程采用类 JOSN 格式的通信协议（{[参数]=[值],[参数]=[值]…}），如表 4.15 所示。

表 4.15　通信协议

数 据 方 向	协 议 格 式	说　　　明
上行（节点往应用层发送数据）	{infraredStatus=X}	X 表示传感器报警状态
下行（应用层往节点发送指令）	{infraredStatus=?}、	查询传感器报警状态，返回{infraredStatus =X}，X 表示传感器报警状态

2. 功能实现

1）Wi-Fi 智能家居安防系统的程序分析

Wi-Fi 智能家居安防系统基于智云框架开发，实现了传感器报警状态的实时监测、传感器报警状态的查询、传感器报警状态的循环上报、无线数据的封包和解包等功能。

（1）传感器应用程序部分是在 sensor.c 文件中实现的，包括传感器初始化函数（sensorInit()）、节点入网调用函数（sensorLinkOn()）、传感器报警状态上报函数（sensorUpdate()）、传感器报警状态的实时监测并处理（sensorCheck()）、处理下行的用户指令函数（ZXBeeUserProcess()）、定时循环触发传感器报警状态上报函数（sensorLoop()）。

（2）传感器驱动是在 infrared.c 文件中实现的。

（3）无线数据包收发处理是在 zxbee-inf.c 文件中实现的，包括 Wi-Fi 无线数据包的收发函数。

（4）无线数据的封包、解包是在 zxbee.c 文件中实现的，封包函数为 ZXBeeBegin()、ZXBeeAdd(char* tag, char* val)、ZXBeeEnd(void)，解包函数为 ZXBeeDecodePackage(char *pkg, int len)。

2）传感器应用程序设计

Wi-Fi 智能家居安防系统属于安防类传感器应用，主要完成传感器报警状态的实时监测和上报。

（1）传感器初始化：在 Wi-Fi 协议栈初始化完成后，在 main.c 文件中的 main 函数中调用传感器初始化函数。

```
void main()
{
    long lRetVal = -1;
    //Board Initialization
    BoardInit();                      //板载初始化
    SysTickInit();                    //系统时钟初始化
    //Initialize the uDMA
    UDMAInit();                       //DMA 初始化
    .......
    #ifndef CC3200_Serial
    sensorInit();
    #endif
    .......
    #ifndef CC3200_Serial
    sensorLoop();
    #endif
    _SlNonOsMainLoopTask();
}
```

sensor.c 文件中的 sensorInit()函数用于实现传感器的初始化。

```
void sensorInit(void)
{
    //初始化传感器
    infrared_init();                  //人体红外传感器初始化
}
```

（2）传感器报警状态的实时监测和上报：在 sensor.c 文件中的 sensorLoop()函数中启动一

个定时器来触发传感器报警状态的循环上报，每 ct_update（20 s）调用一次 sensorUpdate()函数，每 ct_check（100 ms）调用一次 sensorCheck()函数，从而实现传感器报警状态的实时监测与上报。

```
void sensorLoop(void)
{
    static unsigned long ct_update = 0;
    static unsigned long ct_check = 0;
    if (t4exp(ct_update)) {
        sensorUpdate();
        ct_update = t4ms()+20*1000;
    }
    if (t4exp(ct_check)) {
        sensorCheck();
        ct_check = t4ms()+100;
    }
}
```

在 sensor.c 文件中的 sensorUpdate()函数用于实现传感器报警状态的上报，通过 ZXBeeBegin()、ZXBeeAdd(char* tag, char* val)、ZXBeeEnd(void)函数对数据进行封包，接着调用 zxbee-inf.c 文件中的 ZXBeeInfSend(char *p, int len)函数将无线数据包发送给应用层。

```
void sensorUpdate(void)
{
    char pData[16];
    char *p = pData;
    //传感器报警状态更新
    updateInfraredStatus();
    ZXBeeBegin();
    //更新 infraredStatus 的值
    sprintf(p, "%u", infraredStatus);
        ZXBeeAdd("infraredStatus", p);

    p = ZXBeeEnd();
    if (p != NULL) {
        ZXBeeInfSend(p, strlen(p));
    }
    DebugMsg("sensor->sensorUpdate(): infraredStatus=%u\r\n", infraredStatus);
}
```

sensor.c 文件中 sensorCheck()函数用于实现传感器报警状态的实时监测。

```
void sensorCheck(void)
{
    static char lastinfraredStatus=0;
    static uint32 ct0=0;
    char pData[16];
    char *p = pData;
```

```
            //传感器报警状态更新
            updateInfraredStatus();
            ZXBeeBegin();
            if (lastinfraredStatus != infraredStatus || (ct0 != 0 && clock_time() > (ct0+3000)))
            {
                //传感器报警状态的实时监测
                sprintf(p, "%u", infraredStatus);
                ZXBeeAdd("infraredStatus", p);
                ct0 = clock_time();
                if (infraredStatus == 0) {
                    ct0 = 0;
                }
                lastinfraredStatus = infraredStatus;
            }
            p = ZXBeeEnd();
            if (p != NULL) {
                int len = strlen(p);
                ZXBeeInfSend(p, len);
            }
        }
```

（3）节点入网处理：节点入网后，Wi-Fi 协议栈会调用 main.c 文件中的 sensorLinkOn()
函数进行入网确认处理，在该函数中调用 sensor.c 文件中的 sensorUpdate()函数进行入网后传
感器报警状态的上报。

```
    void sensorLinkOn(void)
    {
        sensorUpdate();
    }
```

（4）处理无线下行控制指令：当 Wi-Fi 协议栈接收到发送过来的下行数据包时会调用
main.c 文件中的 SocketRecvMessage()函数进行处理，接着调用 zxbee-inf.c 文件中的
ZXBeeInfRecv()函数对无线数据包进行解包，并将解包后的数据发送给应用层。

```
    void ZXBeeInfRecv(char *buf, int len)
    {
        char *p = ZXBeeDecodePackage(buf, len);
        if (p != NULL) {
            ZXBeeInfSend(p, strlen(p));
        }
    }
```

zxbee.c 文件中的 ZXBeeDecodePackage()函数用于对接收到的无线数据包进行指令解析，
先调用 zxbee-sys-command.c 文件中的 ZXBeeSysCommandProc()函数进行系统指令处理，然
后调用 sensor.c 文件中的 ZXBeeUserProcess()函数进行用户指令处理。

```
    int ZXBeeUserProcess(char *ptag, char *pval)
    {
```

```
        int ret = 0;
        char pData[16];
        char *p = pData;
        //控制指令解析
        if (0 == strcmp("infraredStatus", ptag)){                        //查询执行指令编码
            if (0 == strcmp("?", pval)){
                    updateInfraredStatus();
                    ret = sprintf(p, "%u", infraredStatus);
                    ZXBeeAdd("infraredStatus", p);
            }
        }
        return ret;
}
```

3）传感器驱动程序的设计

传感器驱动程序的源代码如下：

```
/*********************************************************************
* 名    称：infrared_init()
* 功    能：传感器初始化
*********************************************************************/
void infrared_init(void)
{
    PRCMPeripheralClkEnable(PRCM_GPIOA1, PRCM_RUN_MODE_CLK); //使能时钟
    PinTypeGPIO(PIN_04,PIN_MODE_0,false);                     //选择引脚为 GPIO 模式（GPIO16）
    GPIODirModeSet(GPIOA1_BASE, G13_UCPINS, GPIO_DIR_MODE_IN);   //设置 GPIO16 为输入模式
    PinConfigSet(PIN_04,PIN_TYPE_STD_PD,PIN_MODE_0);            //上拉
}
/*********************************************************************
* 名    称：unsigned char get_infrared_status(void)
* 功    能：获取传感器报警状态
*********************************************************************/
unsigned char get_infrared_status(void)
{
    if((unsigned char)GPIOPinRead(GPIOA1_BASE,G13_UCPINS) > 0)     //检测传感器引脚
    return 1;                                                    //检测到信号返回 1
    else
    return 0;                                                    //没有检测到信号返回 0
}
```

3. 开发验证

（1）根据程序设定，传感器每 20 s 上报一次报警状态到应用层，同时通过 ZCloudTools
工具发送查询指令（{infraredStatus=?}），如图 4.55 所示，程序接收到指令后会将传感器的实
时报警状态返回到应用层。

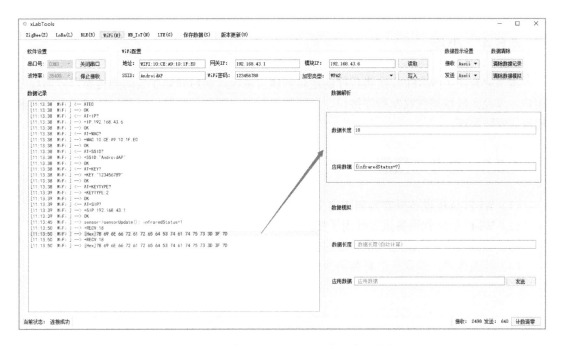

图 4.55　通过 ZCloudTools 工具发送查询指令

（2）通过手指在传感器上方晃动可以改变传感器的报警状态，从而理解安防类传感器的应用场景。

验证效果如图 4.56 所示。

图 4.56　验证效果

4.6.4　小结

本节先介绍了 Wi-Fi 安防类程序的逻辑和通信协议，然后介绍了安防类传感器应用程序接口，以及无线数据包收发程序接口、无线数据封包与解包程序接口，最后构建了 Wi-Fi 智能家居安防系统。

4.6.5　思考与拓展

（1）Wi-Fi 远程设备报警为何要定义通信协议？

（2）Wi-Fi 的远程设备报警使用了哪些接口？

（3）修改程序，实现燃气报警器的检测。

（4）修改程序，将安全信息监测事件触发时间间隔设置为 50 ms。

第**5**章

物联网综合应用开发

前面几章详细分析了 3 种短距离无线通信技术的应用开发，实现了在 PC 端对终端节点数据的读取。

为了能够实现远程客户端对终端节点的远程控制，同时也为了能够让用户快速地开发出自定义的远程控制客户端程序，本章介绍如何搭建物联网综合项目开发平台，开发出了一套简单易懂的物联网通信协议，并在该协议上开发出了 Android API 和 Web API，这些 API 主要用于 ZigBee、BLE 和 Wi-Fi 节点的实时数据采集、历史数据查询、自动控制等，本章共分3 个部分：

（1）物联网综合项目开发平台，主要介绍智云物联平台的架构，智云物联虚拟化技术、掌握智云物联应用项目的发布。

（2）物联网通信协议，主要介绍智云物联 ZXBee 通信协议的格式、通信协议的使用与分析。

（3）物联网应用开发接口，主要分析智云物联平台应用程序接口，传感器的硬件 SensorHAL 层、Android 库、Web JavaScript 库等应用程序接口。

5.1 物联网综合项目开发平台

图 5.1 所示为智云物联平台结构图，智能网关、Android 客户端、Web 客户端通过数据中心可以实现对传感器的远程控制。

智云物联平台是一个开放的物联网综合项目开发平台，使物联网传感器数据的接入、存储和展现变得轻松简单，让开发者能够快速开发出专业的物联网应用系统。

5.1.1 学习与开发目标

（1）知识目标：智云物联平台的框架、智云物联虚拟化技术、智云物联应用项目的发布。

（2）技能目标：了解智云物联平台的框架和智云物联虚拟化技术，掌握智云物联应用项目的发布方法。

（3）开发目标：学习并掌握节点的操作逻辑和应用程序接口的使用。

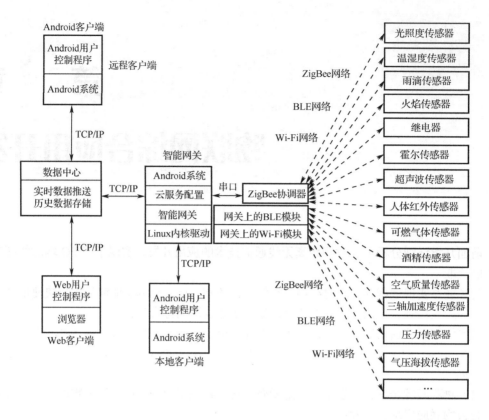

图 5.1　智云物联开发平台结构图

5.1.2　原理学习：智云物联平台开发基础

1. 智云物联平台

一个典型的物联网应用，一般要完成传感器数据的采集、存储，以及数据的加工及处理等工作。例如，对于驾驶员，希望获取到目的地的路径信息，为了完成这个目标，就需要大量的交通流量传感器对几个可能路径上的车流和天气状况进行实时采集，并存储到集中的路况处理服务器，通过适当的算法可得出大概到达时间，并将结果展现给驾驶员。因此，典型的物联网应用可以分为如下三部分：

- 传感器硬件和智能网关（负责将传感器采集的数据发送到互联网）。
- 高性能的数据接入服务器和海量存储。
- 特定应用和处理结果的展现。

要想实现上述的典型物联网应用，就需要一个基于云计算与互联网的平台加以支撑，而这个平台的稳定性、可靠性、易用性对物联网应用的成功实施，有着非常关键的作用。智云物联平台就是这样的一个开放平台，该平台提供了开放程序接口，为开发者提供了基于互联网的物联网应用服务。智云物联平台具有以下特点：

- 可以让无线传感器网络快速接入互联网，支持手机和 Web 远程访问及控制。
- 解决了多开发者对单一设备访问的互斥、数据对多开发者的数据推送等技术难题。

- 提供了免费的物联网大数据存储服务，支持一年以上的海量数据存储、查询、分析和获取。
- 具有开源的、稳定的无线传感器网络协议栈，采用轻量级的数据通信格式（类 JSON 格式）。
- 提供了物联网分析工具，能够跟踪网络层、网关层、数据中心层、应用层的数据包信息，可快速定位故障点。

2. 智云物联平台的框架

智云物联平台的框架如图 5.2 所示。

图 5.2　智云物联平台的框架

1）数据中心

智云物联平台的数据中心采用高性能的工业级物联网数据集群服务器，支持海量物联网数据的接入、分类存储、数据决策、数据分析及数据挖掘，具有数据推送、数据存储、数据分析、触发逻辑、应用数据、位置服务、短信通知、视频传输等功能。

2）应用服务

智云物联平台提供了 SensorHAL 层、Android 库、Web JavaScript 库等二次开发编程接口，具有互联网、物联网应用所需的采集、控制、传输、显示、数据库访问、数据分析、自动辅助决策、手机/Web 应用等功能，可以基于二次开发编程接口开发一整套完整的互联网、物联网应用系统。

提供实时数据（即时消息）、历史数据（表格/曲线）、视频监控（可操作云台转动、抓拍、录像等）、自动控制、短信/GPS 等编程接口。

提供 Android 和 Windows 平台下 ZXBee 数据分析测试工具，方便程序的调试。

基于开源的 JSP 框架的 B/S 应用服务，支持用户注册及管理、后台登录管理等基本功能，支持项目属性和前端页面的修改。

Android 应用组态软件支持各种自定义设备，包括传感器、执行器、摄像头等的动态添加、删除和管理，无须编程即可完成不同应用项目的构建。

3. 虚拟仿真技术

智云物联平台支持硬件与应用的虚拟化，硬件数据源仿真为上层提供了虚拟的硬件数据，图形化组态应用为底层硬件开发提供了图形化界面定制工具。

1）硬件数据源仿真

硬件数据源仿真为上层提供了虚拟的硬件数据，通过选择不同的硬件组件，并设置数据属性，即可按照用户设定的逻辑为上层应用提供数据支撑。

2）图形化组态应用

图形组态化应用基于 HTML5 技术，支持各种图表控件，可针对不同尺寸的设备自适应地进行缩放，通过 JavaScript 进行数据互动；可定制图形化界面，为各种物联网控制系统软件提供了所需要的控件，包括摄像头显示、仪表盘、数据曲线背景图、边框、传感器控件、执行器控件、按钮等。

图形组态化应用支持实时数据的推送、历史数据的图表和动态曲线展示、GIS 地图展示等功能，提供了多种界面的模板布局，方便不同项目需求的选择。通过逻辑编辑器所设定的控制逻辑，能够自动控制物联网硬件设备。

4. 智云物联平台硬件模型

智云物联平台支持各种智能设备的接入，智云物联平台硬件模型如图 5.3 所示。

| 传感器 | 智云节点 | 智能网关 | 云服务器 | 应用终端 |

图 5.3　智云物联平台硬件模型

（1）传感器：主要用于采集物理世界中发生的物理事件和数据，包括各类物理量、标识、音频、视频等。

（2）智云节点：采用 CC2530 和 STM32 等微处理器，具备传感器的数据采集、传输、组网等功能，能够构建无线传感器网络。

（3）智能网关：实现无线传感器网络与互联网的数据交互，支持 ZigBee、Wi-Fi、BLE 等多种数据的解析，支持网络路由转发，可实现 M2M 数据交互。

（4）云服务器：负责对物联网海量数据进行处理，采用云计算、大数据技术实现对数据的存储、分析、计算、挖掘和推送，并采用统一的开放接口为上层应用提供数据服务。

（5）应用终端：运行物联网应用的移动终端，如 Android 手机、平板电脑等设备。

5. 基于智云物联平台的常见物联网项目

采用智云物联平台可完成多种物联网应用项目开发，实现多种应用，详细介绍参考网页介绍（http://www.zhiyun360.com/docs/01xsrm/03.html），如表 5.1 所示。

表 5.1　基于智云物联平台的常见物联网项目

智慧家居	智慧农业	远程抄表	智慧仓储
智慧医疗	水产养殖	智慧工厂	仪器预约
智慧电网	智慧交通	智慧电梯	食品溯源
家居能耗	雾霾监测	智慧小车	无线考勤

6. 开发前准备工作

通过智云物联平台快速开发物联网的综合项目，要求开发者学习以下基本知识和技能：

● 了解和掌握 CC2530、CC2540、CC3200 接口技术、传感器接口技术；

● 了解 ZigBee、BLE、Wi-Fi 等基础知识，及无线传感器组网原理；

● 了解和掌握 Java 编程，掌握 Android 应用程序开发；

● 了解和掌握 HTML、JavaScript、CSS、Ajax 开发。

5.1.3 开发实践：智云物联应用项目的发布

1. 开发设计

本节介绍的开发实践，可以让学习者在不具备 Android 应用与 Web 应用的开发能力情况下，通过智云物联平台快速发布物联网应用项目。

智云物联平台为开发者提供一个应用项目分享的应用网站（http://www.zhiyun360.com），开发者可以通过该网站轻松地发布自己的应用项目。

智云物联应用项目的发布流程如图 5.4 所示。

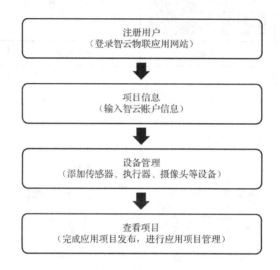

图 5.4　智云物联应用项目的发布流程

（1）登录智云物联应用网站（http://www.zhiyun360.com），注册用户信息，注册成功后登录网站。

（2）在"项目信息"界面输入智云 ID/KEY，要求填写与项目所在网关一致的智云 ID/KEY（可通过代理商或者公司购买）。

（3）在"设备管理"界面添加传感器、执行器等设备，其中输入设备地址信息一定要同无线传感器网络中地址一致。

（4）在"查看项目"界面，可以管理操作发布的物联网应用项目。

2. 功能实现

登录智云物联应用网站（http://www.zhiyun360.com），如图 5.5 所示。

1）用户注册

新用户需要对应用项目进行注册，在网站右上角单击"注册"按钮，用户注册界面如图 5.6 所示。注册成功后即可登录进入应用项目后台，对应用项目进行配置。

图 5.5　智云物联应用网站

图 5.6　用户注册界面

2）项目配置

智云物联应用网站后台提供设备管理、自动控制、系统通知、项目信息、账户信息、查看项目等模块。

（1）设备管理：本模块用来对底层智能传感器、执行器等设备进行添加和管理，主要的设备类型有传感器、执行器、摄像头等。

① 添加传感器。选择"添加传感器"选项卡，按照提示填写属性即可，如图 5.7 所示。

● 传感器名称：用户为设备自定义的名称。

● 数据流通道：如"00:12:4B:00:02:63:3C:4F_A0"。

● 传感器类型：可从下拉列表选择。

● 曲线形状：模拟传感器选择"平滑"，数字传感器选择"阶梯"。

● 是否公开：是否将该传感器信息展示到前端网页。

图 5.7　添加传感器

传感器添加成功后，在"传感器管理"选项卡下可看到成功添加的各种传感器信息，如图 5.8 所示。

通道	传感器名称	传感器类型	单位	曲线类型	是否公开	编辑	删除
00:12:4B:00:02:CB:A8:52_A0	温度传感器	温度	℃	平滑	是	编辑	删除
00:12:4B:00:02:CB:A8:52_A1	湿度传感器	湿度	%	平滑	是	编辑	删除
00:12:4B:00:02:CB:A9:C7_A0	光照传感器	光照	LF	平滑	是	编辑	删除
00:12:4B:00:02:63:3E:B5_A0	空气质量传感器	空气质量	ppm	平滑	是	编辑	删除
00:12:4B:00:02:60:FB:67_A0	湖南演示燃气	可燃气体		平滑	否	编辑	删除
00:12:4B:00:02:63:3A:FC_A0	湖南演示温度	温度	℃	平滑	否	编辑	删除
00:12:4B:00:02:63:3A:FC_A1	湖南演示湿度	湿度	%	平滑	否	编辑	删除

图 5.8　已成功添加的传感器信息

② 添加执行器。选择"添加执行器"选项卡，按照提示填写属性即可，如图 5.9 所示。

● 执行器名称：用户为设备自定义的名称。

● 执行器地址：如"00:12:4B:00:02:63:3C:4F"。

● 执行器类型：可从下拉列表选择。

● 指令内容：根据执行器节点程序逻辑设定，如"{'开'：'{OD1=1,D1=?}'，'关'：'{CD1=1,D1=?}'}"。

● 是否公开：是否将该执行器信息展示到前端网页。

图 5.9　添加执行器

执行器添加成功后，在"执行器管理"选项卡下可看到成功添加的各种执行器信息，如图 5.10 所示。

执行器地址	执行器名称	执行类型	单位	指令内容	是否公开	编辑	删除
00:12:4B:00:02:63:3C:CF	声光报警	声光报警		{'开':'{OD1=1,D1=?}','关':'{CD1=1,D1=?}','查询':'{D1=?}'}	是	编辑	删除
00:12:4B:00:02:60:E5:1E	步进电机	步进电机		{'正转':'{OD1=3,D1=?}','反转':'{CD1=2,OD1=1,D1=?}','停止':'{CD1=1,D1=?}','查询':'{D1=?}'}	是	编辑	删除
00:12:4B:00:02:60:E3:A9	风扇	风扇		{'开':'{OD1=1,D1=?}','关':'{CD1=1,D1=?}','查询':'{D1=?}'}	是	编辑	删除
00:12:4B:00:02:60:E5:26	RFID	低频RFID		{'开':'{ODO=1,D0=?}','关':'{CDO=1,D0=?}','查询':'{D0=?}'}	是	编辑	删除
00:12:4B:00:02:63:3C:4F	卧室灯光	继电器		{'开':'{OD1=1,D1=?}','关':'{CD1=1,D1=?}'}	是	编辑	删除

图 5.10　已成功添加的执行器信息

③ 添加摄像头。选择"添加摄像头"选项卡，按照提示填写属性即可，如图 5.11 所示。
- 摄像头名称：用户为设备自定义的名称。
- 摄像头 IP：可从摄像头底部的条码标签获取。
- 摄像头用户名：可根据摄像头的配置设定。
- 摄像头密码：可根据摄像头的配置设定。
- 是否公开：是否将该摄像头信息展示到前端网页。

摄像头添加成功后，在"摄像头管理"选项卡下可看到成功添加的各种摄像头信息，如图 5.12 所示。

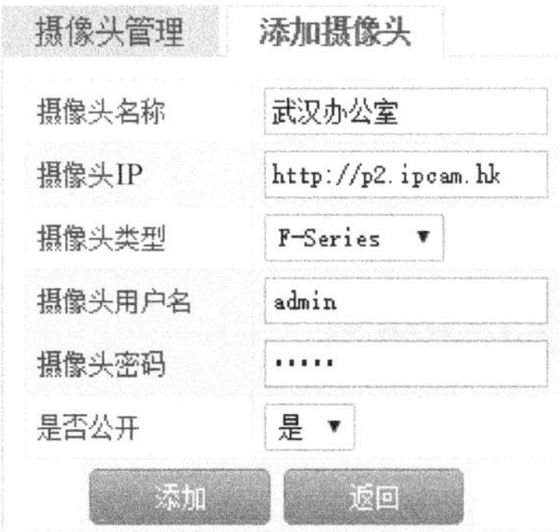

图 5.11　添加摄像头

摄像头名称	摄像头类型	摄像头IP	是否公开	摄像头用户名	摄像头密码	编辑	删除
会议室摄像头	F-Series	217022.easyn.hk	是	admin	admin	编辑	删除
培训摄像头	F3-Series	069208.ipcam.hk	否	admin		编辑	删除

图 5.12　已成功添加的摄像头信息

至此项目设备配置完成。

（2）自动控制：本模块内容较为复杂，读者可参考《智云 API 编程手册》。自动控制界面如图 5.13 所示。

图 5.13　自动控制界面

（3）系统通知：本模块是由网站系统发布的一些通知信息。

（4）项目信息：本模块用于描述用户应用项目信息，项目信息包括用项目名称、项目副标题、项目介绍等内容，上传图像是提交用户应用项目的 Logo 图标，智云账号（ID）和智云密钥（KEY）要求填写与项目所在网关一致的智云账号（ID）和智云密钥（KEY）。地理位置可在地图界面标记自己的位置，可输入所在城市的中文名称进行搜索，然后在地图上确定地点，如图 5.14 和图 5.15 所示。

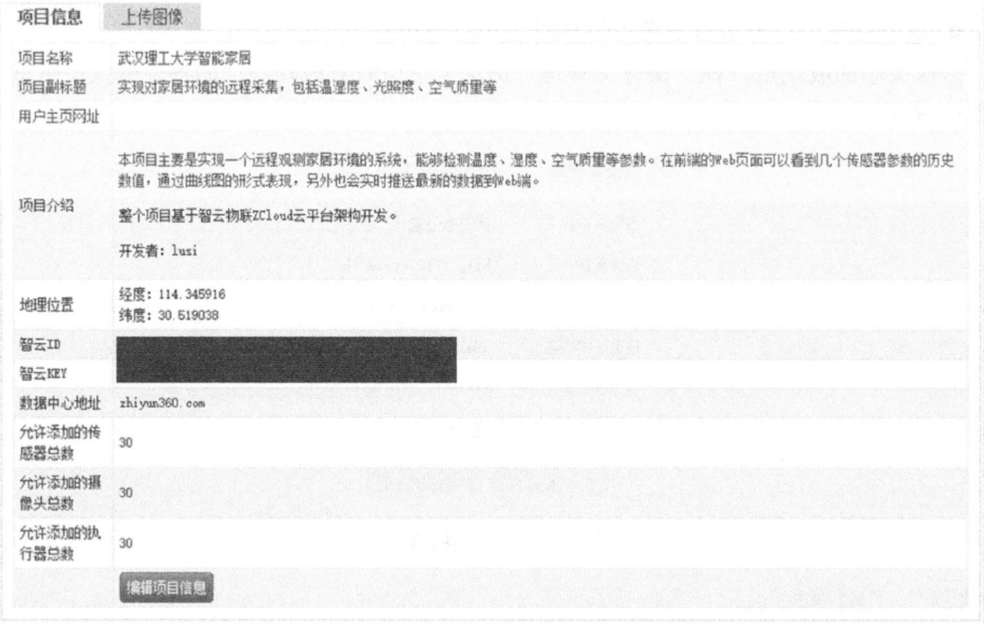

项目信息	上传图像
项目名称	武汉理工大学智能家居
项目副标题	实现对家居环境的远程采集，包括温湿度、光照度、空气质量等
用户主页网址	
项目介绍	本项目主要是实现一个远程观测家居环境的系统，能够检测温度、湿度、空气质量等参数。在前端的Web页面可以看到几个传感器参数的历史数值，通过曲线图的形式表现，另外也会实时推送最新的数据到Web端。 整个项目基于智云物联ZCloud云平台架构开发。 开发者：lusi
地理位置	经度：114.345916 纬度：30.519038
智云ID	
智云KEY	
数据中心地址	zhiyun360.com
允许添加的传感器总数	30
允许添加的摄像头总数	30
允许添加的执行器总数	30

编辑项目信息

图 5.14　项目信息

图 5.15　编辑项目信息

（5）账户信息：本模块用于用户信息的填写，将在用户项目的首页底部展示，如图 5.16 所示。

图 5.16　账户信息

（6）查看项目：单击"查看项目"模块可进入用户所在项目的首页。

3）项目发布

用户的应用项目配置好了，即完成了项目的发布。在用户项目后台可设置设备的公开权限，禁止公开的设备，普通用户是无法在项目界面浏览的。

项目展示示例如下所示（http://www.zhiyun360.com/Home/Sensor?ID=46）：

（1）查看传感器数据：选择"数据采集"选项卡，左边栏显示传感器图片、名称、实时接收到的数值、在线状态（在线时传感器名称显示为蓝色，不在线时为灰色），右边栏显示传感器一段时间内的数据曲线，可选择"实时""最近 1 天""最近 5 天""最近 2 周""最近 1 月""最近 3 月"的数据，如图 5.17 所示。

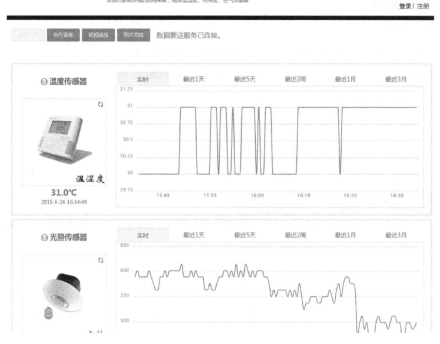

图 5.17　查看传感器数据

（2）实时控制执行器：选择"执行设备"选项卡，左边栏显示执行器图片、名称、在线状态（在线时传感器名称显示为蓝色，不在线时为灰色），右边栏显示该执行器可进行的操作，单击对应按钮，可对远程设备进行控制，同时在"反馈信息"窗口可看到控制指令及反馈的消息结果，如图 5.18 所示。

图 5.18　执行器控制

（3）视频监控：选择"视频监控"选项卡，左边栏显示摄像头图片、名称、在线状态（在线时传感器名称显示为蓝色，不在线时为灰色）、控制按钮，右边栏显示摄像头采集的图像画面，单击对应按钮，可对远程摄像头进行开关及云台转动操作，如图 5.19 所示。

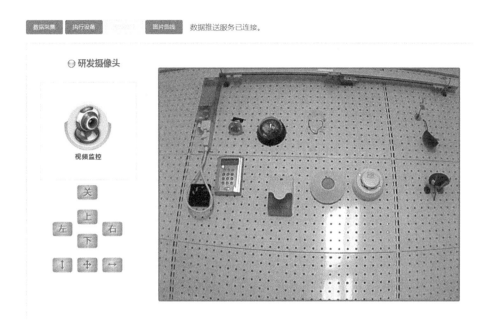

图 5.19　视频监控

（4）图片曲线：选择"图片曲线"选项卡，左边栏显示摄像头图片、名称，右边栏显示摄像头定时抓拍的图片，如图 5.20 所示。

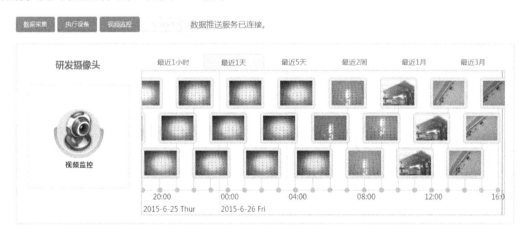

图 5.20　图片曲线

3. 开发验证

应用项目可以展示节点采集的实时在线数据、查询历史数据，并且以曲线的方式进行展示；对于执行设备，可以编辑控制指令来对远程设备进行控制；同时还可以在线查阅视频、图像，并且支持控制远程摄像头云台的转动，可以通过设置自动控制逻辑来进行摄像头图片的抓拍并以曲线的形式展示。项目演示如图 5.21 所示。

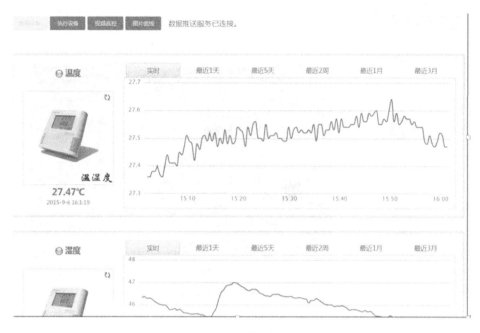

图 5.21　项目演示

5.1.4　小结

本节介绍了智云物联平台的框架、虚拟仿真技术、硬件模型，以及智云物联应用项目的发布流程。

5.1.5　思考与拓展

（1）智云物联平台框架分为几层？每一层的作用，以及同物联网技术框架的对应关系是什么？

（2）添加采集类传感器板、控制类传感器板、安防类传感器板上所有的传感器。

（3）发布一个智能灯光控制系统，当光线不足时自动打开 LED，要求通过自动控制实现。

5.2　物联网通信协议

一个完整的物联网综合系统，数据贯穿了感知层、网络层、服务层和应用层，数据在这四层之间层层传递。感知层用于产生有效数据；网络层对有效数据进行解析后向服务层发送；服务层需要对有效数据进行分解、分析、存储和调用；应用层需要从服务层获取经过分析的有效数据。在整个过程中，数据都在被物联网的每个层进行分析识别，要使数据能够被每一层正确识别，就需要一套完整的通信协议。

本节主要介绍 ZXBee 通信协议，通过 ZXBee 通信协议实例分析，实现对 ZXBee 通信协议的学习与开发实践。

5.2.1 学习与开发目标

（1）知识目标：ZXBee 通信协议。
（2）技能目标：熟悉 ZXBee 通信协议。
（3）开发目标：掌握 ZXBee 通信协议分析与使用。

5.2.2 原理学习：ZXBee 通信协议

1. ZXBee 通信协议

ZXBee 通信协议对物联网整个项目从底层到上层的数据做出了定义，该协议有以下特点：

- 语法简单、语义清晰、参数少而精；
- 参数命名合乎逻辑，见名知义，变量和指令分工明确；
- 参数读写权限分配合理，可以有效防止不合理的操作，能够在最大限度上保证数据的安全；
- 变量可以对值进行查询，方便程序调试；
- 指令是对位进行操作的，能够避免内存资源的浪费。

总之，ZXBee 通信协议在无线传感器网络中值得应用和推广，开发者可以很容易在其基础上根据需求进行定制、扩展和创新。

2. 通信协议详解

1）通信协议的数据格式

通信协议数据格式为 " {[参数]=[值],[参数]=[值]…} "。

- 每条数据以 " { " 作为起始字符；
- " {} " 内的多个参数以 " , " 分隔。

例如，{CD0=1,D0=?}。

2）通信协议的参数说明

通信协议参数说明如下。

（1）参数名称定义如下。

- 变量：A0～A7、D0、D1、V0～V3。
- 指令：CD0、OD0、CD1、OD1。
- 特殊参数：ECHO、TYPE、PN、PANID、CHANNEL。

（2）变量可以对值进行查询，如 " {A0=?} "。

（3）变量 A0～A7 在数据中心中可以保存为历史数据。

（4）指令是对位进行操作的。

具体参数解释如下。

（1）A0～A7：用于传递传感器数据及其携带的信息，只能通过 " ? " 来进行查询当前变量的值，支持上报到物联网云数据中心存储，示例如下。

- 温湿度传感器用 A0 表示温度值，用 A1 表示湿度值，类型为浮点型，精度为 0.1。
- 火焰报警传感器用 A0 表示警报状态，类型为整型，固定为 0（未监测到火焰）或者 1（监测到火焰）。
- 高频 RFID 模块用 A0 表示卡片 ID 号，类型为字符串型。

ZXBee 通信协议的格式为 "{参数=值,参数=值…}"，即用一对花括号 "{}" 包含每条数据，"{}" 内参数如果有多个条目，则用 "," 进行分隔，例如，{CD0=1,D0=?}。

（2）D0：D0 中的 Bit0～Bit7 分别对应 A0～A7 的状态（是否主动上报状态），只能通过 "?" 来查询当前变量的值，0 表示禁止上报，1 表示允许主动上报，示例如下。

- 温湿度传感器用 A0 表示温度值，用 A1 表示湿度值，D0=0 表示不上报温度值和湿度值，D0=1 表示主动上报温度值，D0=2 表示主动上报湿度值，D0=3 表示主动上报温度值和湿度值。
- 火焰报警传感器用 A0 表示警报状态，D0=0 表示不监测火焰，D0=1 表示实时监测火焰。
- 高频 RFID 模块用 A0 表示卡片 ID，D0=0 表示不上报 ID，D0=1 表示上报 ID。

（3）CD0/OD0：对 D0 的位进行操作，CD0 表示位清 0 操作，OD0 表示位置 1 操作，示例如下。

- 温湿度传感器用 A0 表示温度值，用 A1 表示湿度值，CD0=1 表示关闭温度值的主动上报。
- 火焰报警传感器用 A0 表示警报状态，OD0=1 表示开启火焰报警监测，当有火焰报警时，会主动上报 A0 的值。

（4）D1：D1 表示控制编码，只能通过 "?" 来查询当前变量的数值，用户可根据传感器属性来自定义功能，示例如下。

- 温湿度传感器：D1 的 Bit0 表示电源开关状态。例如，D1=0 表示电源处于关闭状态，D1=1 表示电源处于打开状态。
- 继电器：D1 的位表示各路继电器的状态。例如，D1=0 表示关闭继电器 S1 和 S2，D1=1 表示开启继电器 S1，D1=2 表示开启继电器 S2，D1=3 表示开启继电器 S1 和 S2。
- 排风扇：D1 的 Bit0 表示电源开关状态，Bit1 表示正转或反转。例如，D1=0 或者 D1=2 表示排风扇停止转动（电源断开），D1=1 表示排风扇处于正转状态，D1=3 表示排风扇处于反转状态。
- 红外遥控：D1 的 Bit0 表示电源开关状态，Bit1 表示工作模式或学习模式。例如，D1=0 或者 D1=2 表示电源处于关闭状态，D1=1 表示电源处于开启状态且为工作模式，D1=3 表示电源处于开启状态且为学习模式。

（5）CD1/OD1：对 D1 的位进行操作，CD1 表示位清 0 操作，OD1 表示位置 1 操作。

（6）V0～V3：用于表示传感器的参数，用户可根据传感器属性自定义功能，权限为可读写，示例如下。

- 温湿度传感器：V0 表示主动上报数据的时间间隔。
- 排风扇：V0 表示排风扇转速。
- 红外遥控：V0 表示学习的键值。
- 语音合成传感器：V0 表示需要合成的语音字符。

（7）特殊参数：ECHO、TYPE、PN、PANID、CHANNEL。

● ECHO：用于监测节点在线的指令，将发送的值进行回显。例如，发送"{ECHO=test}"，若节点在线则回复数据"{ECHO=test}"。

● TYPE：表示节点类型，该信息包含了节点类别、节点类型、节点名称，只能通过"?"来查询当前值。TYPE 的值由 5 个字节表示（ASCII 码），例如，1 1 001，第 1 个字节表示节点类别（1 表示 ZigBee、2 表示 RF433、3 表示 Wi-Fi、4 表示 BLE、5 表示 IPv6、9 表示其他）；第 2 个字节表示节点类型（0 表示汇聚节点、1 表示路由/中继节点、2 表示终端节点）；第 3～5 个字节合起来表示节点名称（编码由开发者自定义）。

● PN（仅针对 ZigBee、IEEE 802.15.4 IPv6 节点）：表示节点的地址信息和所有邻居节点地址信息，只能通过"?"来查询当前值。PN 的值为节点地址和所有邻居节点地址的组合，其中每 4 个字节表示一个节点地址后 4 位，第 1 个 4 字节表示该节点地址的后 4 位，第 2～n 个 4 字节表示其所有邻居节点地址后 4 位。

● PANID：表示节点组网的标志 ID，权限为可读写，此处 PANID 的值为十进制数，而底层代码定义的 PANID 的值为十六进制数，需要自行转换。例如，8200（十进制数）= 0x2008（十六进制数），通过指令"{PANID=8200}"可将节点的 PANID 修改为 0x2008。PANID 的取值范围为 1～16383。

● CHANNEL：表示节点组网的通信通道，权限为可读写，此处 CHANNEL 的取值范围为 11～26（十进制数）。例如，通过指令"{CHANNEL=11}"可将节点的 CHANNEL 修改为 11。

3．通信协议参数定义

xLab 未来开发平台传感器的 ZXBee 通信协议参数定义如表 5.2 所示。

表 5.2　ZXBee 通信协议参数定义

传 感 器	属 性	参 数	权 限	说 明
Sensor-A（601）	温度	A0	R	温度值为浮点型：0.1 精度，范围为-40.0～105.0，单位为℃
	湿度	A1	R	湿度值为浮点型，精度为 0.1，范围为 0～100，单位为%
	光照度	A2	R	光照度值为浮点型，精度为 0.1，范围为 0～65535，单位为 Lux
	空气质量	A3	R	空气质量，表示空气污染程度
	气压	A4	R	气压值为浮点型，精度为 0.1，单位为百帕
	三轴（跌倒状态）	A5	—	三轴：通过计算上报跌倒状态，1 表示跌倒（主动上报）
	距离	A6	R	距离（单位为 cm），浮点型，精度为 0.1，范围为 20～80 cm
	语音识别返回码	A7	—	语音识别码，整型，范围为 1～49（主动上报）
	上报状态	D0(OD0/CD0)	RW	D0 的 Bit0～Bit7 分别代表 A0～A7 的上报状态，位的值为 1 表示允许上报
	继电器	D1(OD1/CD1)	RW	D1 的 Bit6～Bit7 分别代表继电器 K1、K2 的开关状态，位的值为 0 表示断开，位的值为 1 表示吸合
	上报间隔	V0	RW	循环上报的时间间隔

传感器	属 性	参 数	权 限	说 明
Sensor-B （602）	RGB	D1(OD1/CD1)	RW	D1 的 Bit0～Bit1 代表 RGB 三色灯的颜色状态， RGB：00（关）、01（R）、10（G）、11（B）
	步进电机	D1(OD1/CD1)	RW	D1 的 Bit2 分别代表步进电机的正、反转动状态，Bit2 为 0 表示正转（5 s 后停止），Bit2 为 1 表示反转（5 s 后 反转）
	排风扇/蜂鸣器	D1(OD1/CD1)	RW	D1 的 Bit3 代表排风扇/蜂鸣器的开关状态，Bit3 为 0 表 示关闭，Bit3 为 1 表示打开
	LED	D1(OD1/CD1)	RW	D1 的 Bit4、Bit5 代表 LED1/LED2 的开关状态，位的值 为 0 表示关闭，位的值为 1 表示打开
	继电器	D1(OD1/CD1)	RW	D1 的 Bit6、Bit7 分别代表继电器 K1、K2 的开关状态， 位的值为 0 表示断开，位的值为 1 表示吸合
	上报间隔	V0	RW	循环上报时间间隔
Sensor-C （603）	人体/触摸状态	A0	R	人体红外状态，0 或 1 变化；A0 为 1 表示监测到人体/ 触摸
	振动状态	A1	R	振动状态，0 或 1 变化；A1 为 1 表示监测到振动
	霍尔状态	A2	R	霍尔状态，0 或 1 变化；A2 为 1 表示监测到磁场
	火焰状态	A3	R	火焰状态，0 或 1 变化；A3 为 1 表示监测到明火
	燃气状态	A4	R	燃气泄漏状态，0 或 1 变化；A4 为 1 表示燃气泄漏
	光栅（红外对射） 状态	A5	R	光栅状态，0 或 1 变化，A5 为 1 表示监测到阻挡
	上报状态	D0(OD0/CD0)	RW	D0 的 Bit0～Bit5 分别表示 A0～A5 的上报状态
	继电器	D1(OD1/CD1)	RW	D1 的 Bit6～Bit7 分别代表继电器 K1、K2 的开关状态， 位的值为 0 表示断开，位的值为 1 表示吸合
	上报间隔	V0	RW	循环上报时间间隔
	语音合成数据	V1	W	文字的 Unicode 编码
Sensor-D （604）	五向开关状态	A0	R	触发上报，状态为：1（UP）、2（LEFT）、3（DOWN）、 4（RIGHT）、5（CENTER）
	电视的开关	D1(OD1/CD1)	RW	D1 的 Bit0 代表电视开关状态，Bit0 为 0 表示关闭，Bit0 为 1 表示打开
	电视频道	V1	RW	电视频道，范围为 0～19
	电视音量	V2	RW	电视音量，范围为 0～99
Sensor-EL （605）	卡号	A0	—	字符串（主动上报，不可查询）
	卡类型	A1	R	整型，A1 为 0 表示 125K，A1 为 1 表示 13.56M
	卡余额	A2	R	整型，范围为 0～8000.00，手动查询
	设备余额	A3	R	浮点型，设备金额
	设备单次消费金 额	A4	R	浮点型，本次消费扣款金额
	设备累计消费	A5	R	浮点型，设备累计扣款金额
	门锁/设备状态	D1(OD1/CD1)	RW	D1 的 Bit0～Bit1 表示门锁、设备的开关状态，位的值为 0 表示关闭，位的值为 1 表示打开

续表

传感器	属性	参数	权限	说明
Sensor-EL （605）	充值金额	V1	RW	返回充值状态，0 或 1，V1 为 1 表示操作成功
	扣款金额	V2	RW	返回扣款状态，0 或 1，V2 为 1 表示操作成功
	充值金额（设备）	V3	RW	返回充值状态，0 或 1，V3 为 1 表示操作成功
	扣款金额（设备）	V4	RW	返回扣款状态，0 或 1，V4 为 1 表示操作成功
Sensor-EH （606）	卡号	A0	—	字符串（主动上报，不可查询）
	卡余额	A2	R	整型，范围为 0~800000，手动查询
	ETC 杆开关	D1(OD1/CD1)	RW	D1 的 Bit0 表示 ETC 杆开关，Bit0 为 0 表示关闭，Bit0 为 1 表示抬起一次 3 s 后自动关闭，同时将 Bit0 清 0
	充值金额	V1	RW	返回充值状态，0 或 1，V1 为 1 表示操作成功
	扣款金额	V2	RW	返回扣款状态，0 或 1，V2 为 1 表示操作成功
Sensor-F （611）	GPS 状态	A0	R	整型，A0 为 0 表示不在线，A0 为 1 表示在线
	GPS 经纬度	A1	R	字符串型，形式为 a&b，a 表示经度，b 表示维度，精度 为 0.000001
	三轴计步数	A2	R	整型
		A3	R	加速度传感器 x、y、z 数据，格式为 x&y&z
	三轴加速度 传感器	A4	R	陀螺仪传感器 x、y、z 数据，格式为 x&y&z
		A5	R	地磁仪传感器 x、y、z 数据，格式为 x&y&z
	上报间隔	V0	RW	传感器的循环上报时间间隔

5.2.3 开发实践：ZXBee 通信协议分析

1. 开发设计

本节将以温湿度传感器和排风扇/蜂鸣器、LED 为例学习 ZXBee 通信协议，传感器参数定义及说明如表 5.3 所示。

表 5.3 传感器参数定义及说明

传感器	属性	参数	权限	说明
Sensor-A	温度	A0	R	温度值，浮点型，精度为 0.1，范围为-40.0~105.0，单位 为℃
	湿度	A1	R	湿度值，浮点型，精度为 0.1，范围为 0~100，单位为%
	上报状态	D0(OD0/CD0)	RW	D0 的 Bit0~Bit7 分别代表 A0~A7 的上报状态，位的值 为 1 表示允许上报
	上报间隔	V0	RW	循环上报时间间隔
Sensor-B	排风扇/蜂鸣器	D1(OD1/CD1)	RW	D1 的 Bit3 代表排风扇/蜂鸣器的开关状态，Bit3 为 0 表示 关闭，Bit3 为 1 表示打开
	LED	D1(OD1/CD1)	RW	D1 的 Bit4、Bit5 代表 LED1 和 LED2 的开关状态，位的值 为 0 表示关闭，位的值为 1 表示打开

2. 功能实现

ZCloudTools 软件提供了通信协议测试工具，进入数据分析功能模块可以测试 ZXBee 协议。

数据分析模块可以获取指定节点上报的数据信息，并通过发送指令实现对节点状态的获取和控制。进入数据分析模块，左侧的节点列表会依次列出网关下的组网成功的节点，如图 5.22 所示。

图 5.22　数据分析模块

单击节点列表中的某个传感器节点，如"Sensor_A"，ZcloudTools 工具会自动将该节点的 MAC 地址填充到节点地址文本框中，获取该节点所上报的数据并显示在调试信息文本框中，如图 5.23 所示。

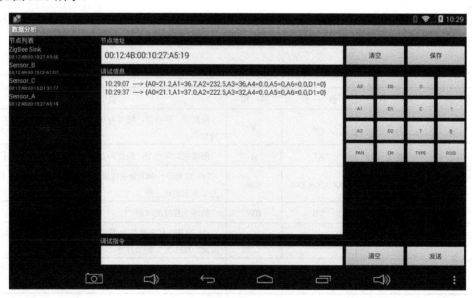

图 5.23　测试举例（一）

也可通过输入命查询控制类传感器板上 LED1 的状态、控制继电器转动等。例如，通过指令{D1=?} 查询 LED1 状态，通过指令{OD1=16,D1=?}打开 LED1，通过指令{CD1=16,D1=?}关闭 LED1，如图 5.24 所示。

图 5.24　测试举例（二）

3. 开发验证

协议指令测试如图 5.25 所示。

图 5.25　协议指令测试

5.2.4　小结

本节主要介绍 ZXBee 通信协议的格式与参数，以及数据在物联网系统中的重要性。一个完整的物联网综合系统，数据贯穿了感知层、网络层、服务层和应用层。通过物联网通信协议的分析，读者可以掌握通信协议的测试手段，并对物联网项目进行调试。

5.2.5　思考与拓展

（1）ZXBee 通信协议有何特点？

（2）什么是通信协议？在物联网中通信协议有何作用？

（3）参考完整 ZXBee 通信协议参数定义，测试全部的通信协议指令。

5.3　物联网应用开发接口

为了保证温度和湿度的稳定，可通过温湿度传感器来监测温湿数据，并将数据传输到温湿度管理系统，管理系统接收到这些数据后，可打开或者关闭风机、空调等设备。例如，仓库环境管理系统示意如图 5.26 所示。

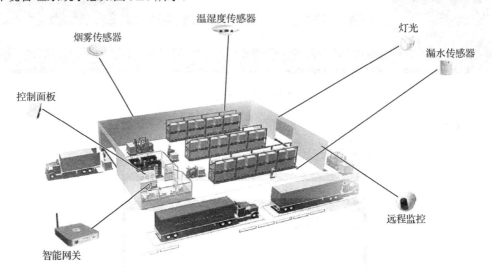

图 5.26　仓库环境管理系统示意

本节主要介绍硬件 HAL 层开发框架、智云 Android 应用程序接口、智云 Web 应用程序接口，最后通过构建仓库环境管理系统，实现对物联网应用程序接口的学习与开发实践。

5.3.1　学习与开发目标

（1）知识目标：硬件 HAL 层开发框架、智云 Android 应用程序接口、智云 Web 应用程序接口。

（2）技能目标：掌握硬件 HAL 层开发框架与使用，熟悉智云 Android 应用程序接口和智云 Web 应用程序接口。

（3）开发目标：通过智云物联平台实现仓库环境管理开发设计，完成系统的软/硬件部署与功能测试。

5.3.2 原理学习：物联网应用开发接口

1. 硬件 HAL 层开发框架和智云框架应用程序接口

智云物联平台硬件层支持 ZigBee、BLE、Wi-Fi、LoRa、LTE、NB-IoT 等网络的接入，提供硬件 HAL 层开发框架及示例，下面以本项目使用的 ZigBee 网络为例来介绍。

1）硬件 HAL 层开发框架

ZStack 协议栈为 CC2530 节点提供基于 OSAL 操作系统的无线自组网功能。ZStack 协议栈提供了一些简单的示例程序，可供开发者进行学习，其中 SimpleApp 工程是基于 SAPI 应用程序接口进行开发的，SAPI 应用程序接口实现了对应用的简单封装，开发者只需调用部分接口即可完成整个节点程序的开发。

其中 SAPI 应用程序接口在 AppCommon.c 文件中实现，其中主要的几个函数如下：

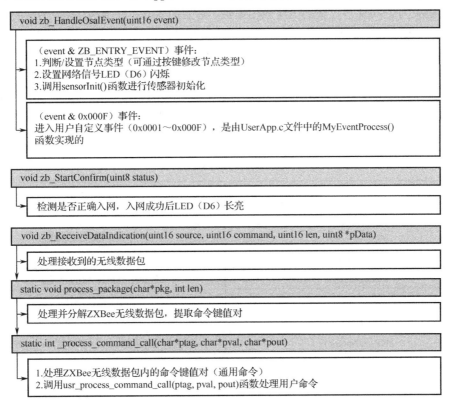

2）智云框架应用程序接口

智云框架是在 SAPI 应用程序接口的基础上搭建起来的，通过合理调用这些接口，可使 ZigBee 项目的开发形成一套系统的开发逻辑，如传感器初始化、控制设备的操作、传感器数据的采集、报警信息的实时响应、系统参数的配置更新等。基于智云框架开发的程序流程如图 5.27 所示。

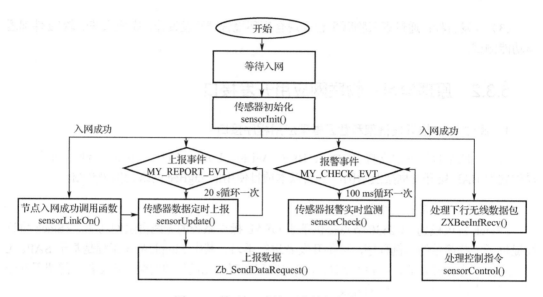

图 5.27　基于智云框架开发的程序流程

　　智云框架为 ZStack 协议栈的上层应用提供了分层的软件设计结构，将传感器的私有操作部分封装到 sensor.c 文件中，用户任务中的处理事件和节点类型选择则在 sensor.h 文件中设置。sensor.h 中主要定义了用户事件，定义的用户事件中定义分别是上报事件（MY_REPORT_EVT）和报警事件（MY_CHECK_EVT），上报事件用于对传感器采集的数据进行上报，报警事件用于对传感器检测到的危险信息进行响应。另外，sensor.h 还定义了节点类型，可以将节点设置为路由节点（NODE_ROUTER）或者终端节点（NODE_ENDDEVICE），同时还声明了智云框架的接口，如表 5.4 所示。

表 5.4　智云框架的接口

函 数 名 称	函 数 说 明
sensorInit()	传感器初始化
sensorLinkOn()	节点入网成功操作函数
sensorUpdate()	传感器数据定时上报
sensorControl()	传感器控制函数（处理控制指令）
sensorCheck()	传感器报警实时监测
ZXBeeInfRecv()	处理下行无线数据包
MyEventProcess()	自定义事件处理函数，启动上报事件 MY_REPORT_EVT

2. Android 开发应用程序接口

　　智云物联平台提供了五个应用程序接口供开发者使用，包括实时连接（WSNRTConnect）、历史数据（WSNHistory）、摄像头（WSNCamera）、自动控制（WSNAutoctrl）、用户数据（WSNProperty），其框架如图 5.28 所示。

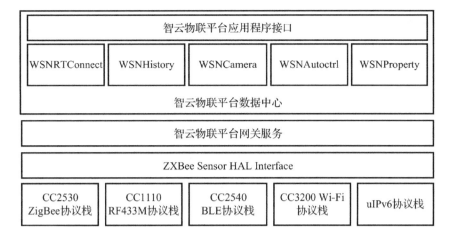

图 5.28　智云物联云平台应用程序接口框架

针对 Android 应用开发，智云物联平台提供了应用程序接口库 libwsnDroid2.jar，开发者在编写 Android 应用程序时，只需要先导入该应用程序接口库，然后在源代码中调用相应的函数即可。

1）实时连接接口

实时连接接口基于智云物联平台的消息推送服务，该服务是利用云端与客户端之间建立的稳定、可靠的长连接来向客户端应用推送实时消息的。智云物联平台的消息推送服务针对物联网的特征，支持多种推送类型，如传感器实时数据、执行控制指令、地理位置信息、SMS等，同时提供关于用户信息及通知消息的统计信息，方便开发者进行后续开发及运营。基于Android 的实时连接接口如表 5.5 所示。

表 5.5　基于 Android 的实时连接接口

函　　数	参 数 说 明	功　　能
new WSNRTConnect(String myZCloudID, String myZCloudKey);	myZCloudID：智云账号。 myZCloudKey：智云密钥	创建实时数据，并初始化智云账号及密钥
connect()	无	建立实时数据服务连接
disconnect()	无	断开实时数据服务连接

setRTConnectListener(){
　　onConnect()
　　onConnectLost(Throwable arg0)
　　onMessageArrive(String mac, byte[] dat)
}
	onConnect：连接成功操作。
	onConnectLost：连接失败操作。
	onMessageArrive：数据接收操作
		设置监听，接收实时数据推送的消息

sendMessage(String mac, byte[] dat)	mac：传感器的 MAC 地址。 dat：发送的消息内容	发送消息
setServerAddr(String sa)	sa：数据中心服务器地址及端口	设置/改变数据中心服务器的地址及端口号
setIdKey(String myZCloudID, String myZCloudKey);	myZCloudID：智云账号。 myZCloudKey：智云密钥	设置/改变智云账号及密钥（需要重新断开连接）

2）历史数据接口

历史数据接口是基于智云物联平台数据中心提供的智云数据库接口开发的，智云数据库采用 Hadoop 分布式数据库集群，并且支持多机自动冗余备份，以及自动读写分离，开发者不需要关注后端机器及数据库的稳定性、网络问题、机房灾难、单库压力等风险。传感器数据可以在智云数据库中永久保存，通过提供的应用程序接口可以完成与云存储服务器的数据连接、数据访问存储、数据使用等。基于 Android 的历史数据接口如表 5.6 所示。

表 5.6　基于 Android 的历史数据接口

函　　数	参 数 说 明	功　　能
new WSNHistory(String myZCloudID, String myZCloudKey);	myZCloudID：智云账号。 myZCloudKey：智云密钥	初始化历史数据对象，并初始化智云账号及密钥
queryLast1H(String channel);	channel：传感器数据通道	查询最近 1 小时的历史数据
queryLast6H(String channel);	channel：传感器数据通道	查询最近 6 小时的历史数据
queryLast12H(String channel);	channel：传感器数据通道	查询最近 12 小时的历史数据
queryLast1D(String channel);	channel：传感器数据通道	查询最近 1 天的历史数据
queryLast5D(String channel);	channel：传感器数据通道	查询最近 5 天的历史数据
queryLast14D(String channel);	channel：传感器数据通道	查询最近 14 天的历史数据
queryLast1M(String channel);	channel：传感器数据通道	查询最近 1 个月（30 天）的历史数据
queryLast3M(String channel);	channel：传感器数据通道	查询最近 3 个月（90 天）的历史数据
queryLast6M(String channel);	channel：传感器数据通道	查询最近 6 个月（180 天）的历史数据
queryLast1Y(String channel);	channel：传感器数据通道	查询最近 1 年（365 天）的历史数据
query();	无	获取所有通道最后一次数据
query(String channel);	channel：传感器数据通道	获取该通道中最后一次数据
query(String channel, String start, String end);	channel：传感器数据通道。 start：起始时间。 end：结束时间。 时间为 ISO 8601 格式的日期，例如 2010-05-20T11:00:00Z	通过起止时间查询指定时间段的历史数据（根据时间范围默认选择时间间隔）
query(String channel, String start, String end, String interval);	channel：传感器数据通道。 start：起始时间。 end：结束时间。 interval：采样点的时间间隔，详细见后续说明。 时间为 ISO 8601 格式的日期，例如 2010-05-20T11:00:00Z	通过起止时间查询指定时间段、指定时间间隔的历史数据
setServerAddr(String sa)	sa：数据中心服务器地址及端口	设置/改变数据中心服务器地址及端口号
setIdKey(String myZCloudID, String myZCloudKey);	myZCloudID：智云账号。 myZCloudKey：智云密钥	设置/改变智云账号及密钥

3）摄像头接口

智云物联平台提供了对摄像头进行远程控制的接口，支持远程对视频、图像进行实时采集、图像抓拍、控制云台转动等操作。基于 Android 的摄像头接口如表 5.7 所示。

表 5.7　基于 Android 的摄像头接口

函　　数	参 数 说 明	功　　能
new WSNCamera(String myZCloudID, String myZCloudKey);	myZCloudID：智云账号。 myZCloudKey：智云密钥	初始化摄像头对象，并初始化智云账号及密钥
initCamera(String myCameraIP, String user, String pwd, String type);	myCameraIP：摄像头外网域名和 IP 地址。 user：摄像头用户名。 pwd：摄像头密码。 type：摄像头类型（F-Series、F3-Series、H3-Series）。 以上参数可从摄像头手册获取	设置摄像头域名、IP 地址、用户名、密码、类型等参数
openVideo();	无	打开摄像头
closeVideo();	无	关闭摄像头
control(String cmd);	cmd：云台控制指令，参数如下： UP：向上移动一次。 DOWN：向下移动一次。 LEFT：向左移动一次。 RIGHT：向右移动一次。 HPATROL：水平巡航转动。 VPATROL：垂直巡航转动。 360PATROL：360°巡航转动	发送指令控制云台转动
checkOnline();	无	监测摄像头是否在线
snapshot();	无	抓拍照片

setCameraListener(){
　　onOnline(String myCameraIP, boolean online)
　　onSnapshot(String myCameraIP, Bitmap bmp)
　　onVideoCallBack(String myCameraIP, Bitmap bmp)
}
	myCameraIP：摄像头外网域名和 IP 地址。
	online：摄像头在线状态（0 或 1）。
	bmp：图片资源
		监测摄像头返回数据：
		onOnline：摄像头在线状态返回。
		onSnapshot：返回摄像头截图。
		onVideoCallBack：返回实时的摄像头视频图像

freeCamera(String myCameraIP);	myCameraIP：摄像头外网域名和 IP 地址	释放摄像头资源
setServerAddr(String sa)	sa：数据中心服务器地址及端口	设置/改变数据中心服务器地址及端口号
setIdKey(String myZCloudID, String myZCloudKey);	myZCloudID：智云账号。 myZCloudKey：智云密钥	设置/改变智云账号及密钥

4）自动控制接口

智云物联平台内置了一个操作简单但功能强大的逻辑编辑器，可用于编辑复杂的控制逻辑，可实现传感器数据更新、传感器状态查询、定时硬件系统控制、定时发送短消息，以及根据各种变量触发某个复杂的控制策略来实现系统复杂控制等功能。实现步骤如下：

（1）为每个传感器、执行器的关键数据和控制量创建一个变量。

（2）新建基本的控制策略，控制策略里可以运用上一步新建的变量。

（3）新建复杂的控制策略，复杂控制策略可以使用运算符，也可以组合基本的控制策略。基于 Android 的自动控制接口如表 5.8 所示。

表 5.8　基于 Android 的自动控制接口

函　　数	参 数 说 明	功　　能
new WSNAutoctrl(String myZCloudID, String myZCloudKey);	myZCloudID：智云账号。 myZCloudKey：智云密钥	初始化自动控制对象，并初始化智云账号及密钥
createTrigger(String name, String type, JSONObject param);	name：触发器名称。 type：触发器类型。 param：触发器内容，JSON 格式，创建成功后返回该触发器 ID（JSON 格式）	创建触发器
createActuator(String name,String type,JSONObject param);	name：执行器名称。 type：执行器类型。 param：执行器内容，JSON 格式，创建成功后返回该执行器 ID（JSON 格式）	创建执行器
createJob(String name, boolean enable, JSONObject param);	name：任务名称。 enable：true（使能任务）、false（禁止任务）。 param：任务内容，JSON 格式，创建成功后返回该任务 ID（JSON 格式）	创建任务
deleteTrigger(String id);	id：触发器 ID	删除触发器
deleteActuator(String id);	id：执行器 ID	删除执行器
deleteJob(String id);	id：任务 ID	删除任务
setJob(String id,boolean enable);	id：任务 ID。 enable：true（使能任务）、false（禁止任务）	设置任务使能开关
deleteSchedudler(String id);	id：任务记录 ID	删除任务记录
getTrigger();	无	查询当前智云账号下的所有触发器内容
getTrigger(String id);	id：触发器 ID	查询该触发器 ID
getTrigger(String type);	type：触发器类型	查询当前智云账号下的所有该类型的触发器内容
getActuator();	无	查询当前智云账号下的所有执行器内容
getActuator(String id);	id：执行器 ID	查询该执行器 ID
getActuator(String type);	type：执行器类型	查询当前智云账号下的所有该类型的执行器内容
getJob();	无	查询当前智云账号下的所有任务内容
getJob(String id);	id：任务 ID	查询该任务 ID
getSchedudler();	无	查询当前智云账号下的所有任务记录内容
getSchedudler(String jid,String duration);	id：任务记录 ID。 duration:duration=x<year|month|day|hours|minute>　//默认返回 1 天的记录	查询该任务记录 ID 某个时间段的内容

续表

函　　数	参 数 说 明	功　　能
setServerAddr(String sa)	sa：数据中心服务器地址及端口	设置/改变数据中心服务器地址及端口号
setIdKey(String myZCloudID, String myZCloudKey);	myZCloudID：智云账号。 myZCloudKey：智云密钥	设置/改变智云账号及密钥

　　5）用户数据接口

　　智云物联平台的用户数据接口提供私有的数据库使用权限，可对多客户端间共享的私有数据进行存储、查询。私有数据存储采用 Key-Value 型数据库服务，编程接口更简单高效。基于 Android 的用户数据接口如下：

表 5.9　基于 Android 的用户数据接口

函　　数	参 数 说 明	功　　能
new WSNProperty(String myZCloudID,String myZCloudKey);	myZCloudID：智云账号。 myZCloudKey：智云密钥	初始化用户数据对象，并初始化智云账号及密钥
put(String key,String value);	key：名称。 value：内容	创建用户应用数据
get();	无	获取所有的键值对
get(String key);	key：名称	获取指定 key 的 value 值
setServerAddr(String sa)	sa：数据中心服务器地址及端口	设置/改变数据中心服务器地址及端口号
setIdKey(String　　myZCloudID,　　String myZCloudKey);	myZCloudID：智云账号。 myZCloudKey：智云密钥	设置/改变智云账号及密钥

3. Web 开发应用程序接口

　　针对 Web 开发，智云物联平台提供 JavaScript 接口库，开发者直接调用相应的接口即可完成简单 Web 应用的开发。

　　1）实时连接接口

　　基于 Web 的实时连接接口如表 5.10 所示。

表 5.10　基于 Web 的实时连接接口

函　　数	参 数 说 明	功　　能
new WSNRTConnect(myZCloudID, myZCloudKey);	myZCloudID：智云账号。 myZCloudKey：智云密钥	创建实时数据，并初始化智云账号及密钥
connect()	无	建立实时数据服务连接
disconnect()	无	断开实时数据服务连接
onConnect()	无	监测连接智云服务成功
onConnectLost()	无	监测连接智云服务失败
onMessageArrive(mac, dat)	mac：传感器的 MAC 地址。 dat：发送的消息内容	监测收到的数据

续表

函　　数	参 数 说 明	功　　能
sendMessage(mac, dat)	mac：传感器的 MAC 地址。 dat：发送的消息内容	发送消息
setServerAddr(sa)	sa：数据中心服务器地址及端口	设置/改变数据中心服务器地址及端口号
setIdKey(myZCloudID, myZCloudKey);	myZCloudID：智云账号。 myZCloudKey：智云密钥	设置/改变智云账号及密钥（需要重新断开连接）

2）历史数据接口

基于 Web 的历史数据接口如表 5.11 所示。

表 5.11　基于 Web 的历史数据接口

函　　数	参 数 说 明	功　　能
new WSNHistory(myZCloudID, myZCloudKey);	myZCloudID：智云账号。 myZCloudKey：智云密钥	初始化历史数据对象，并初始化智云账号及密钥
queryLast1H(channel, cal);	channel：传感器数据通道。 cal：回调函数（处理历史数据）	查询最近 1 小时的历史数据
queryLast6H(channel, cal);	channel：传感器数据通道。 cal：回调函数（处理历史数据）	查询最近 6 小时的历史数据
queryLast12H(channel, cal);	channel：传感器数据通道。 cal：回调函数（处理历史数据）	查询最近 12 小时的历史数据
queryLast1D(channel, cal);	channel：传感器数据通道。 cal：回调函数（处理历史数据）	查询最近 1 天的历史数据
queryLast5D(channel, cal);	channel：传感器数据通道。 cal：回调函数（处理历史数据）	查询最近 5 天的历史数据
queryLast14D(channel, cal);	channel：传感器数据通道。 cal：回调函数（处理历史数据）	查询最近 14 天的历史数据
queryLast1M(channel, cal);	channel：传感器数据通道。 cal：回调函数（处理历史数据）	查询最近 1 个月（30 天）的历史数据
queryLast3M(channel, cal);	channel：传感器数据通道。 cal：回调函数（处理历史数据）	查询最近 3 个月（90 天）的历史数据
queryLast6M(channel, cal);	channel：传感器数据通道。 cal：回调函数（处理历史数据）	查询最近 6 个月（180 天）的历史数据
queryLast1Y(channel, cal);	channel：传感器数据通道。 cal：回调函数（处理历史数据）	查询最近 1 年（365 天）的历史数据
query(cal);	cal：回调函数（处理历史数据）	获取所有通道最后一次数据
query(channel, cal);	channel：传感器数据通道。 cal：回调函数（处理历史数据）	获取该通道下最后一次数据
query(channel, start, end, cal);	channel：传感器数据通道。 cal：回调函数（处理历史数据）。 start：起始时间。 end：结束时间。 时间为 ISO 8601 格式的日期，例如 2010-05-20T11:00:00Z	通过起止时间查询指定时间段的历史数据

续表

函　　数	参 数 说 明	功　　能
query(channel, start, end, interval, cal);	channel：传感器数据通道。 cal：回调函数（处理历史数据）。 start：起始时间。 end：结束时间。 interval：采样点的时间间隔，详细见后续说明。 时间为 ISO 8601 格式的日期，例如 2010-05-20T11:00:00Z	通过起止时间查询指定时间段、指定时间间隔的历史数据
setServerAddr(sa)	sa：数据中心服务器地址及端口	设置/改变数据中心服务器地址及端口号
setIdKey(myZCloudID, myZCloudKey);	myZCloudID：智云账号。 myZCloudKey：智云密钥	设置/改变智云账号及密钥

3）摄像头接口

基于 Web 的摄像头接口如表 5.12 所示。

表 5.12　基于 Web 的摄像头接口

函　　数	参 数 说 明	功　　能
new WSNCamera(myZCloudID, myZCloudKey);	myZCloudID：智云账号。 myZCloudKey：智云密钥	初始化摄像头对象，并初始化智云账号及密钥
initCamera(myCameraIP, user, pwd, type);	myCameraIP：摄像头外网域名和IP 地址。 user：摄像头用户名。 pwd：摄像头密码。 type：摄像头类型（F-Series、F3-Series、H3-Series）。 以上参数可从摄像头手册获取	设置摄像头域名、IP 地址、用户名、密码、类型等参数
openVideo();	无	打开摄像头
closeVideo();	无	关闭摄像头
control(cmd);	cmd：云台控制指令，参数如下： UP：向上移动一次。 DOWN：向下移动一次。 LEFT：向左移动一次。 RIGHT：向右移动一次。 HPATROL：水平巡航转动。 VPATROL：垂直巡航转动。 360PATROL：360°巡航转动	发送指令控制云台转动
checkOnline(cal);	cal：回调函数（处理检查结果）	检测摄像头是否在线
snapshot();	无	抓拍照片
setDiv(divID);	divID：网页标签	设置展示摄像头视频、图像的标签
freeCamera(myCameraIP);	myCameraIP：摄像头外网域名和 IP 地址	释放摄像头资源
setServerAddr(sa)	sa：数据中心服务器地址及端口	设置/改变数据中心服务器地址及端口号

续表

函　　数	参 数 说 明	功　　能
setIdKey(myZCloudID, myZCloudKey);	myZCloudID：智云账号 myZCloudKey：智云密钥	设置/改变智云账号及密钥

4）自动控制接口

基于 Web 自动控制接口如表 5.13 所示。

表 5.13　基于 Web 自动控制接口

函　　数	参 数 说 明	功　　能
new WSNAutoctrl(myZCloudID, myZCloudKey);	myZCloudID：智云账号。 myZCloudKey：智云密钥	初始化自动控制对象，并初始化智云账号及密钥
createTrigger(name, type, param, cal);	name：触发器名称。 type：触发器类型。 param：触发器内容，JSON 格式。 创建成功后返回该触发器 ID（JSON 格式）。 cal：回调函数	创建触发器
createActuator(name, type, param, cal);	name：执行器名称。 type：执行器类型。 param：执行器内容，JSON 格式。 创建成功后返回该执行器 ID（JSON 格式）。 cal：回调函数	创建执行器
createJob(name, enable, param, cal);	name：任务名称。 enable：true（使能任务）、false（禁止任务）。 param：任务内容，JSON 格式。 创建成功后返回该任务 ID（JSON 格式）。 cal：回调函数	创建任务
deleteTrigger(id, cal);	id：触发器 ID。 cal：回调函数	删除触发器
deleteActuator(id, cal);	id：执行器 ID。 cal：回调函数	删除执行器
deleteJob(id, cal);	id：任务 ID。 cal：回调函数	删除任务
setJob(id, enable, cal);	id：任务 ID。 enable：true（使能任务）、false（禁止任务）。 cal：回调函数	设置任务使能开关
deleteSchedudler(id, cal);	id：任务记录 ID。 cal：回调函数	删除任务记录
getTrigger(cal);	cal：回调函数	查询当前智云账号下的所有触发器内容
getTrigger(id, cal);	id：触发器 ID。 cal：回调函数	查询该触发器账号内容
getTrigger(type, cal);	type：触发器类型。 cal：回调函数	查询当前智云账号下的所有该类型的触发器内容

续表

函　　数	参 数 说 明	功　　能
getActuator(cal);	cal：回调函数	查询当前智云账号下的所有执行器内容
getActuator(id, cal);	id：执行器 ID。 cal：回调函数	查询该执行器 ID
getActuator(type, cal);	type：执行器类型。 cal：回调函数	查询当前智云账号下的所有该类型的执行器内容
getJob(cal);	cal：回调函数	查询当前智云账号下的所有任务内容
getJob(id, cal);	id：任务 ID。 cal：回调函数	查询该任务 ID
getSchedudler(cal);	cal：回调函数	查询当前智云账号下的所有任务记录内容
getSchedudler(jid, duration, cal);	id：任务记录 ID。 duration:duration=x<year|month|day|hours|minute> //默认返回 1 天的记录 cal：回调函数	查询该任务记录账号某个时间段的内容
setServerAddr(sa)	sa：数据中心服务器地址及端口	设置/改变数据中心服务器地址及端口号
setIdKey(myZCloudID, myZCloudKey);	myZCloudID：智云账号。 myZCloudKey：智云密钥	设置/改变智云账号及密钥

5）用户数据接口

基于 Web 的用户数据接口如表 5.14 所示。

表 5.14　基于 Web 的用户数据接口

函　　数	参 数 说 明	功　　能
new　　　　WSNProperty(myZCloudID, myZCloudKey);	myZCloudID：智云账号。 myZCloudKey：智云密钥	初始化用户数据对象，并初始化智云账号及密钥
put(key, value, cal);	key：名称。 value：内容。 cal：回调函数	创建用户应用数据
get(cal);	cal：回调函数	获取所有的键值对
get(key, cal);	key：名称。 cal：回调函数	获取指定 key 的 value 值
setServerAddr(sa)	sa：数据中心服务器地址及端口	设置/改变数据中心服务器地址及端口号
setIdKey(myZCloudID, myZCloudKey);	myZCloudID：智云账号。 myZCloudKey：智云密钥	设置/改变智云账号及密钥

4．开发调试工具

为了方便开发者快速使用智云物联平台，该平台提供了开发调试工具，能够跟踪无线数据包及 API 的运用，该工具采用 Web 静态页面方式，主要包含以下内容：

1）实时数据推送工具

实时数据推送工具能够实时抓取节点的上/下行数据，支持通过指令对节点进行操作、获取节点实时信息、控制节点状态等。实时数据推送演示如图5.29所示。

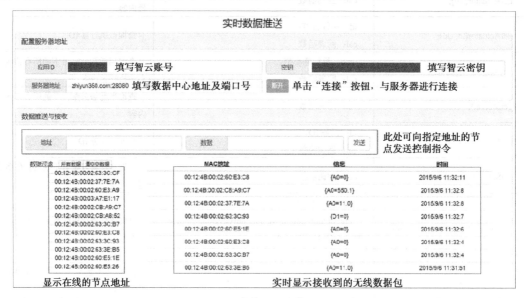

图5.29　实时数据推送演示

2）历史数据展示工具

历史数据展示工具能够接入数据中心并获取任意时间段的历史数据，支持数值型数据的曲线图展示、JSON格式展示，同时可将摄像头抓拍的照片按时间轴进行展示，如图5.30所示。

图5.30　历史数据展示演示

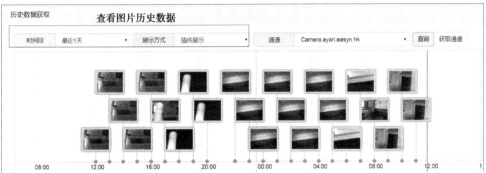

图 5.30 历史数据展示演示（续）

3）网络拓扑测试工具

网络拓扑测试工具能够实时接收并解析 ZigBee 网络数据，将接收到的网络数据通过拓扑图的形式展示出来，通过不同的颜色对节点进行区分，显示节点的 IEEE 地址，如图 5.31 所示。

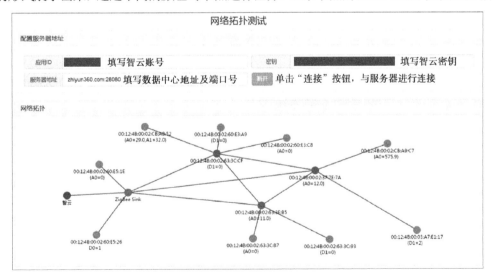

图 5.31 网络拓扑测试演示

4）视频监控测试工具

视频监控测试工具可对摄像头进行管理，能够实时获取摄像头采集的画面，并可对云台进行控制，支持上、下、左、右、水平、垂直、巡航等操作，同时支持截屏操作，如图 5.32 所示。

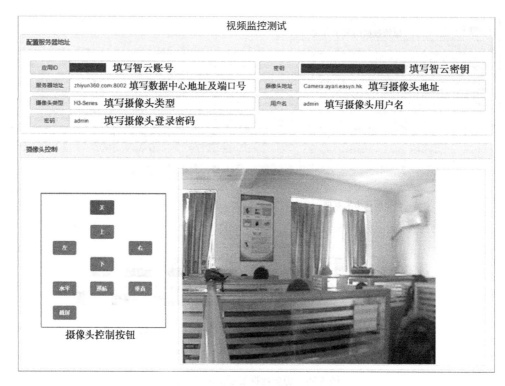

图 5.32　视频监控测试演示

5）用户数据测试工具

用户数据测试工具可获取用户数据，以键值对的形式保存在数据中心，同时支持通过 Key 获取到其对应 Value 的数值，可对用户数据库进行查询、存储等操作，如图 5.33 所示。

图 5.33　用户数据测试演示

6）自动控制测试工具

自动控制测试工具可通过内置的逻辑编辑器实现复杂的自动控制逻辑，包括触发器（传感器类型、定时器类型），执行器（传感器类型、短信类型、摄像头类型、任务类型），执行任务，执行记录四大模块，每个模块都具有查询、创建、删除功能，如图 5.34 所示。

图 5.34　自动控制测试演示

5.3.3　开发实践：仓库环境管理系统

1．开发设计

仓库环境管理系统基于智云物联平台进行设计，系统的总体架构如图 5.35 所示。下面根据物联网的四层架构模型进行说明。

感知层：通过采集类或控制类传感器实现，温湿度传感器和继电器由 CC2530 控制。

网络层：感知层节点同网关之间的无线通信通过 ZigBee 实现，Android 网关同智云服务器、上层应用设备间通过计算机网络进行数据传输。

平台层：平台层提供物联网设备间基于互联网的存储、访问、控制等功能。

应用层：应用层主要是物联网系统的人机交互接口，通过 PC 端、移动端提供界面友好、操作交互性强的人机交互接口。

2．功能实现

1）驱动程序开发

在智云框架下，远程设备控制的程序会变得较为简便，可省略节点组网和用户任务创建的烦琐过程，直接调用 sensorInit()函数即可实现传感器的初始化，使用 ZXBeeUserProcess()函数可实现指令的解析、执行和反馈。传感器状态的定时上报使用 sensorUpdate()函数即可。

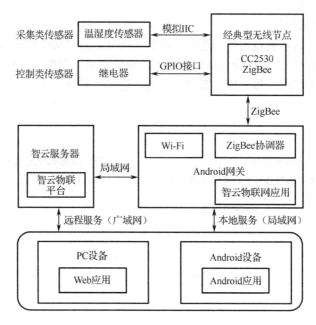

图 5.35　仓库环境管理系统的总体架构

ZigBee 的两个网络参数 PANID 和 CHANNEL 必须与协调器一致，配置文件是 Tools 文件夹下的 f8wconfig.cfg，相关信息应根据协调器参数配置。

```
/* Default channel is Channel 11 - 0x0B */
-DDEFAULT_CHANLIST=0x00000800    //11 - 0x0B                        //选择信道 11
/* Define the default PAN ID. */
-DZDAPP_CONFIG_PAN_ID=0x210f                                        //配置 PANID 为 0x210f
```

配置网络参数之后需要配置网络事件编号。ZigBee 的每个任务可以配置 8 个用户事件，程序的功能是数据发送，只需要配置事件 MY_REPORT_EVT（事件名称可自由定义）即可，该事件是在 sensor.h 文件中配置的，具体如下：

```
#define MY_REPORT_EVT 0x0001                                        //上报事件编号
```

本系统主要使用温湿度传感器和继电器，因此在 sensorInit()函数内添加这两种传感器的初始化，并定义上报事件来实现传感器状态的定时反馈。

```
void sensorInit(void)
{
    //初始化传感器
    htu21d_init();                                                 //温湿度传感器初始化
    relay_init();                                                  //继电器初始化
    //启动定时器，触发事件 MY_REPORT_EVT
    osal_start_timerEx(sapi_TaskID, MY_REPORT_EVT, (uint16)((osal_rand()%10) * 1000));
    //启动定时器，触发事件 MY_CHECK_EVT
    osal_start_timerEx(sapi_TaskID, MY_CHECK_EVT, 100);
}
```

温湿度传感器的初始化函数为 htu21d_init()，可通过 IIC 总线写寄存器地址来初始化温湿度传感器。

```
void htu21d_init(void)
{
    iic_init();                              //IIC 总线初始化
    iic_start();                             //启动 IIC 总线
    iic_write_byte(HTU21DADDR&0xfe);         //写 HTU21D 型温湿度传感器的 IIC 总线地址
    iic_write_byte(0xfe);
    iic_stop();                              //停止 IIC 总线
    delay(600);                              //时延
}
```

继电器的初始化函数为 relay_init()，可将对应 GPIO 引脚配置为输出引脚来初始化继电器。

```
void relay_init(void)
{
    GPIO_InitTypeDef    GPIO_InitStructure;
    RCC_APB2PeriphClockCmd(RCC_APB2Periph_GPIOA, ENABLE);
    GPIO_InitStructure.GPIO_Pin =    GPIO_Pin_5 | GPIO_Pin_4;
    GPIO_InitStructure.GPIO_Mode = GPIO_Mode_Out_PP;
    GPIO_InitStructure.GPIO_Speed = GPIO_Speed_2MHz;
    GPIO_Init(GPIOA, &GPIO_InitStructure);
    relay_control(0x00);
}
```

2）Android 应用开发

要实现传感器数据的发送，只需要在 Android 项目中调用 WSNRTConnect 的几个方法即可，具体调用方法及步骤如下：

（1）连接服务器地址。外网服务器地址及端口默认为 zhiyun360.com:28081，如果用户需要修改，调用方法 setServerAddr(sa)进行设置即可。

```
wRTConnect.setServerAddr(zhiyun360.com:28081);          //设置外网服务器地址及端口
```

（2）初始化智云 ID 及密钥。先定义智云 ID 和智云密钥，然后进行初始化，本系统是在 DemoActivity 中设置智云 ID 与密钥的，在每个 Activity 中直接调用即可。

```
string myZCloudID = "12345678";                        //智云 ID
string myZCloudKey = "12345678";                       //智云密钥
wRTConnect = new WSNRTConnect(DemoActivity.myZCloudID,DemoActivity.myZCloudKey);
```

（3）建立数据推送服务连接。

```
wRTConnect.connect();        //调用 connect 方法
```

（4）注册数据推送服务监听器，接收实时数据服务推送过来的消息。

```
wRTConnect.setRTConnectListener(new WSNRTConnectListener()
{
    @Override
    public void onConnect()
```

```
    {
        //连接服务器成功
        //TODO Auto-generated method stub
    }
    @Override
    public void onConnectLost(Throwable arg0) {
        //连接服务器失败
        //TODO Auto-generated method stub
    }
    @Override
    public void onMessageArrive(String arg0, byte[] arg1)
    {
        //数据到达
        //TODO Auto-generated method stub
    }
});
```

（5）实现消息发送。调用 sendMessage 方法向指定的传感器发送消息。

```
string mac = "00:12:4B:00:03:A7:E1:17";                   //目的地址
string dat = "{OD1=1,D1=?}"                                //数据指令格式
wRTConnect.sendMessage(mac, dat.getBytes());              //发送消息
```

（6）断开数据推送服务。

```
wRTConnect.disconnect();
```

其他源代码请看随书资源的开发工程。

3）Web 应用开发

实现流程如下：创建数据服务对象→云服务初始化→发送指令数据→接收底层上报的数据→解析接收到的数据→数据显示。在 Web 项目中添加如下 JS 源代码：

```
var myZCloudID = "123";                                   //智云 ID（账号）
var myZCloudKey = "123";                                  //智云密钥
var mySensorMac = "00:12:4B:00:02:CB:A8:52";              //传感器的 MAC 地址
var rtc = new WSNRTConnect(myZCloudID,myZCloudKey);       //创建数据连接服务对象
rtc.connect();                                            //数据推送服务连接
rtc.onConnect = function()
{
    //连接成功回调函数
    $("#state").text("数据服务连接成功！");
};

rtc.onConnectLost = function()
{
    //数据服务掉线回调函数
    $("#state").text("数据服务掉线！");
};
```

```
rtc.onmessageArrive = function(mac, dat)
{
    //消息处理回调函数
    if((mac ==mySensorMac)&&(dat.indexOf(",")== -1))
    {
        //接收数据过滤
        var recvMessage = mac+" 发来消息："+dat;
        //给表盘赋值
        dat = dat.substring(dat.indexOf("=")+1,dat.indexOf("}"));      //将原始数据的数字部分分离出来
        setDialData('#dial',parseFloat(dat));                          //在表盘上显示数据
        $("#showMessage").text(recvMessage);                           //显示接收到的原始数据
    }
};

$("#sendBt").click(function()
{
    //发送按钮单击事件
    var message = $("#sendMessage").val();
    rtc.sendMessage(mySensorMac, message);                             //向传感器发送数据
});
```

其他源代码请看随书资源的开发工程。

3．开发验证

在 Chrome 浏览器中打开本系统的 index.html 文件，运行界面如图 5.36 所示。

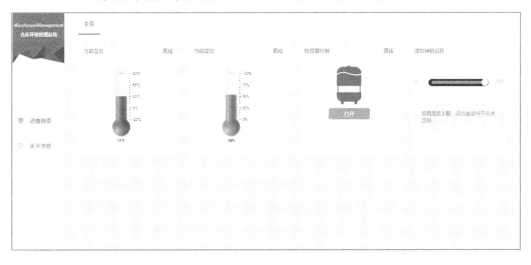

图 5.36　仓库环境管理系统运行界面

5.3.4　小结

本节先介绍了硬件 HAL 层开发框架、智云框架应用程序接口，然后介绍了 Android 开发

应用程序接口与 Web 开发应用程序接口，接着介绍了开发调试工具的使用，最后通过开发实践，将理论知识应用于实践当中，实现了仓库环境管理系统。

5.3.5 思考与拓展

（1）智云物联平台中硬件 HAL 层的作用有哪些？

（2）智云物联平台提供的 Android 应用程序接口有哪些？各自的功能是什么？

（3）分析仓库环境管理系统中使用到的智云物联平台的应用程序接口，并画出这些应用程序的关系图。

参 考 文 献

[1] 刘云山. 物联网导论. 北京：科学出版社，2010.

[2] 廖建尚. 物联网平台开发及应用——基于 CC2530 和 ZigBee. 北京：电子工业出版社，2016.

[3] 工业和信息化部. 信息化和工业化深度融合专项行动计划（2013—2018）. 工信部信〔2013〕317 号.

[4] 国家发展改革委，等. 关于印发 10 个物联网发展专项行动计划的通知. 发改高技 [2013]1718 号.

[5] 工业和信息化部. 物联网"十二五"发展规划.

[6] 刘艳来. 物联网技术发展现状及策略分析. 中国集体经济，2013（09）：154-156.

[7] 国务院关于积极推进"互联网+"行动的指导意见[J]. 中华人民共和国国务院公报，2015（20）：20-22.

[8] 李新. 无线传感器网络中节点定位算法的研究. 合肥：中国科学技术大学，2008.

[9] 李振中. 一种新型的无线传感器网络节点的设计与实现. 北京：北京工业大学，2014.

[10] 王洪亮. 基于无线传感器网络的家居安防系统研究. 石家庄：河北科技大学，2012.

[11] 沈寿林. 基于 ZigBee 的无线抄表系统设计与实现. 南京：南京邮电大学，2016.

[12] 张猛，房俊龙，韩雨. 基于 ZigBee 和 Internet 的温室群环境远程监控系统设计. 农业工程学报，2013（A01）：171-176.

[13] 镇咸舜. 蓝牙低功耗技术的研究与实现. 上海：华东师范大学，2013.

[14] 徐昊. BLE 将大行其道. 计算机世界，2013-10-28（044）.

[15] 廖建尚. 物联网开发与应用——基于 ZigBee、Simplici TI、低功率蓝牙、Wi-Fi 技术. 北京：电子工业出版社，2017.

[16] 金海红. 基于 Zigbee 的无线传感器网络节点的设计及其通信的研究[D]. 合肥：合肥工业大学，2007.

[17] 彭瑜. 低功耗、低成本、高可靠性、低复杂度的无线电通信协议——ZigBee[J]. 自动化仪表，2005（05）：1-4.

[18] ZigBee Alliance. ZigBee Specification.

[19] Texas Instrument. Z-Stack Compile Options.pdf.

[20] 樊明如. 基于 ZigBee 的无人值守的酒店门锁系统研究. 淮南：安徽理工大学，2014.

[21] 陈明燕. 基于 ZigBee 温室环境监测系统的研究. 西安：西安科技大学，2012.

[22] Texas Instrument. Z-StackDeveloper's Guide.

[23] CC253x System-on-Chip Solution for 2.4-GHz IEEE 802.15.4 and ZigBee® Applications User's Guide.

[24] 林海龙. 基于 Wi-Fi 的位置指纹室内定位算法研究. 上海：华东师范大学，2016.

[25] 吴奇. 基于 WIFI 的手机签到考勤系统开发. 北京：中国地质大学（北京），2018.

[26] 崔小冬. 基于 WiFi 的无线校园网建设研究. 南京：南京理工大学，2010.

[27] Texas Instrument. CC3200 SimpleLink Wi-Fi and IoT SolutionWith MCU LaunchPad Getting Started Guide, User's Guide. Programmer's Guide.

[28] 张彩祥. 基于 BLE 的电子货架标签系统的研究与设计. 广州：广东工业大学，2014.

[29] 姚兵兵. 基于 BLE 智能车位锁的设计与实现. 南京：东南大学，2017.

[30] 赵晓伟. 基于蓝牙 BLE 的智能体温测量系统的设计与实现. 南京：南京邮电大学，2015.

[31] 徐加伟. 基于低功耗蓝牙无线通讯技术的交通数据检测方法研究. 哈尔滨：哈尔滨工业大学，2013.

[32] 2.4-GHz Bluetooth low energy System-on-Chip.

[33] CC2540/41 System-on-Chip Solution for 2.4-GHz Bluetooth low energy Applications User's Guide.